/ 职业教育先进制造系列 /

机械CAD/CAM
综合实践

解永辉　殷海红　刘　凯　主　编
姜文革　刘爱伟　李欢欢　副主编
高显宏　主　审

化学工业出版社
·北京·

内 容 简 介

本书根据高等职业教育技术技能型人才培养目标，以二十大精神为指引，参照“机械产品三维模型设计”职业技能等级（中级）标准，采用任务驱动模式编写。全书结合中望3D软件，对CAD/CAM中典型零件的建模与渲染、标准件与常用件的选用与建模、曲面零件的建模、机械装配、工程图样制作和机械零件加工等进行了全面的讲解。本书配备模型源文件、教学课件及二维码视频等资料，帮助学生快速夯实基础、筑牢技能、提升职业素养。

本书适合作为高等职业院校CAD/CAM课程的教材，也可作为企业培训用书和工程技术人员参考用书，同时可供对CAD/CAM技术感兴趣的人员使用。

图书在版编目（CIP）数据

机械CAD/CAM综合实践/解永辉，殷海红，刘凯主编. —北京：化学工业出版社，2023.10（2024. 2重印）

ISBN 978-7-122-43690-0

Ⅰ. ①机… Ⅱ. ①解… ②殷… ③刘… Ⅲ. ①机械设计-计算机辅助设计-应用软件-高等职业教育-教材 ②机械制造-计算机辅助制造-计算机辅助设计-应用软件-高等职业教育-教材 Ⅳ. ①TH122②TH164

中国国家版本馆CIP数据核字（2023）第112125号

责任编辑：潘新文　　装帧设计：张　辉

责任校对：李雨晴

出版发行：化学工业出版社（北京市东城区青年湖南街13号　邮政编码100011）

印　　刷：三河市航远印刷有限公司

装　　订：三河市宇新装订厂

787mm×1092mm　1/16　印张14　字数331千字　2024年2月北京第1版第2次印刷

购书咨询：010-64518888　　售后服务：010-64518899

网　　址：http://www.cip.com.cn

凡购买本书，如有缺损质量问题，本社销售中心负责调换。

定　　价：48.00元

前言

CAD/CAM 是新一代数字化、虚拟化、智能化设计平台，在先进制造业飞速发展的今天广泛应用于各个行业；通过 CAD/CAM 可以建立标准化的三维设计环境、各类标准库、模型检查工具，易于开展并行设计和协同设计，快速构建三维装配模型，使设计目标更立体化、形象化。采用 CAD/CAM，不仅能提高绘图效率和绘图质量，有利于快速解决实际问题，促进机械制造信息化发展，同时有利于帮助初学者理解机械构造，有利于促进机械设计、机械制造领域创新人才培养。为了深化产教融合，促进技术技能人才培养模式创新，我们参照“机械产品三维模型设计”职业技能等级（中级）标准的相关要求，以二十大精神为指引，从高等职业教育技能型人才培养目标出发，结合实际教学需要，根据多年的教学经验编写了此教材。

本书采用模块化、任务驱动模式编写。全书结合 CAD/CAM 软件——中望 3D 软件，对 CAD/CAM 中典型零件和曲面零件的建模、机械装配、工程图样制作和机械零件加工进行了全面的讲解。

全书分为六个模块，共二十个任务，每个任务包含六部分，分别为任务目标、相关知识、任务实施、任务评价、知识拓展和练一练。全书每个任务采用与工程实践最接近的设计内容，选材典型、全面；所选用的模型新颖，类型丰富，实用性强，以期帮助学生夯实基础、筑牢技能，提升职业技能。

本书由潍坊职业学院解永辉、殷海红、山东化工职业学院刘凯担任主编，潍坊职业学院姜文革、山东化工职业学院刘爱伟、潍坊职业学院李欢欢担任副主编，潍坊职业学院王保兴、李玉婷、广州中望龙腾软件股份有限公司苏昌盛、长春市九台区职业技术教育中心于迪、成都航空职业技术学院白晶斐参编。具体分工如下：刘凯编写模块一任务 1-1、1-2、1-3；刘爱伟编写模块二；姜文革编写模块三；解永辉编写模块四任务 4-1；殷海红编写前言、模块五任务 5-1；李欢欢编写模块六任务 6-1 和任务 6-3；王保兴编写模块六任务 6-2；李玉婷编写模块一任务 1-4；苏昌盛编写模块一任务 1-5；于迪编写模块四任务 4-2；白晶斐编写模块五任务 5-2。全书由解永辉、殷海红、马骁统稿，由辽宁省交通高等专科学校高显宏主审。

本书适合作为高等职业院校 CAD/CAM 课程的教材，也可作为企业培训用书和自学参考用书。由于编者水平有限，书中疏漏之处在所难免，敬请广大读者批评指正。

本书配备模型源文件、教学课件及丰富的视频等资料，相关模型资料下载地址为：www.cipedu.com.cn。

编者

2023 年 6 月

目录

模块一

典型零件建模与渲染

教学目标

1. 掌握草图、拉伸、旋转等基础造型命令的使用。
2. 掌握圆角、倒角、筋等命令的使用。
3. 掌握阵列命令的使用。
4. 掌握典型零件的建模思路与方法。
5. 掌握零件渲染的一般步骤与方法。

思政材料 1

能力要求

1. 能够学会分析典型零件的建模思路。
2. 能够正确识读典型零件的二维工程图。
3. 熟练使用草图、拉伸、旋转等基础造型命令。
4. 熟练使用圆角、倒角、筋等工程特征命令。

问题导入

零件的种类很多，结构形状也千差万别，通常根据结构和用途的特点，分为轴类零件、盘盖类零件、叉架类零件和箱体类零件，如图 1.1 所示。在中望 3D 软件中是如何将这些典型零件创建出来的呢？让我们进入模块一的学习。

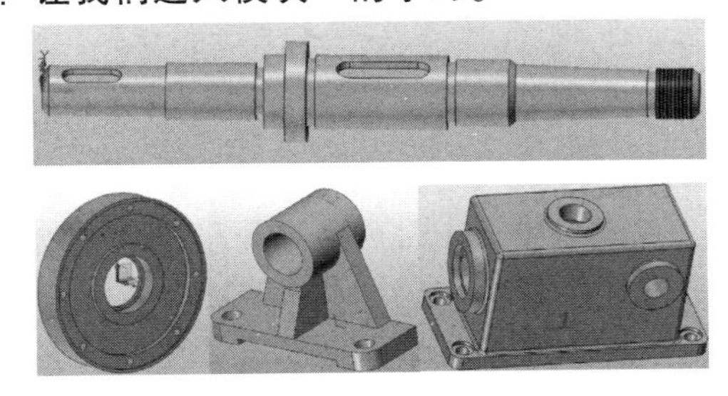

图 1.1

任务 1-1　轴类零件的建模

阶梯轴

一、任务目标

轴类零件是典型零件类型之一，主要用来支承传动零部件，传递扭矩和承受载荷。按轴类零件结构形式不同，一般可分为光轴、阶梯轴和异形轴三类。轴类零件的主体形状均属于回转体。

本任务以阶梯轴为例进行建模，阶梯轴中含有螺纹特征，如图 1.2 所示。

该零件的建模思路如下：

① 利用【旋转】命令创建阶梯轴的主体部分。

② 利用【拉伸】命令布尔减运算创建键槽特征。

③ 利用【倒角】和【标记外部螺纹】命令完善阶梯轴的细节特征。

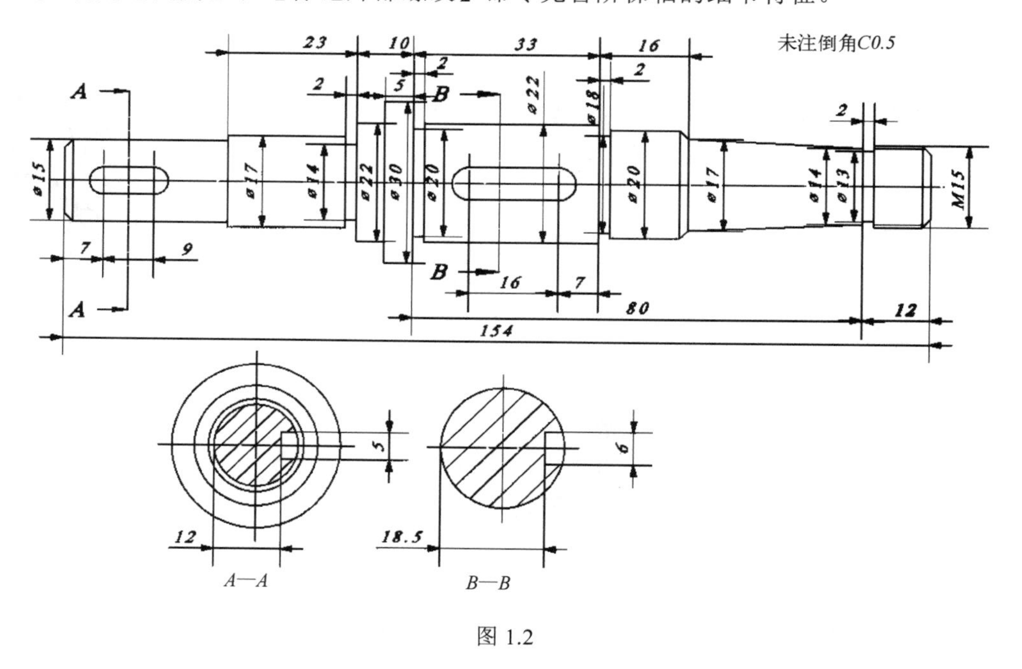

图 1.2

二、相关知识

单击工具栏中的【造型】选项卡→【基础造型】面板→【旋转】命令，弹出如图 1.3 所示对话框，使用该命令创建一个旋转造型特征。

【轮廓】：选择要旋转的轮廓或单击中键创建特征草图。可选择面、线框几何体、面边或一个草图。

【轴】：指定旋转轴。可选择一条线，或单击右键显示额外的输入选项。

【旋转类型】：指定旋转的方法。“1 边”：指定旋转的结束角度；“2 边”：分别指定旋转的起始角度和结束角度；“对称”：与“1 边”类型相似，但在反方向也会旋转同样的角度。

【起始角度】、【结束角度】：指定旋转特征的开始和结束角度。可输入精确的值，或单击右键显示额外的输入选项。

【布尔运算】：基体用于定义一个零件的初始基础造型，如果激活零件中没有几何体，则自动选择基体方法；如果有几何体，则创建一个新的基体造型。加运算将实体添加至激活零件中。减运算从激活零件中删除实体。交运算为返回与激活零件相交的实体。布尔运算示意图如图 1.4 所示。

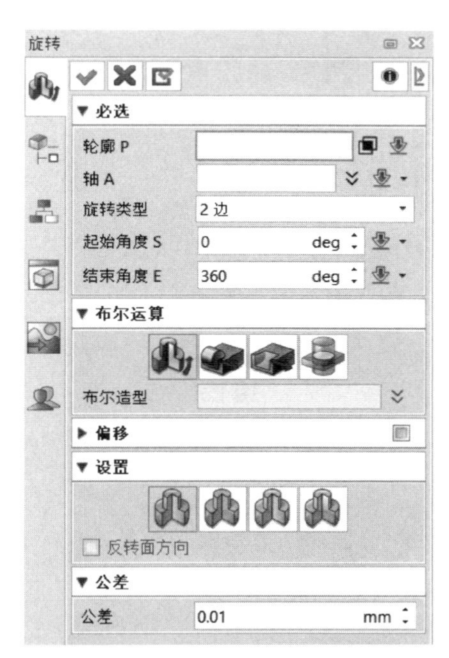

图 1.3

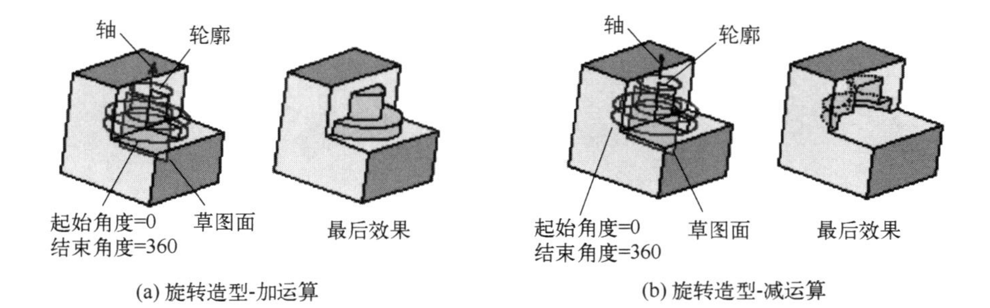

图 1.4

三、任务实施

1. 新建文件

打开中望 3D 软件，新建“零件”类型文件，命名为“阶梯轴”，单击【确认】按钮，进入零件建模界面。

2. 创建阶梯轴基体

单击【造型】选项卡→【基础造型】面板→【草图】命令，弹出如图 1.5 所示对话框，【平面】选择 XZ 平面，其余参数默认。单击【确定】按钮，进入草图绘制环境。根据图 1.2 给出的阶梯轴尺寸，绘制如图 1.6 所示草图，正确添加几何约束和尺寸约束后，草图变为明确约束状态，以蓝色实线显示。

图 1.5

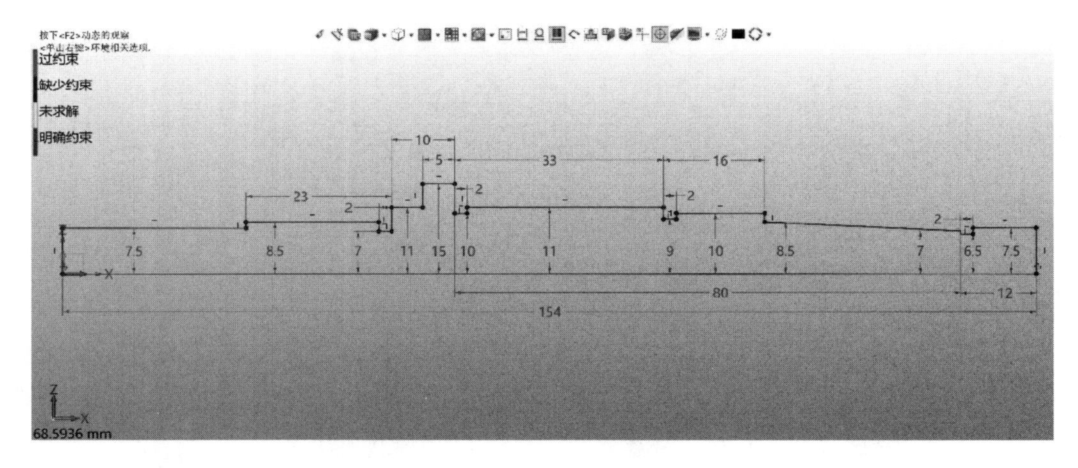

图 1.6

单击【造型】选项卡→【基础造型】面板→【旋转】命令，弹出如图 1.7 所示对话框，【轮廓】选择绘制完成的草图；【轴】选择 X 轴（1, 0, 0），作为旋转的轴线；【旋转类型】选择“2 边”；【起始角度】输入 0°；【结束角度】输入 360°，表示旋转一周生成特征；【布尔运算】选择基体；其余参数默认。单击【确定】按钮，完成阶梯轴基体的创建，如图 1.8 所示。

3. 创建键槽特征

单击【造型】选项卡→【基础造型】面板→【草图】命令，弹出【草图】对话框，【平面】选择 XY 平面，其余参数默认。单击【确定】按钮，进入草图绘制环境，绘制如图 1.9 所示草图。

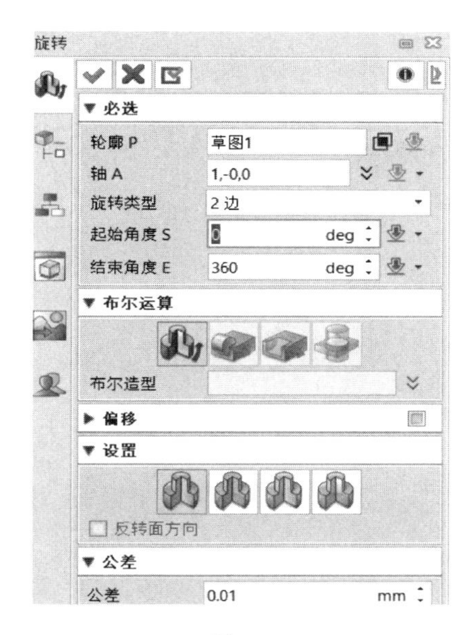

图 1.7

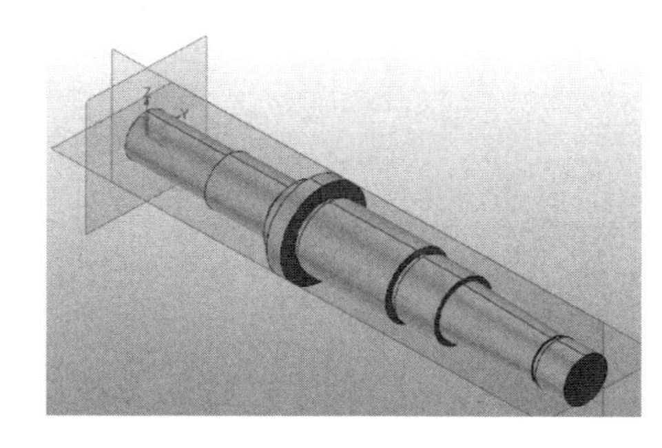

图 1.8

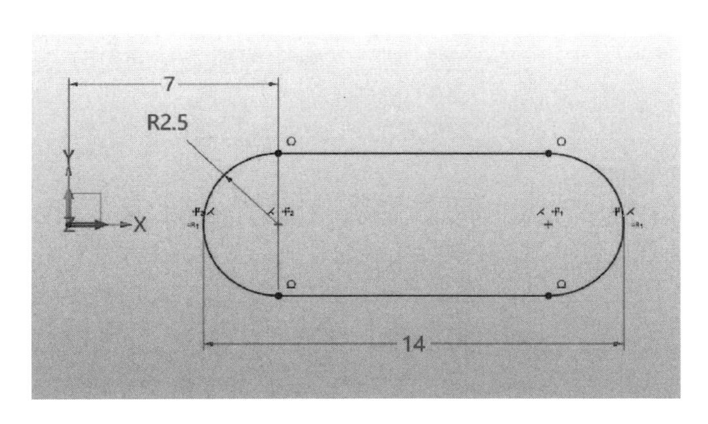

图 1.9

单击【造型】选项卡→【基础造型】面板→【拉伸】命令，弹出如图 1.10 所示对话框，【轮廓】选择上一步的草图“草图 2”，为了方便选取草图，可以按键盘 Ctrl+F 快捷键，切换线框显示；【拉伸类型】选择“2 边”；【起始点】输入 4.5mm；【结束点】输入 20mm；【布尔运算】选择减运算；其余参数默认。单击【确定】按钮，再次按键盘 Ctrl+F 快捷键，切换为着色显示，如图 1.11 所示。

同样的方法，绘制出阶梯轴的另一个键槽特征。

4. 阶梯轴细节特征

1）创建螺纹特征

单击【造型】选项卡→【工程特征】面板→【标记外部螺纹】命令，弹出如图 1.12 所示对话框，利用该命令创建的螺纹，生成工程图时具有螺纹属性。【面】选中最右端圆柱面；【类型】选择“M”；【尺寸】选择“M15×1”；【直径】、【螺距】自动生成；【长度类型】选择“完整”。单击【确定】按钮，完成螺纹特征。

图 1.10

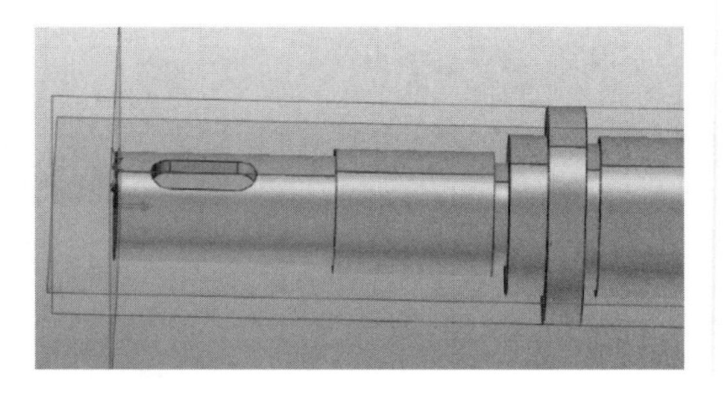

图 1.11

2）创建倒角特征

单击【造型】选项卡→【工程特征】面板→【倒角】命令，弹出如图 1.13 所示对话框，根据图 1.2 选择需要倒角的边，【倒角距离】输入 1.5mm。单击【确定】按钮，完成倒角特征。

图 1.12

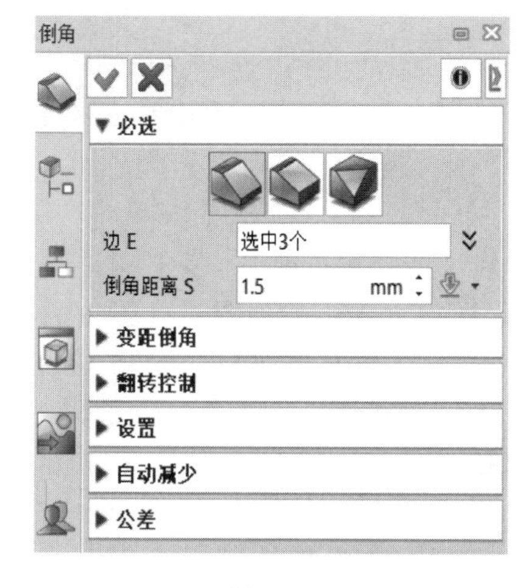

图 1.13

5. 建模结果

该零件的建模结果如图 1.14 所示。

6. 保存文件

单击菜单栏【文件】→【保存】，保存文件。

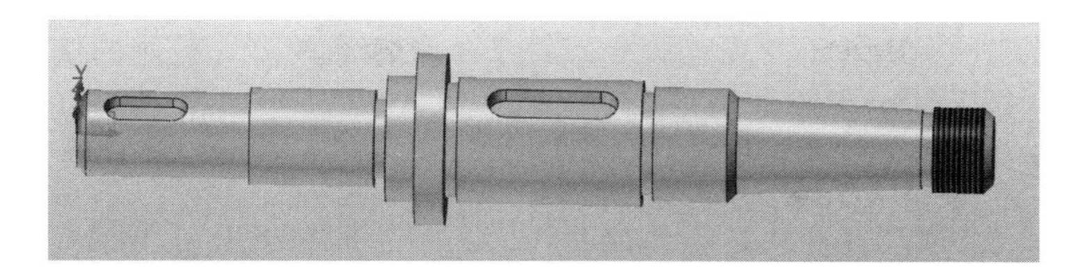

图 1.14

四、任务评价

阶梯轴的建模评价见表 1.1。

表 1.1

评价内容	评价标准	分值	学生评价	教师评价
新建文件	能够正确创建文件	10		
创建阶梯轴基体	1.掌握草图命令 2.掌握旋转命令	30		
创建键槽	1.掌握拉伸命令 2.掌握布尔减运算	30		
创建细节特征	1.能够正确创建标记螺纹 2.能够正确创建倒角	20		
保存文件	能够正确保存文件	10		
学习体会：				

五、知识拓展

阶梯轴的建模过程中，主要应用了旋转造型生成阶梯轴的基体，在【旋转】命令中还有可选输入参数，可选输入包括：【偏移】、【设置】和【公差】，如图 1.15 所示。

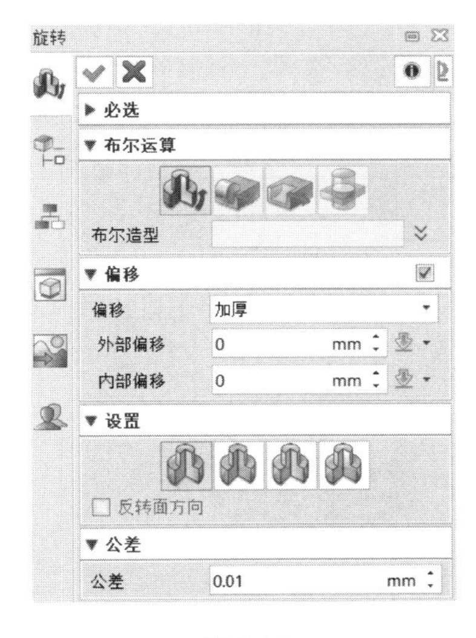

图 1.15

【偏移】：指定一个应用于曲线、曲线列表或开放/闭合的草图轮廓的偏移方法和距离。偏移设置的类型有：收缩/扩张、加厚和均匀加厚，其含义如图 1.16 所示。

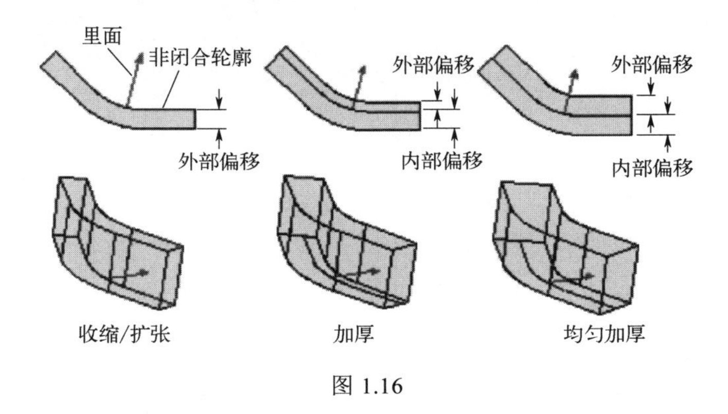

图 1.16

【设置】：在造型的开始和结束处，对封闭面的位置进行控制，当使用闭合轮廓或有边界选项的开放轮廓时，可以自动构成闭合的体积块。

【公差】：设置局部公差，该公差仅对当前命令有效，但命令结束后，后续建模仍然使用全局公差。

六、练一练

创建如图 1.17 所示的轴类零件。

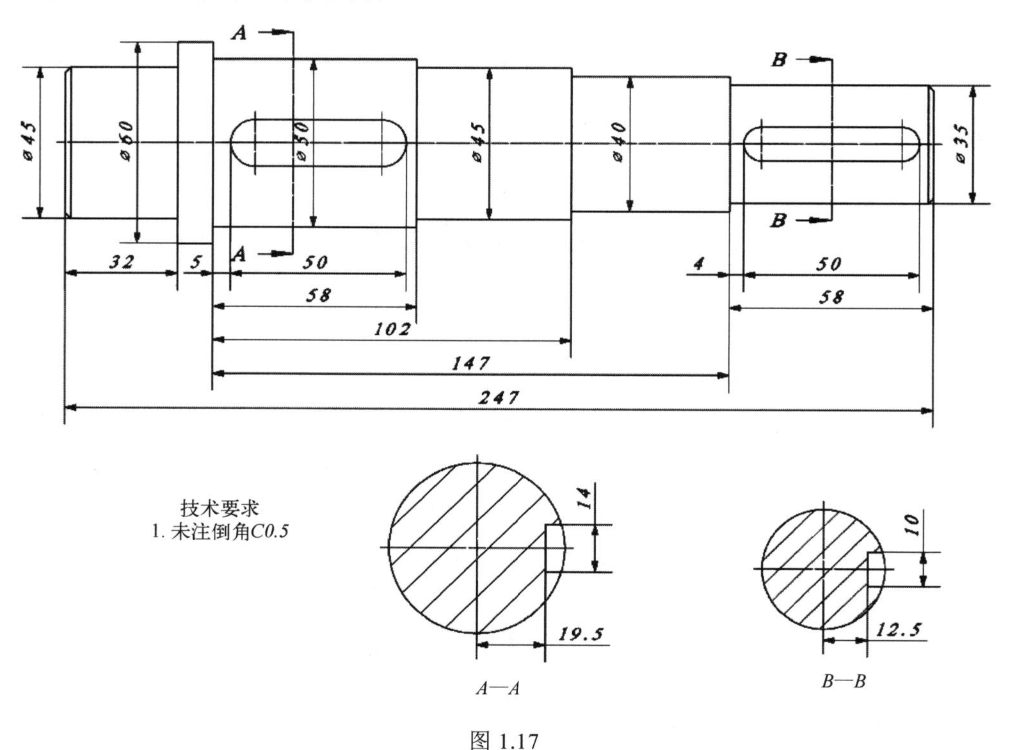

图 1.17

任务 1-2　盘盖类零件的建模

盘盖类零件

一、任务目标

盘盖类零件一般是指法兰盘、端盖、透盖等零件，盘类零件在机器中主要起支撑、轴向定位及密封作用。盘盖类零件的基本形状为扁平状，一般由若干回转体组成，常见的结构有凸台、凹坑、螺纹孔和销孔等。

本任务是对盘盖类零件进行建模，如图 1.18 所示。该零件的结构主体形状是回转体，可以通过旋转来实现主体部分建模。

该零件的建模思路如下：

① 利用【旋转】命令创建基体。

② 利用【拉伸】命令创建孔特征。

③ 利用【阵列特征】命令创建圆周上的 8 个小孔。

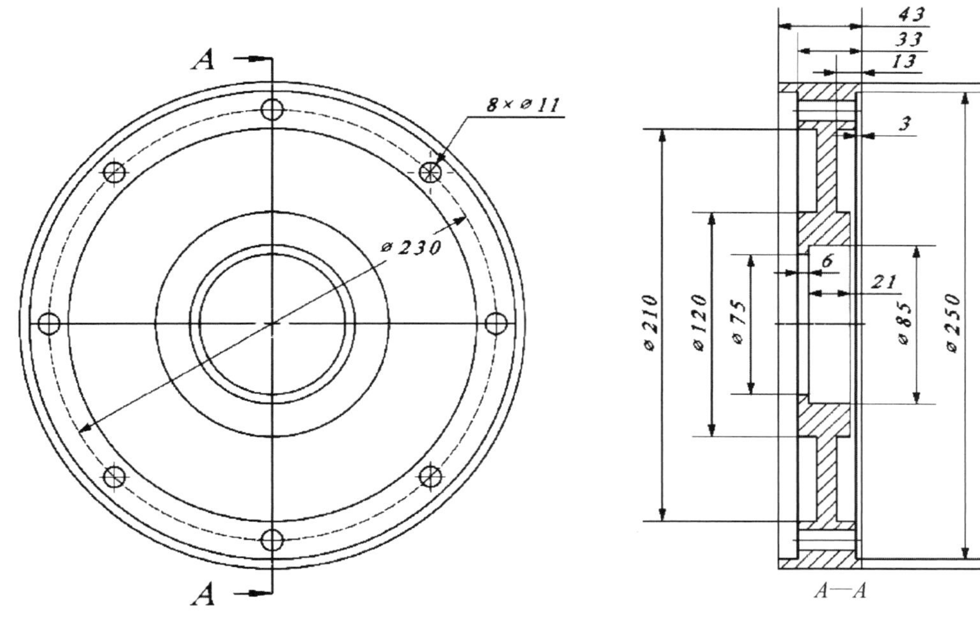

图 1.18

二、相关知识

单击【造型】选项卡→【基础编辑】面板→【阵列特征】命令，弹出如图 1.19 所示对话框，可对特征进行阵列。支持多种不同类型的阵列，每种方法都需要不同类型的输入，本任务用到圆形阵列，可创建单个或多个对象的圆形阵列，如图 1.20 所示。

【基体】：选择需阵列的基体对象。

【方向】：为阵列选择第一线性方向或旋转轴。

【直径】：在圆形中，添加圆中心线和直径，使用该选项来改变默认直径。

【数目】：输入阵列的数目或沿每个方向的实体数目。

【角度】：为圆形阵列输入实体之间的角度间距。

图 1.19

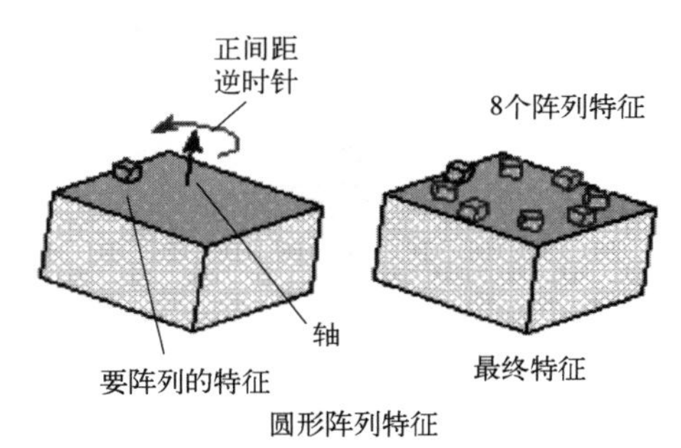

图 1.20

三、任务实施

1. 新建文件

打开中望 3D 软件，新建“零件”类型文件，命名为“盘盖类零件”，单击【确认】按钮，进入零件建模界面。

2. 创建零件基体

单击【造型】选项卡→【基础造型】面板→【草图】命令，弹出如图 1.21 所示对话框，【平面】选择 XZ 平面，其余参数默认。单击【确定】按钮，进入草图绘制环境。根据图 1.18 给出的零件图尺寸，绘制如图 1.22 所示草图，正确添加几何约束和尺寸约束后，草图变为明确约束状态，即蓝色实线显示。

单击【造型】选项卡→【基础造型】面板→【旋转】命令，弹出如图 1.23 所示对话框，【轮廓】选择上步绘制完成的草图；【轴】选择 X 轴（1, 0, 0），作为旋转的轴线；【旋转类型】选择“2 边”；【起始角度】输入 0°；【结束角度】输入 360°，表示旋转一周生成特征；【布尔运算】选择基体；其余参数默认。单击【确定】按钮，完成零件基体的创建，如图 1.24 所示。

图 1.21

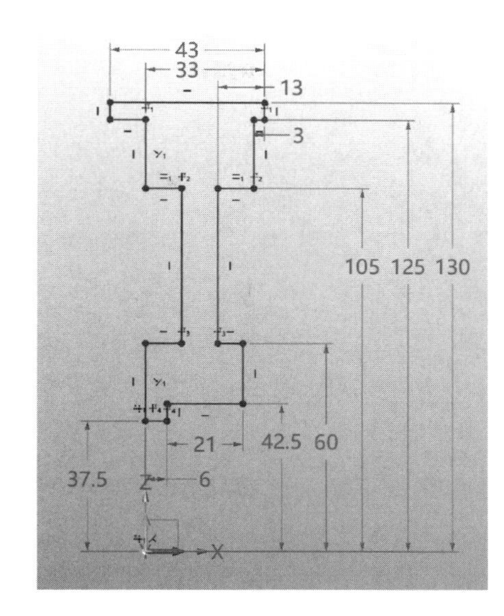

图 1.22

技能提示

对于一个较复杂的草图，添加合理的几何约束并非一件易事。所以最好先打开约束状态颜色识别栏，这样可以实时掌握草图的约束状态。草图一旦完全约束，整个草图将会变成蓝色。

图 1.23

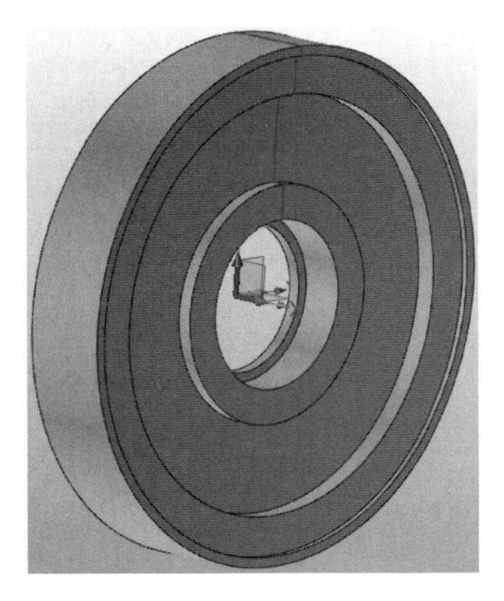

图 1.24

3. 创建单个圆周小孔

单击【造型】选项卡→【基础造型】面板→【草图】命令，弹出【草图】对话框，【平面】选择基体表面，如图 1.25 所示；其余参数默认。单击【确定】按钮，进入草图绘制环境，绘制如图 1.26 所示草图。

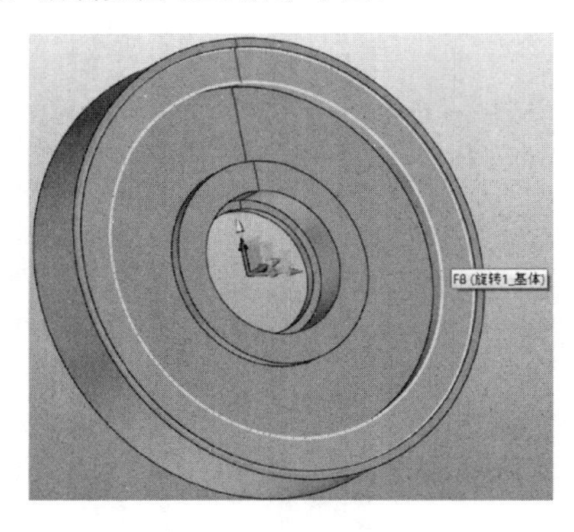

图 1.25

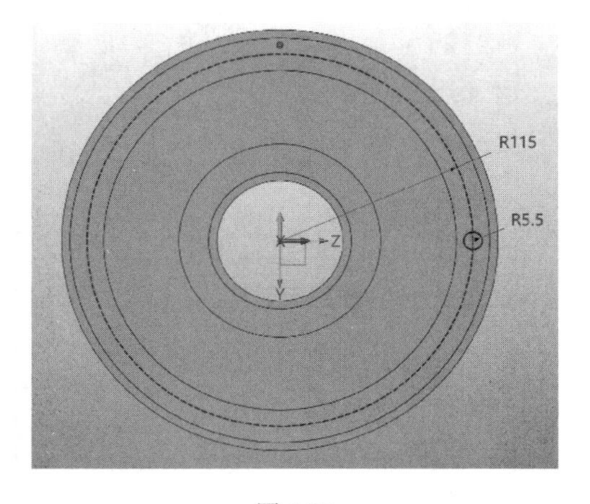

图 1.26

单击【造型】选项卡→【基础造型】面板→【拉伸】命令，弹出如图 1.27 所示对话框，【轮廓】选择上一步草图“草图 2”；【拉伸类型】选择“1 边”；【起始点】填入 0mm，【结束点】填入-40.1mm；【布尔运算】选择减运算；其余参数默认。单击【确定】按钮，完成孔特征的创建，如图 1.28 所示。

4. 阵列生成圆周小孔

单击工具栏中的【造型】选项卡→【基础编辑】面板→【阵列特征】命令，弹出如图 1.29 所示对话框，【阵列类型】选择圆形阵列；【基体】选择上一步创建的孔；【方向】选择 X 轴（1, 0, 0）；【直径】默认即可；【数目】输入 8；【角度】输入 45°；其余参数默认。单击【确定】按钮，完成圆周阵列小孔。

图 1.27

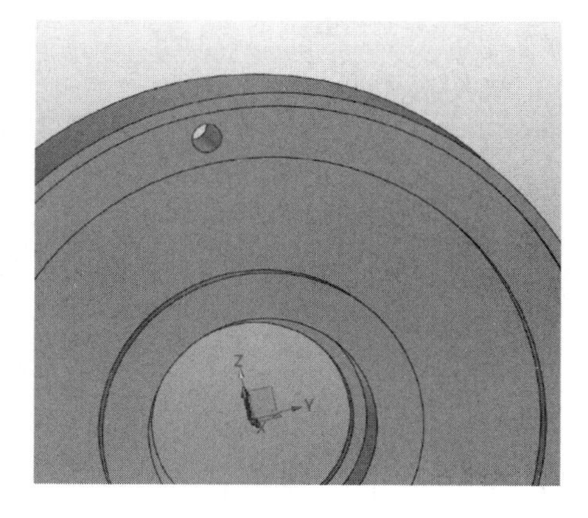

图 1.28

5. 建模结果

该零件建模结果如图 1.30 所示。

图 1.29

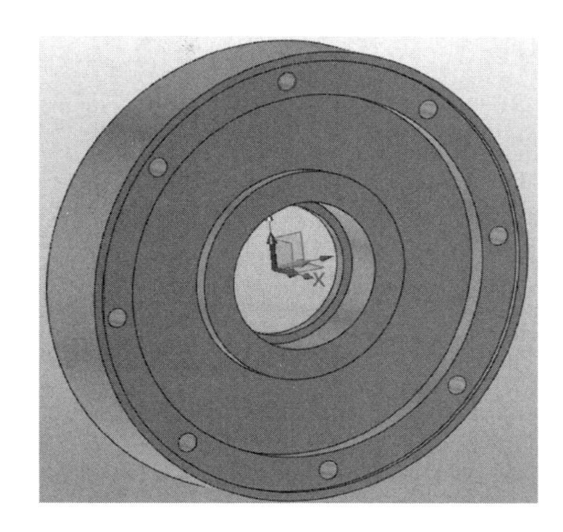

图 1.30

6. 保存文件

单击菜单栏【文件】→【保存】，选择保存路径，保存文件。

四、任务评价

盘盖类零件的建模评价见表 1.2。

表 1.2

评价内容	评价标准	分值	学生评价	教师评价
新建文件	能够正确创建文件	10		
创建零件基体	1.掌握草图命令 2.掌握旋转命令	40		
绘制单个圆周小孔	1.掌握拉伸命令 2.掌握布尔减运算	10		
阵列圆周小孔	掌握阵列特征命令	30		
保存文件	能够正确保存文件	10		
学习体会：				

五、知识拓展

单击工具栏中的【造型】选项卡→【基础编辑】面板→【阵列特征】命令，弹出如图 1.31 所示对话框，【阵列类型】选择线性阵列，可创建单个或多个对象的线性阵列。线性阵列特征的含义，如图 1.32 所示。

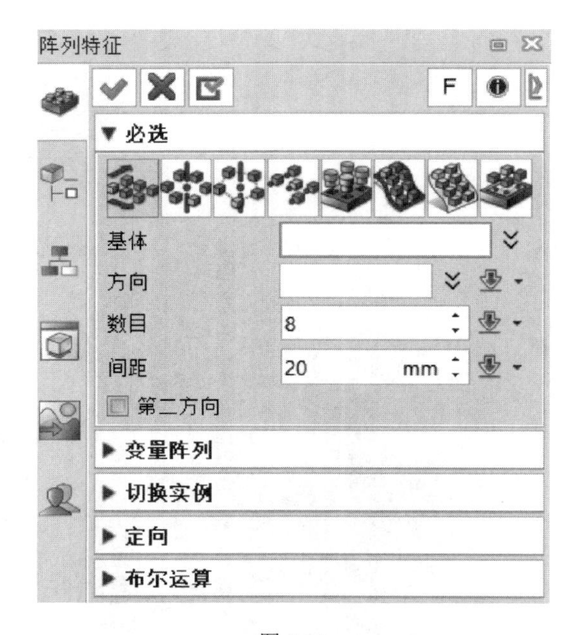

图 1.31

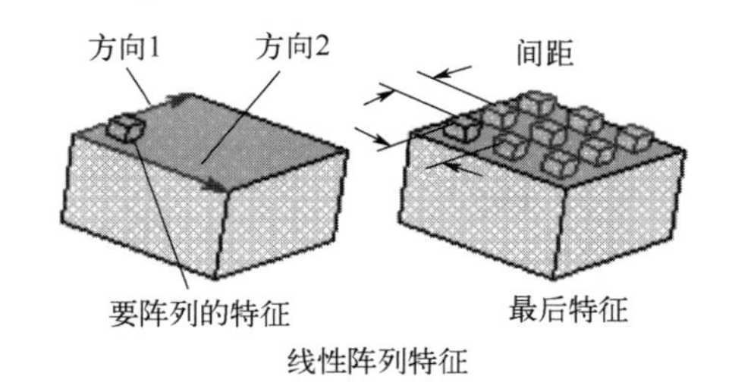

图 1.32

【基体】：选择需阵列的基体对象。
【方向】：为阵列选择第一线性方向。
【数目】：输入阵列沿每个方向的实体的数目。
【间距】：输入每个方向上的实体之间的间距。
【第二方向】：为阵列选择第二线性方向（可选项）。

六、练一练

创建如图 1.33 所示的端盖。

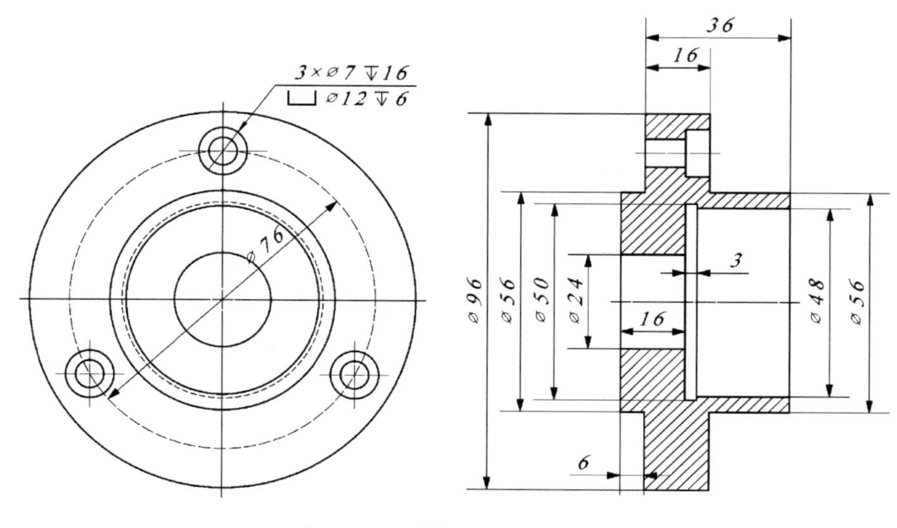

图 1.33

任务 1-3　叉架类零件的建模

叉架类
零件轴承座

一、任务目标

常见的轴承座、拨叉等零件属于叉架类零件，这类零件的毛坯形状比较复杂，一般需要经过铸造加工和切削加工等多道工序。叉架类零件的结构一般由三部分构成：支撑部分、工作部分和连接部分。支撑部分和工作部分的细节结构较多，如圆孔、螺孔、油槽、油孔、凸台和凹坑等。连接部分多为筋板结构。

本任务是对叉架类零件进行建模，如图 1.34 所示。

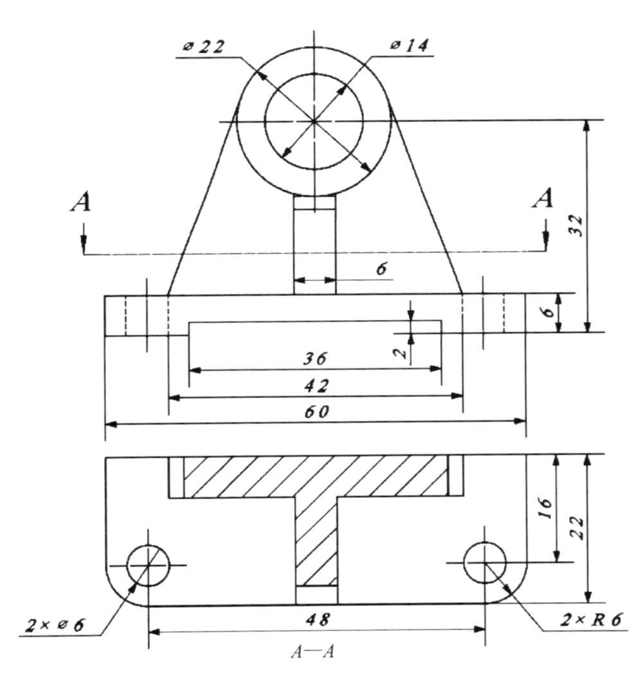

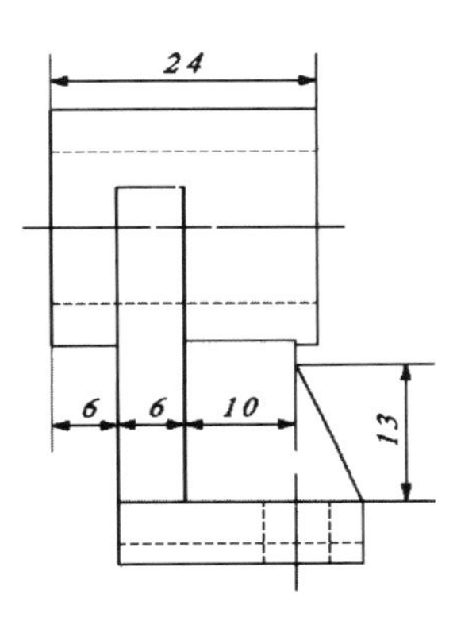

技术要求
1. 未注圆角R1

图 1.34

该零件的建模思路如下：

① 利用【拉伸】命令创建底部的支撑结构部分。

② 利用【拉伸】命令创建顶部的工作结构部分。

③ 利用【拉伸】和【筋】命令创建中间的连接部分。

技能提示

在机械设计中，筋一般指的是筋板或是加强筋。当零件结构体悬出面过大或跨度过大时，通常采用筋来加固机械结构。

二、相关知识

单击【造型】选项卡→【工程特征】面板→【筋】命令，弹出如图 1.35 所示对话框，用一个开放草图创建一个筋特征。筋特征含义如图 1.36 所示。

【轮廓】：选择一个定义了筋轮廓的开放草图，或单击右键选择插入草图。

【方向】：指定筋的拉伸方向，并用一个箭头表示该方向。平行表示拉伸方向与草图平面法向平行，垂直表示拉伸方向与草图平面法向垂直。

【宽度类型】：指定筋的宽度类型。

【宽度】：指定筋宽度。

【角度】：输入拔模角度。

图 1.35

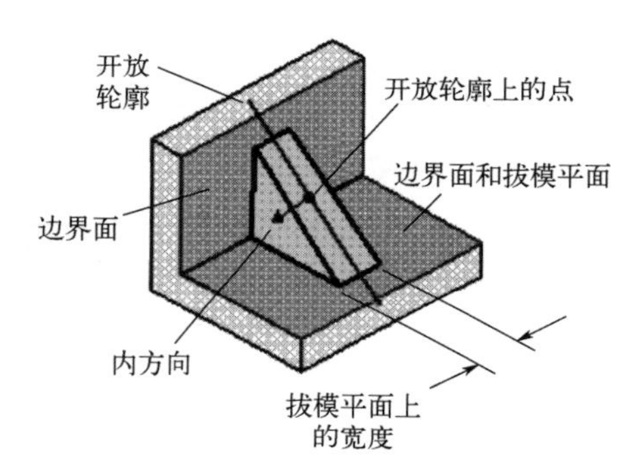

图 1.36

三、任务实施

1. 新建文件

打开中望 3D 软件，新建“零件”类型文件，命名为“叉架类零件轴承座”，单击【确认】按钮，进入零件建模界面。

2. 创建底部支撑结构

1）创建基体特征

单击【造型】选项卡→【基础造型】面板→【草图】命令，弹出【草图】对话框，【平面】选择 XY 平面，其余参数默认。单击【确定】按钮，进入草图绘制环境，绘制如图 1.37 所示草图。

单击【造型】选项卡→【基础造型】面板→【拉伸】命令，弹出如图 1.38 所示对话框，在【轮廓】选择上步草图“草图 1”；【拉伸类型】选择“2 边”，起始点输入 0mm，结束点输入 6mm；【布尔运算】选择基体；其余参数默认。单击【确定】按钮，完成基体特征的创建。

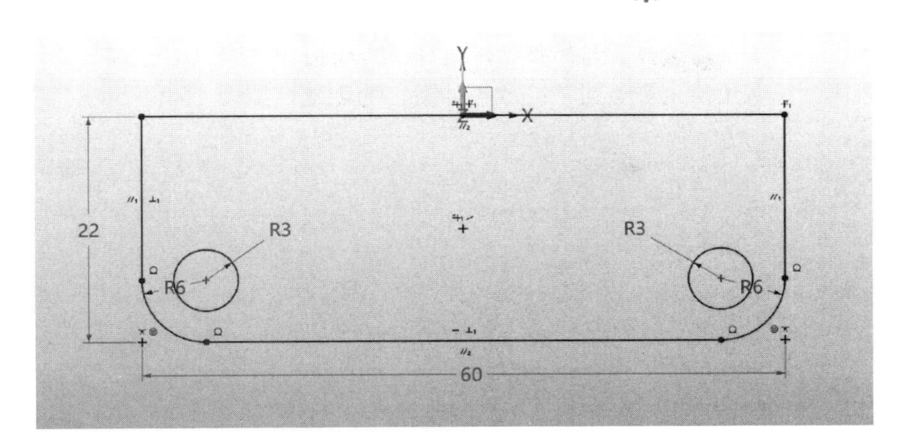

图 1.37

2）完善底部细节特征

单击【造型】选项卡→【基础造型】面板→【草图】命令，弹出【草图】对话框，【平面】选择上步创建的底板侧面，如图 1.39 所示；其余参数默认。单击【确定】按钮，进入草图绘制环境，绘制如图 1.40 所示草图。

图 1.38

图 1.39

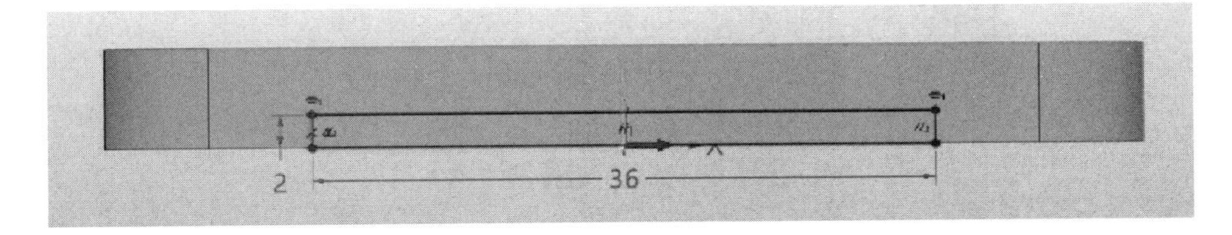

图 1.40

单击【造型】选项卡→【基础造型】面板→【拉伸】命令，弹出如图 1.41 所示对话框，【轮廓】选择上步草图“草图 2”；【拉伸类型】选择“1 边”；【起始点】填入 0mm，【结束点】填入 22.1mm；【布尔运算】选择布尔减运算；【方向】选择 Y 轴正方向，即（0, 1, 0）；其余参数默认。单击【确定】按钮，完成拉伸特征的创建，如图 1.42 所示。

图 1.41

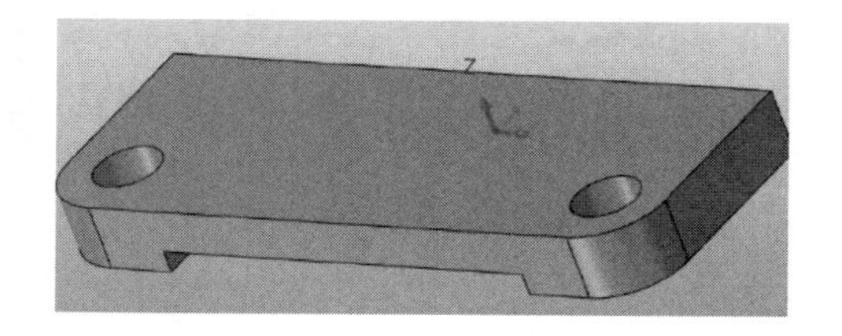

图 1.42

3. 创建顶部工作结构

单击【造型】选项卡→【基础造型】面板→【草图】命令，弹出【草图】对话框，【平面】选择 XZ 平面，其余参数默认。单击【确定】按钮进入草图绘制环境，绘制如图 1.43 所示草图。

单击【造型】选项卡→【基础造型】面板→【拉伸】命令，弹出如图 1.44 所示对话框，【轮廓】选择上步草图“草图 3”；【拉伸类型】选择“2 边”；【起始点】输入-6mm；【结束点】输入 18mm；【布尔运算】选择基体；其余参数默认。单击【确定】按钮，完成顶部工作结构，如图 1.45 所示。

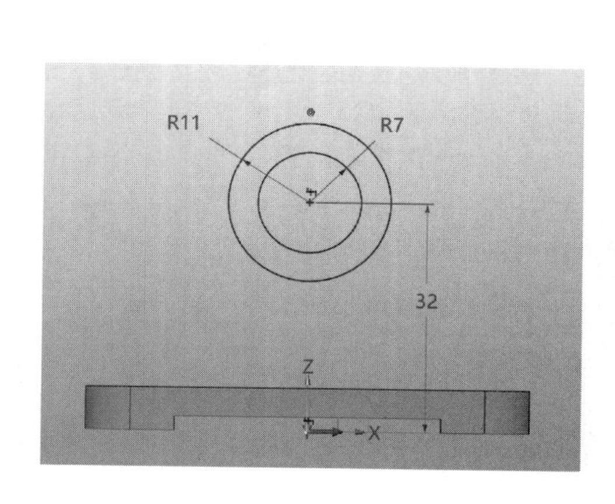

图 1.43

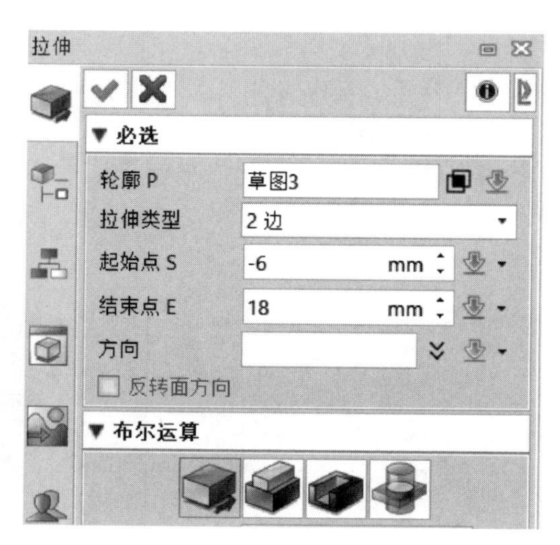

图 1.44

4. 创建中间连接结构

1）创建连接板特征

单击【造型】选项卡→【基础造型】面板→【草图】命令，弹出【草图】对话框，【平面】选择 XZ 平面，其余参数默认。单击【确定】按钮，进入草图绘制环境，绘制如图 1.46 所示草图。

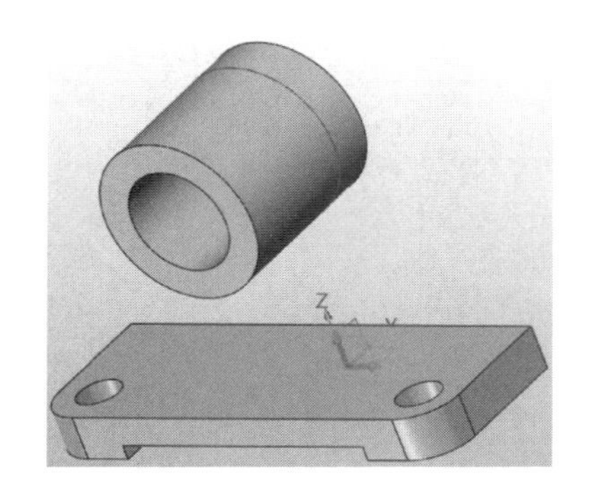

图 1.45

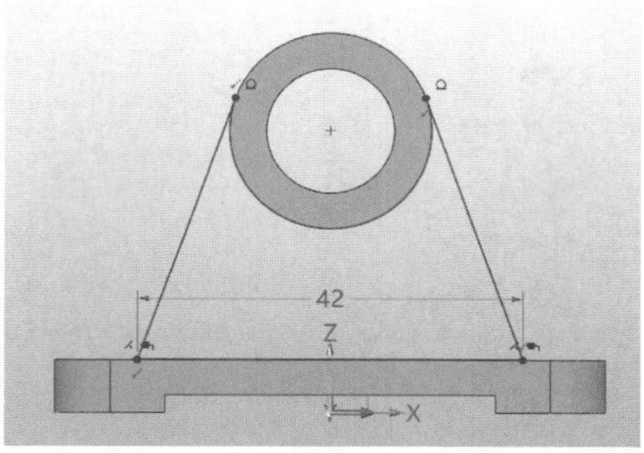

图 1.46

单击【造型】选项卡→【基础造型】面板→【拉伸】命令，弹出【拉伸】对话框，【轮廓】选择上步草图“草图 4”；【拉伸类型】选择“1 边”；【结束点】输入 6mm；【方向】点选 Y 轴负方向（-0, -1, -0）；【布尔运算】选择加运算；其余参数默认。单击【确定】按钮，完成连接板特征的创建，如图 1.47 所示。

2）创建筋特征

单击【造型】选项卡→【基础造型】面板→【草图】命令，弹出【草图】对话框，【平面】选择 YZ 平面，其余参数默认。单击【确定】按钮，进入草图绘制环境。绘制如图 1.48 所示草图，为筋特征绘制草图。

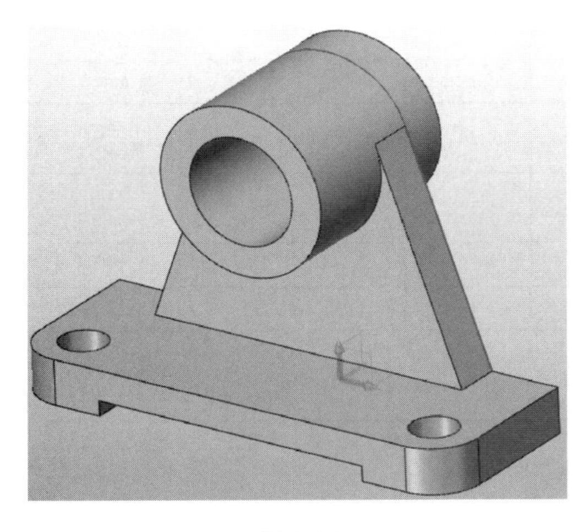

图 1.47

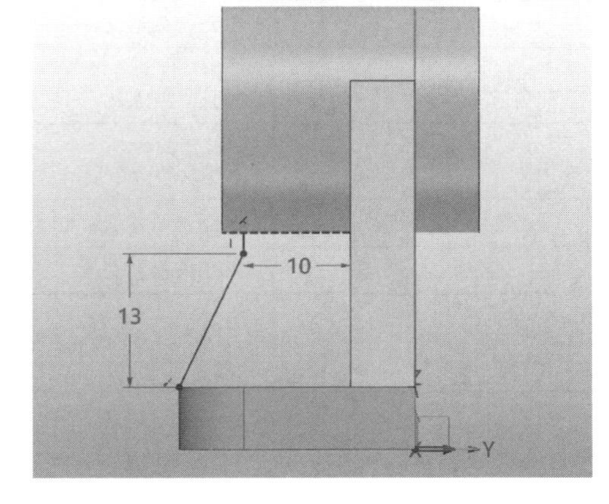

图 1.48

单击【造型】选项卡→【工程特征】面板→【筋】命令，弹出如图 1.49 所示对话框，【轮廓】选择上步创建的草图；【方向】选择平行，【宽度类型】选择两者；【宽度】输入 6mm；【角度】输入 0°；其余参数默认。单击【确定】按钮，完成筋特征的创建。

5. 建模结果

该零件建模结果如图 1.50 所示。

图 1.49

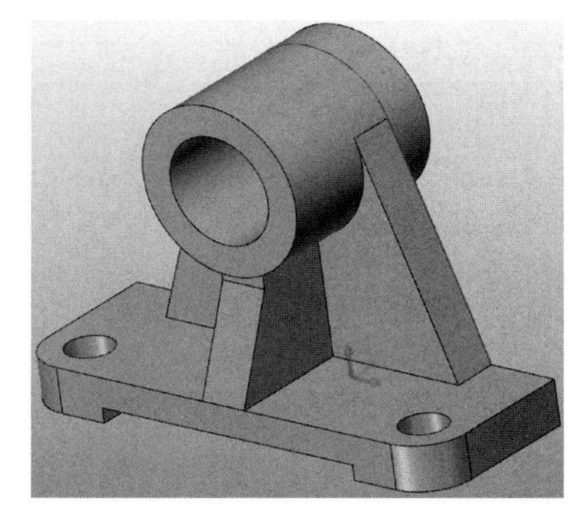

图 1.50

6. 保存文件

单击菜单栏【文件】→【保存】，选择保存路径，保存文件。

四、任务评价

叉架类零件的建模评价见表 1.3。

表 1.3

评价内容	评价标准	分值	学生评价	教师评价
新建文件	能够正确创建文件	10		
支撑结构的绘制	1.掌握草图命令 2.掌握拉伸命令	30		
工作结构的绘制	1.掌握草图命令 2.掌握拉伸命令	30		
连接结构的绘制	掌握创建筋特征命令	20		
保存文件	能够正确保存文件	10		
学习体会：				

五、知识拓展

拔模特征用于模具的设计，使得注塑零件可以从型腔或型芯中自由顶出，可以使用【拔模】命令为所选实体创建拔模特征。单击工具栏中的【造型】选项卡→【工程特征】面板→【拔模】命令，弹出如图 1.51 所示对话框。拔模特征有 4 种拔模方法可以选择，如图 1.52 所示。

图 1.51

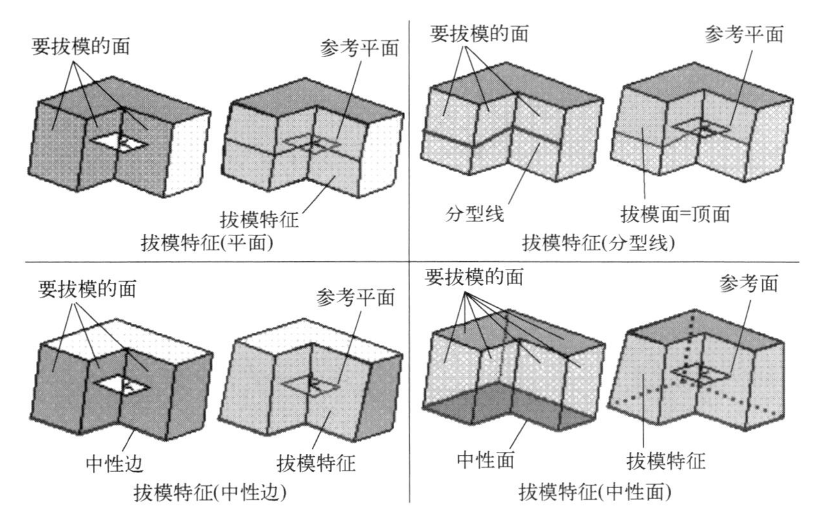

图 1.52

【拔模】：可以选择分型线、基准面、边或面等实体进行拔模。所选实体的类型将决定生成的拔模类型。拔模方向会沿着与参考面垂直的方向。

【分型面】：选择分型面进行拔模。分型面是为了将已成型的塑件从模具型腔内取出或为了安放嵌件及排气等成型的需要，根据塑料件的结构，将直接成型塑件的那一部分模具分成若干部分的接触面，即分开型腔以便取出塑件的面。

【分型边】：选择分型边进行拔模。分型边是指塑料与模具相接触的边界线。

【面拔模】：对所选的面进行拔模，拔模多个面时，这些面的拔模方向应该保持一致。

【面】：设定要拔模的面，可以选择 1 个面或多个面。

【拔模体】：对于拔模方法，选择要拔模的实体。所选实体的类型将决定生成的拔模类型，拔模体为多个实体时，这些实体必须是相同的类型。

【角度】：设定拔模角度。

【方向】：选择拔模方向。如果要浇铸零件，则拔模方向应该是零件从模具中抽取的方向。

六、练一练

创建如图 1.53 所示的轴座。

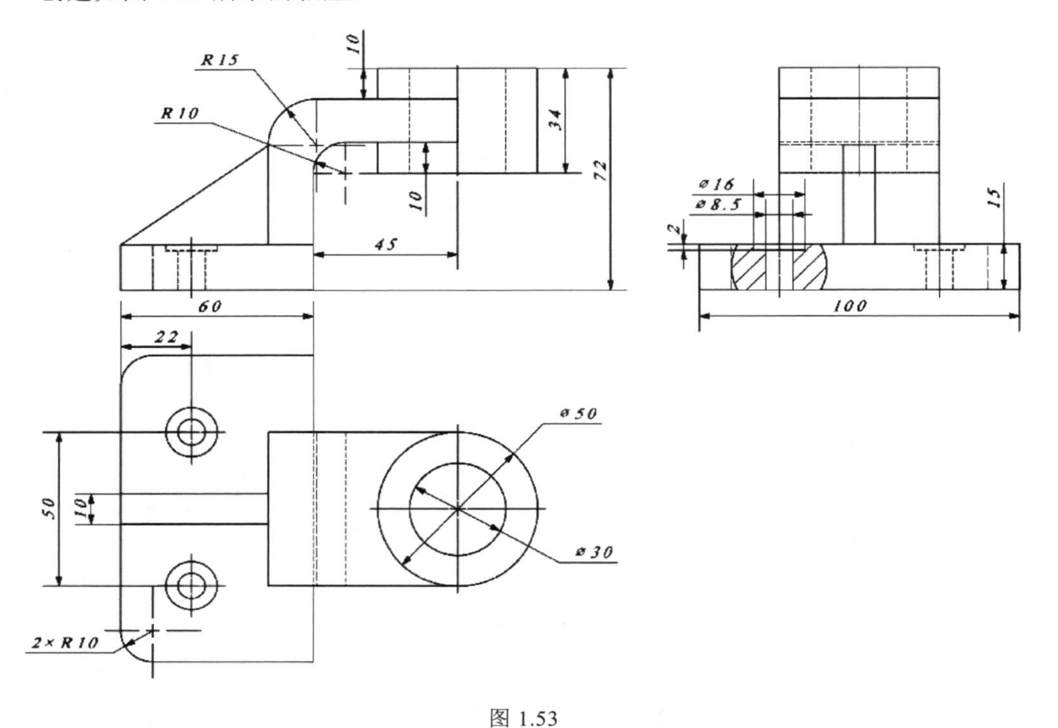

图 1.53

任务 1-4　箱体类零件的建模

箱体类零件

一、任务目标

箱体类零件是机器中的主要零件之一，一般起到支撑、容纳、定位零件等作用。箱体类零件的结构特点是其内、外结构都比较复杂，常用薄壁围成不同的空腔，箱体上还常有支撑孔、凸台、放油孔、安装底板、螺栓孔和筋板等结构。箱体类零件多为铸造件，具有许多铸造工艺结构，如铸造圆角、铸件壁厚拔模斜度等。

本任务是对箱体类零件进行建模，如图 1.54 所示。

该零件的建模思路如下：

① 利用【拉伸】命令创建箱体的主体部分。

② 利用【拉伸】命令创建箱体的凸台特征。

③ 利用【圆角】命令创建圆角特征。

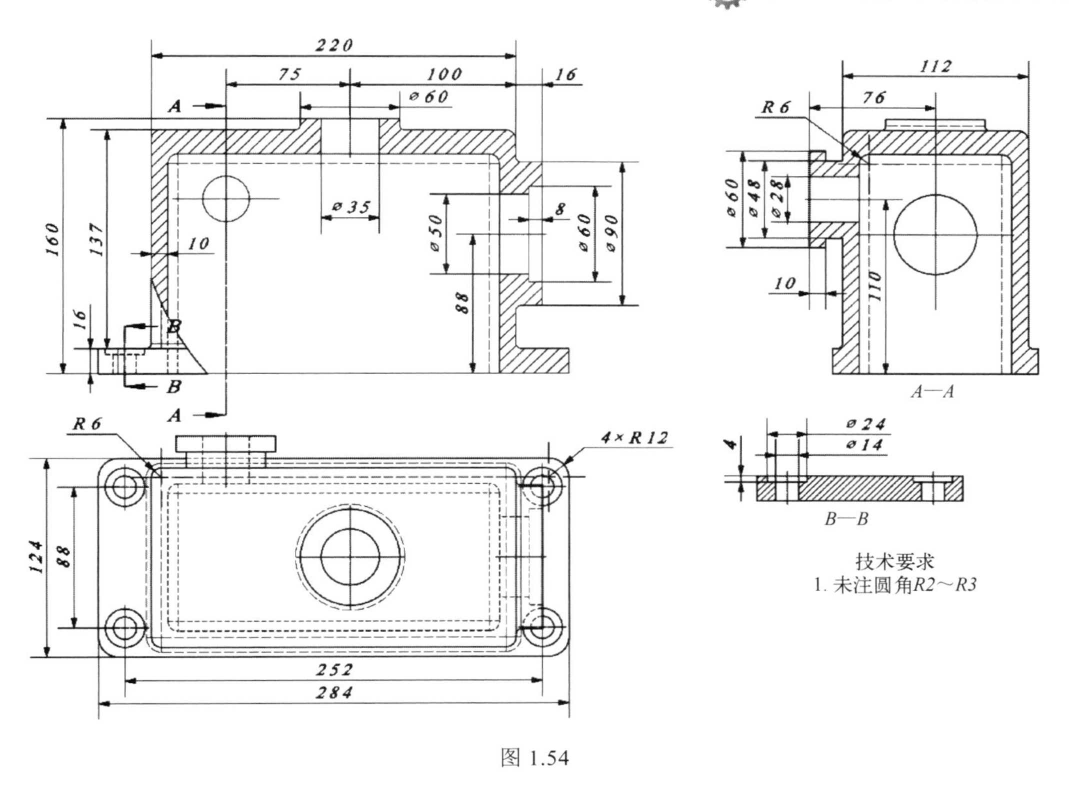

图 1.54

二、相关知识

圆角在零件结构突变部位起着关键的连接过渡作用，因此在零件设计中，为了满足结构设计上的需要或结构强度需要，避免应力集中，都需要设计圆角结构。单击【造型】选项卡→【工程特征】面板→【圆角】命令，弹出如图 1.55 所示对话框，创建圆角结构。

【圆角】：在所选边创建圆角，如图 1.56 所示。

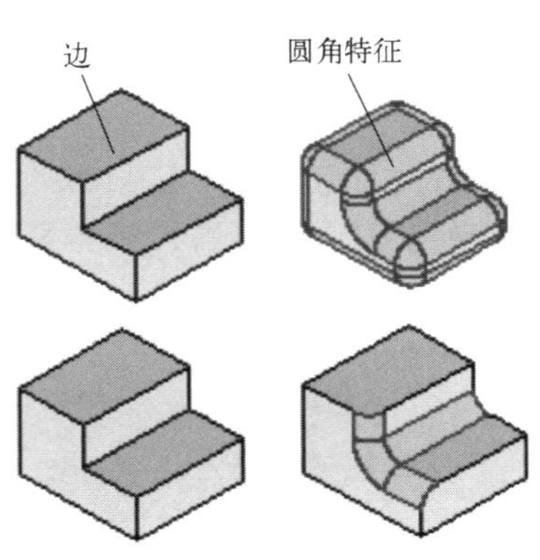

图 1.55　　图 1.56

【椭圆圆角】：创建一个椭圆圆角特征，此命令使用圆角距离和角度选项定义圆角的椭圆横截面的大小。

【环形圆角】：沿面的环形边创建一个不变半径的圆角。

【顶点圆角】：在一个或多个顶点处创建圆角。

【边 E】：选择圆角的边。

【半径 R】：指定圆角半径。

三、任务实施

1. 新建文件

打开中望 3D 软件，新建“零件”类型文件，命名为“箱体类零件”，单击【确认】按钮，进入零件建模界面。

2. 创建箱体的主体部分

1）创建底板特征

单击【造型】选项卡→【基础造型】面板→【草图】命令，弹出【草图】对话框，【平面】选择 XY 平面，其余参数默认。单击【确定】按钮，进入草图绘制环境，绘制如图 1.57 所示草图。

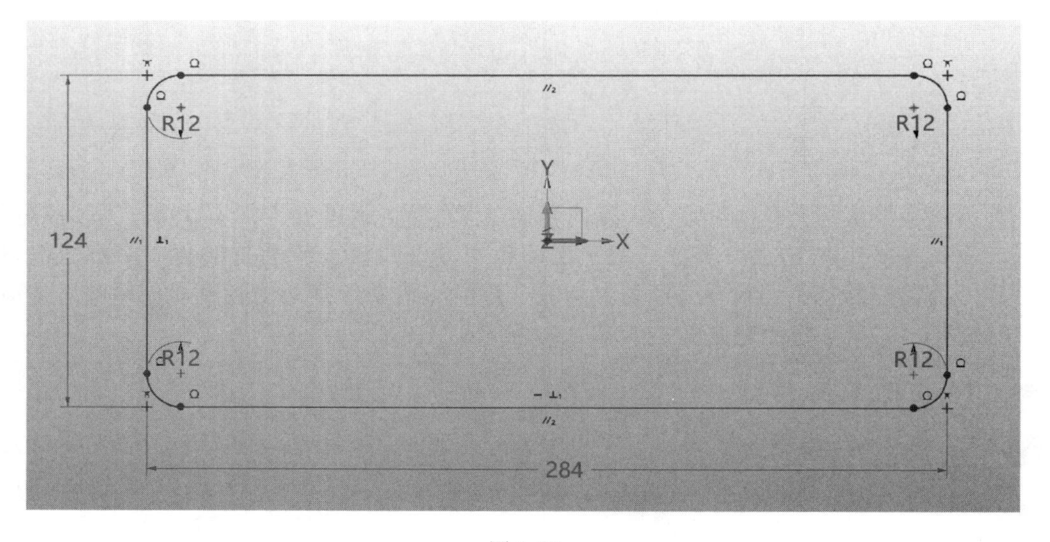

图 1.57

单击【造型】选项卡→【基础造型】面板→【拉伸】命令，弹出如图 1.58 所示对话框，【轮廓】选择上步草图；【拉伸类型】选择“1 边”；【结束点】输入 16mm；【方向】选择 Z 轴正方向；【布尔运算】选择基体；其余参数默认。单击【确定】按钮，完成底板特征的创建。

2）创建箱体外轮廓特征

单击【造型】选项卡→【基础造型】面板→【草图】命令，弹出【草图】对话框，【平面】选择上步创建的底板上表面，如图 1.59 所示；其余参数默认。单击【确定】按钮，进入草图绘制环境，绘制如图 1.60 所示草图。

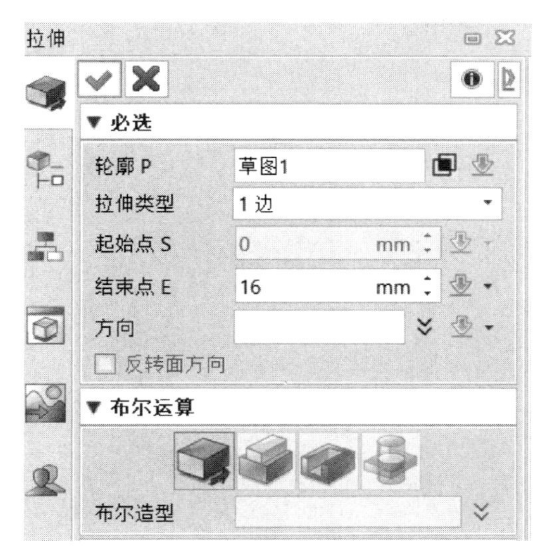

图 1.58

图 1.59

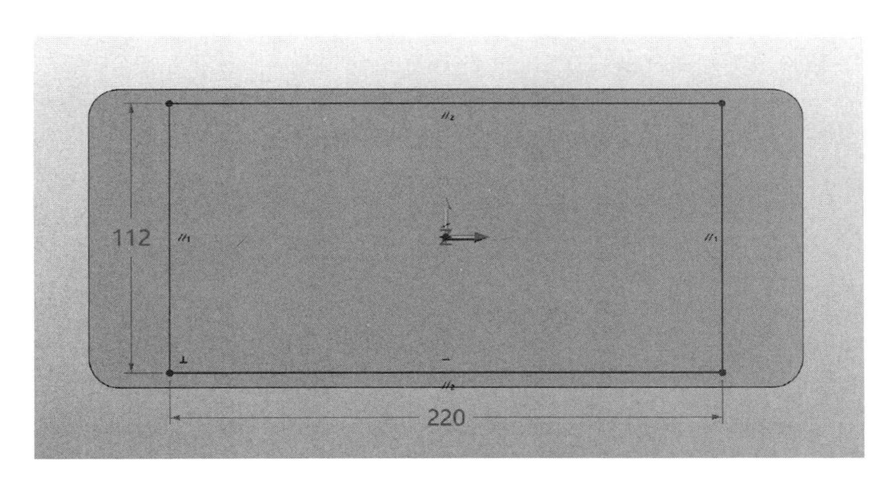

图 1.60

单击【造型】选项卡→【基础造型】面板→【拉伸】命令，弹出如图 1.61 所示对话框，【轮廓】选择上步草图；【拉伸类型】选择“1 边”；【结束点】输入 137mm；【方向】选择 Z 轴正方向；【布尔运算】选择加运算；其余参数默认。单击【确定】按钮，完成箱体外轮廓特征的创建，如图 1.62 所示。

3）创建箱体内轮廓特征

单击【造型】选项卡→【基础造型】面板→【草图】命令，弹出【草图】对话框，【平面】选择 XY 平面，其余参数默认。单击【确定】按钮，进入草图绘制环境，绘制如图 1.63 所示草图。

单击【造型】选项卡→【基础造型】面板→【拉伸】命令，弹出【拉伸】对话框，【轮廓】选择上步草图；【拉伸类型】选择“1 边”；【结束点】输入 138mm；【方向】选择 Z 轴正方向；【布尔运算】选择减运算；其余参数默认。单击【确定】按钮，完成箱体内轮廓特征的创建，如图 1.64 所示。

图 1.61

图 1.62

技能提示

进入建模环境中后，可以通过在空白绘图区单击右键或者在 Ribbon 栏选择草绘命令进入草图，这两种方式创建的草图均是外部草图，可以被其它特征复用，不需要显示时，可以单击右键选择隐藏。

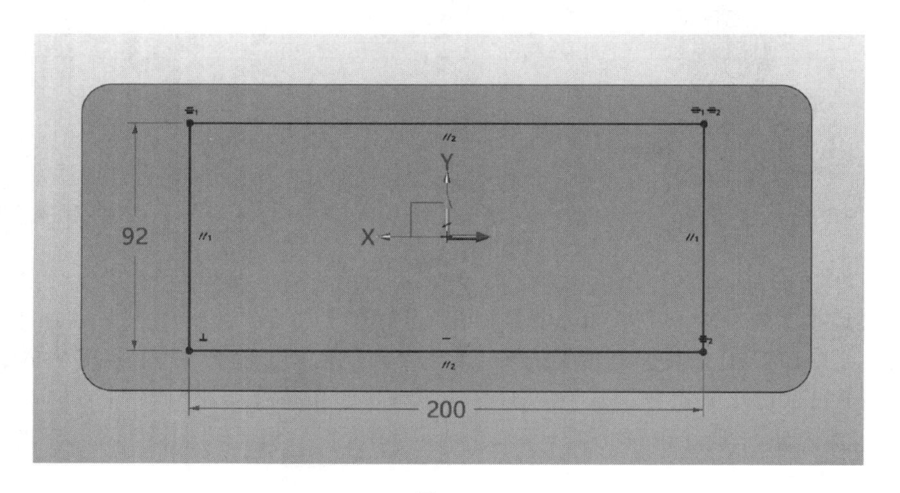

图 1.63

3. 创建沉头孔特征

1）创建大孔特征

单击【造型】选项卡→【基础造型】面板→【草图】命令，弹出【草图】对话框，【平面】选择底板上表面，如图 1.65 所示；其余参数默认。单击【确定】按钮，进入草图绘制环境，绘制如图 1.66 所示草图。

单击【造型】选项卡→【基础造型】面板→【拉伸】命令，弹出【拉伸】对话框，【轮廓】选择上步草图；【拉伸类型】选择“1 边”；【结束点】输入 4mm；【方向】选择 Z 轴负方向（0, 0, -1）；【布尔运算】选择减运算；其余参数默认。

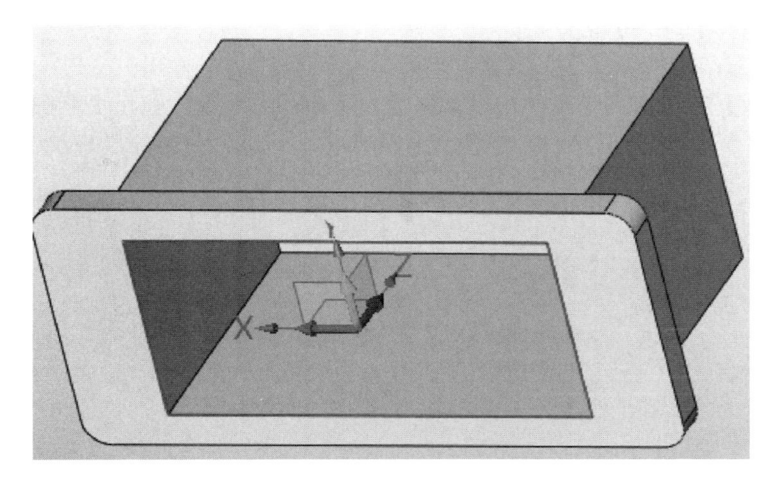

图 1.64

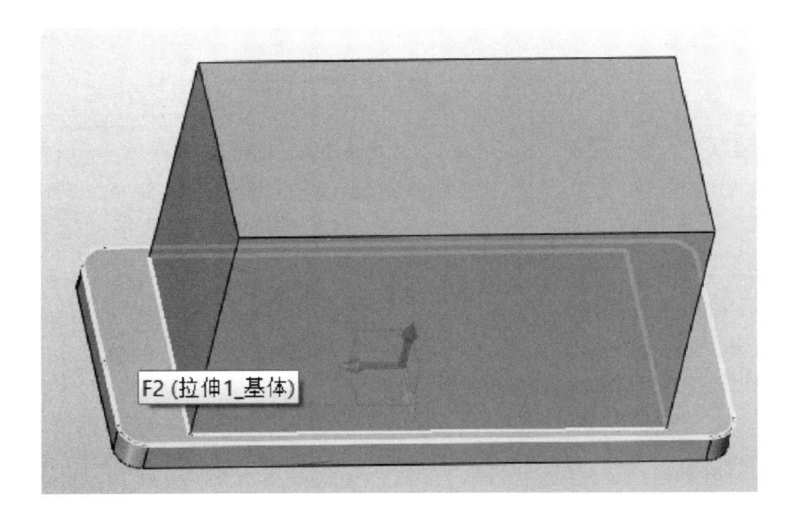

图 1.65

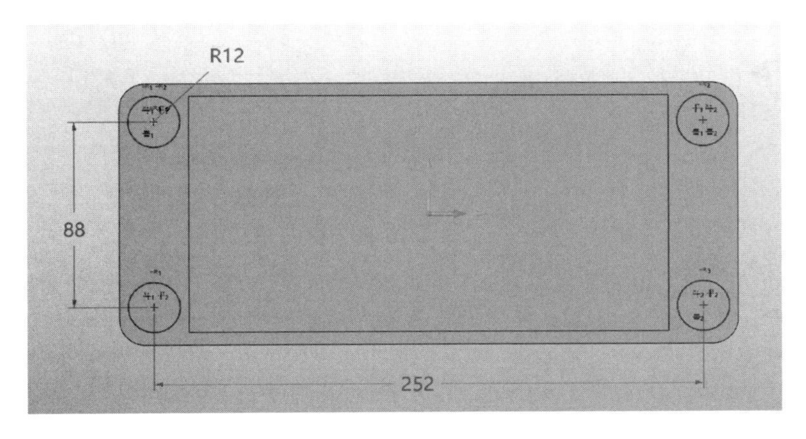

图 1.66

2）创建小孔特征

再次使用【草图】、【拉伸】命令，完成沉头孔特征的创建。

4. 创建箱体凸台特征

1）创建顶部凸台特征

单击【造型】选项卡→【基础造型】面板→【草图】命令，弹出【草图】对话框，【平面】选择 XY 平面，其余参数默认。单击【确定】按钮，进入草图绘制环境，绘制如图 1.67 所示草图。

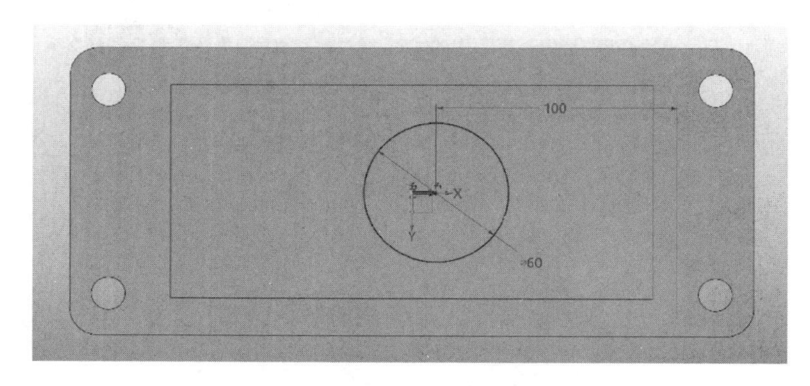

图 1.67

单击【造型】选项卡→【基础造型】面板→【拉伸】命令，弹出【拉伸】对话框，【轮廓】选择上步绘制的草图；【拉伸类型】选择“2 边”；【起始点】输入 153mm；【结束点】输入 160mm；【方向】选择 Z 轴正方向（0，0，1）；【布尔运算】选择加运算；其余参数默认。单击【确定】按钮，完成顶部凸台特征的创建。

2）创建通孔特征

再次使用【草图】、【拉伸】命令，创建顶部凸台的通孔。

3）创建箱体后侧和右侧凸台特征

重复上述命令，完成箱体后侧凸台、箱体右侧凸台的创建，如图 1.68 所示。

5. 创建圆角特征

单击【造型】选项卡→【工程特征】面板→【圆角】命令，弹出如图 1.69 所示对话框，【边】选择如图 1.70 所示边线；【半径】输入 3mm。单击【确定】按钮，完成圆角特征的创建。

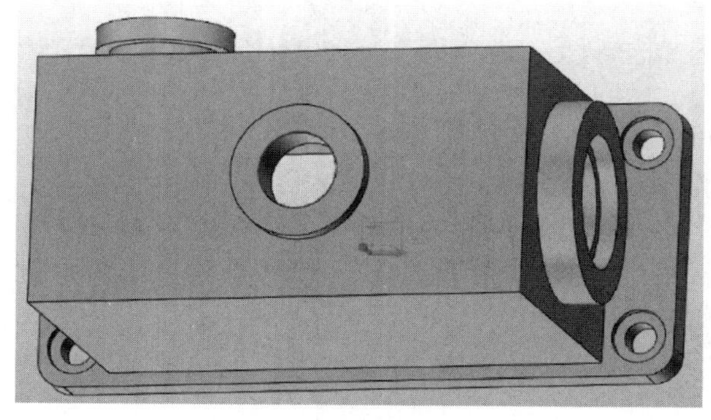

图 1.68

图 1.69

再次单击【造型】选项卡→【工程特征】面板→【圆角】命令，弹出【圆角】对话框，【边】选择如图 1.71 所示边线；【半径】输入 6mm。单击【确定】按钮，完成圆角特征的创建。

图 1.70

图 1.71

6. 建模结果

该零件建模结果如图 1.72 所示。

图 1.72

7. 保存文件

单击菜单栏【文件】→【保存】，选择保存路径，保存文件。

四、任务评价

箱体类零件的建模评价见表 1.4。

表 1.4

评价内容	评价标准	分值	学生评价	教师评价
新建文件	能够正确创建文件	10		
创建箱体主体部分	能够正确创建基体	30		
创建沉头孔结构	能够正确应用拉伸切除功能	10		

续表

评价内容	评价标准	分值	学生评价	教师评价
创建箱体凸台结构	能够正确使用拉伸命令	30		
创建圆角特征	能够正确使用圆角命令	10		
保存文件	能够正确保存文件	10		
学习体会：				

五、知识拓展

倒角指的是把工件的棱角切削成一定斜面的加工。倒角是为了去除零件上因机加工产生的毛刺。通过【倒角】命令创建倒角结构，单击【造型】选项卡→【工程特征】面板→【倒角】命令，弹出如图 1.73 所示对话框，创建倒角。

【倒角】：在所选的边上倒角。通过这个命令创建的倒角是等距的，即在共有同一条边的两个面上，倒角的缩进距离是一样的。

【不对称倒角】：根据所选边上的两个倒角距离创建一个倒角。使用角度/倒角距离选项，可以为第二个倒角距离指定一个角度。

【顶点倒角】：在一个或多个顶点处创建倒角特征。

【边】：选择要进行倒角的边。

【倒角距离】：用于对称倒角，指定第一个倒角距离，如图 1.74 所示。

图 1.73

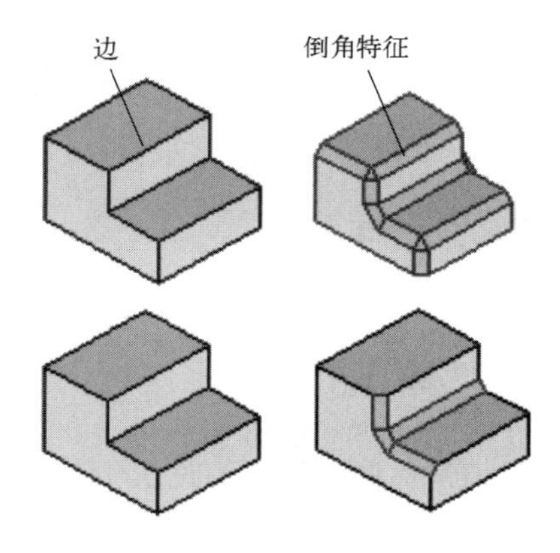

图 1.74

六、练一练

创建如图 1.75 所示的箱体。

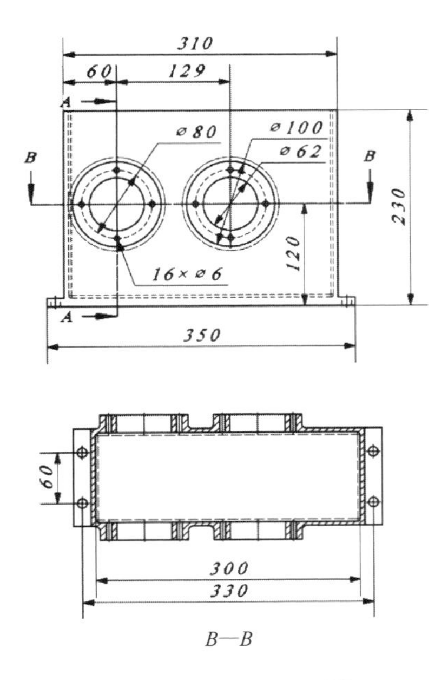

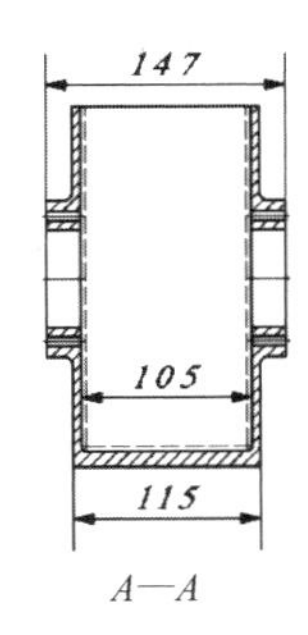

60
300
330
B—B

技术要求
1. 未注圆角R3

图 1.75

任务 1-5　零部件的渲染

箱体类零件
渲染

一、任务目标

渲染是建模制作中的收尾阶段，在进行了建模、设置材质等操作之后，需要对模型进行渲染。通过高级渲染，用逼真的效果显示零件或装配（称之为场景），如图 1.76 所示。

图 1.76

本次任务的目标是对绘制完成的零件进行渲染，掌握渲染的操作步骤与方法。

二、相关知识

中望 3D 的渲染功能：①给面附加属性使其变得透明或反光，对面应用纹理映射，使其变得不规律，或看上去类似于木头或大理石等其他纹理。②创建光源，并使其照向场景，以提供前照明、后照明、点照明或投影。

渲染流程如下：

① 创建零件或装配。

② 在场景中放置零件或部件。

③ 修改面属性。在零件级别，单击【属性】→【面】，弹出如图 1.77 所示对话框，将所需属性应用于选中的面。

④ 设定面的纹理属性或纹理。利用【视觉样式】工具选项卡相关命令，设定选中面的纹理属性和纹理映射。

⑤ 创建和定位光源。在零件级别选择【视觉样式】选项卡→【光源】面板来创建和定位光源，也可以通过右键单击光源标记来编辑修改已经存在的光源。

⑥ 修改渲染属性。在零件级别，单击【属性】→【渲染】，弹出如图 1.78 所示对话框，为场景设定渲染输出和文件设置。

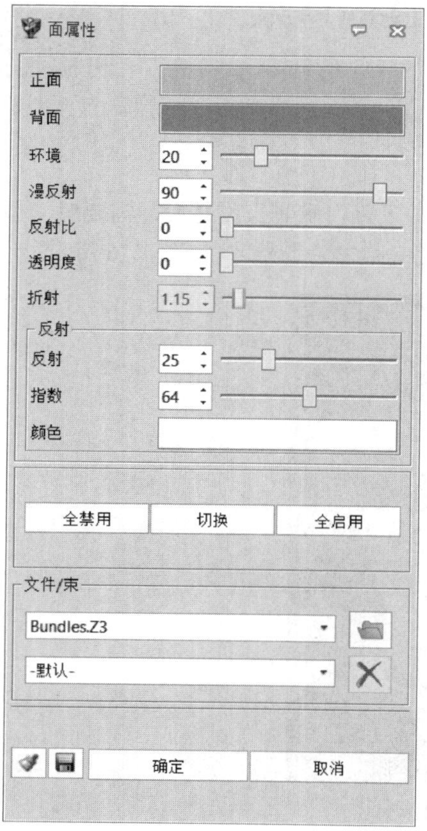

图 1.77

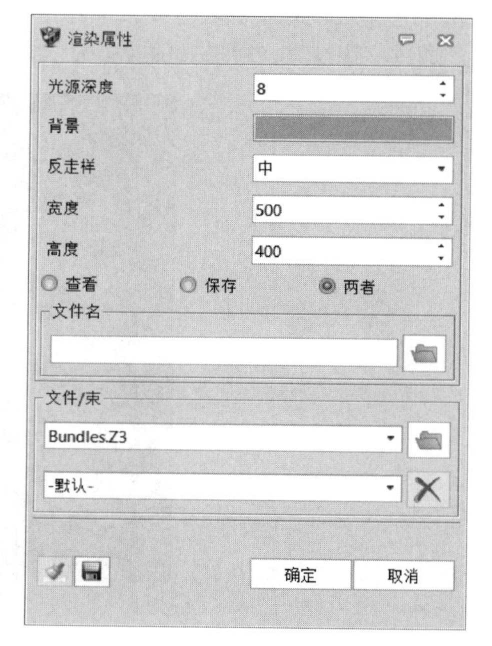

图 1.78

技能提示

在零件外观显示时，优先显示使用了系统提供的纹理外观。如果该零件表面先使用了系统提供的零件外观，而又要使用面属性命令进行零件外观修改，需要首先使用删除纹理命令，将原来纹理删除后，使用面属性命令进行的修改才有效。

⑦ 调整场景视图方向。

⑧ 渲染场景。在零件级别，从【视觉样式】选项卡上选择产生光线追踪渲染，根据【渲染属性】对话框上的设置来渲染场景。

三、任务实施

1. 打开文件

打开中望 3D 软件，选择任务 4 绘制的零件“1-4 箱体类零件”，进入建模界面。

2. 摆放零件并设置外观纹理

单击工具栏的【正二测视图】按钮，将零件以正二测视图摆放。箱体的材料是铸造金属，因此可以直接选择【金属（铸造）】纹理并将其应用到箱体上。单击【视觉样式】选项卡→【纹理】面板→【金属（铸造）】命令，弹出如图 1.79 所示对话框，【面】选择箱体造型；【属性过滤器】设置为造型；【金属】设置为“钢”；其余参数默认。单击【确定】按钮，完成外观纹理的设置，如图 1.80 所示。

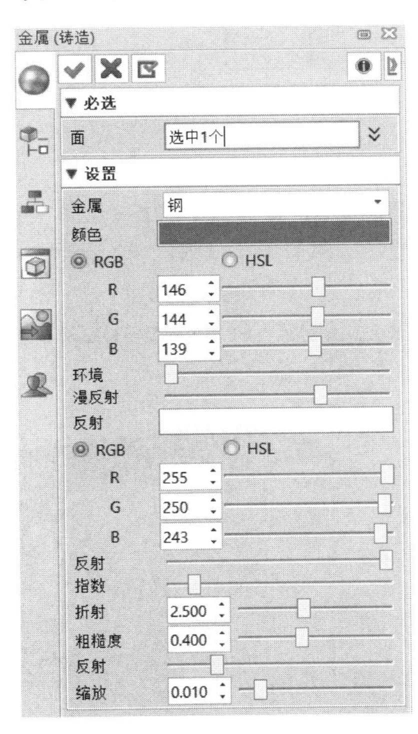

图 1.79

图 1.80

3. 设置光源和渲染属性

单击【视觉样式】选项卡→【渲染】面板→【设置属性】按钮，弹出如图 1.81 所示对话框，【光源深度】输入 8；【背景】选择白色；【反走样】选择“中”；【宽度】输入 900；【高度】输入 600，选择“两者”。

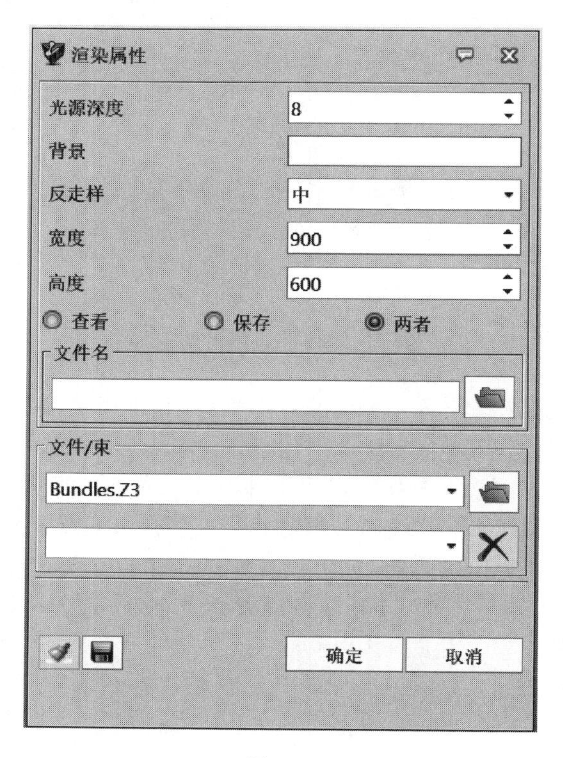

图 1.81

4. 渲染场景

单击【视觉样式】选项卡→【渲染】面板→【渲染】按钮，初次运行，软件会自动弹出 POV-Ray 开源 3D 图像渲染插件安装提示，根据提示安装即可，如图 1.82 所示。再次单击【渲染】按钮后，软件自动运行 POV 脚本语言，并显示出渲染结果图片，如图 1.83 所示。同时将渲染的结果图片保存到 AppData\Roaming\ZWSOFT\ZW3D\ZW3D 2021 Edu\output\temp 文件夹中，查看渲染结果。

图 1.82

图 1.83

5. 保存文件

单击菜单栏【文件】→【保存】，选择保存路径，保存文件。

四、任务评价

零部件的渲染评价见表 1.5。

表 1.5

评价内容	评价标准	分值	学生评价	教师评价
打开文件	能够正确打开文件	10		
摆放零件和外观纹理	能够正确添加要求的纹理	20		
设置光源和渲染属性	能够正确使用要求的操作命令	40		
渲染场景	能够正确使用渲染场景命令	20		
保存文件	能够正确保存文件	10		
学习体会：				

五、知识拓展

在中望 3D 软件中，从光源中发出的光将会在实体显示模式和渲染后的场景中出现，选择默认位于软件窗口右侧的视觉样式工具选项卡来创建和定位光源。

单击【视觉样式】选项卡→【光源】面板→【添加】按钮，弹出如图 1.84 对话框，提供的光源类型有以下几种。

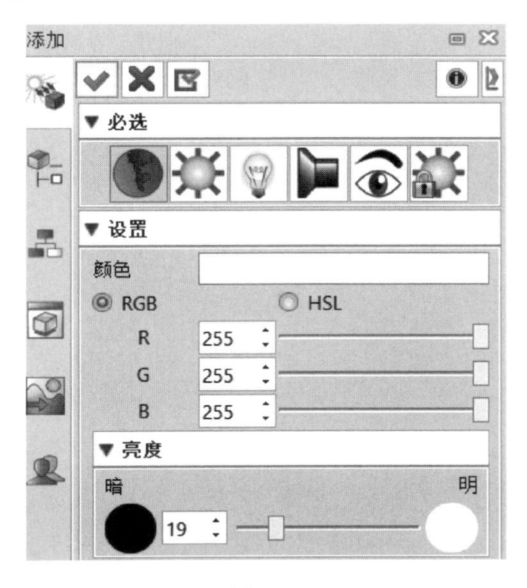

图 1.84

【环境光源】：环境光源会被周围环境分散，不能被看作一个单一的光源。当环境光源到达一个物体表面时会向各个方向分散开来，光源标记显示在图形窗口的右下角。

【方向光源】：用于创建一个平行光源，距离无限远，将照射在场景中的光束当作平行光，太阳光就是典型的平行光源，光源标记显示在光源方向的原点处。

【点光源】：用于建立一个点光源。点光源像灯泡一样，均衡地照射在所有的方向，光源标记显示在定义的光源位置。

【聚光源】：通过两点定义一个聚光源。其中一点确定光源位置，另一个点确定光源方向，光源标记显示在定义的光源位置。

【屏幕方向光源】：创建一个由水平和垂直滑块进行定位且锁定于屏幕的光源。当模型旋转时，光源位置将保持不变，但曲面上的光线会随之发生变化。

六、练一练

渲染如图 1.85 所示的轴座。

图 1.85

标准件与常用件的选用与建模

教学目标

思政材料 2

1. 掌握标准件与常用件的选用和建模方法。
2. 掌握基础造型建模命令（拉伸、旋转、扫掠等）。
3. 掌握通过重用库添加标准件的操作方法。
4. 掌握零件建模过程中参数的使用方法。

能力要求

1. 能够学会常用标准件与常用件的选用和建模方法。
2. 能够学会使用重用库，能够选用和添加标准件。
3. 能够熟练使用各种基础造型建模命令。
4. 掌握建模过程中参数的使用方法，能够进行简单零件的参数化建模。

问题导入

标准件是指结构、尺寸、画法、标记等各个方面已经完全标准化，并由专业厂生产的常用的零（部）件，如螺纹件、键、销、滚动轴承等。图 2.1 为机械工程中常用的标准件，如何通过中望 3D 软件快速选用和建模呢？本模块重点讲解常用标准件如紧固零件、轴承、联轴器和离合器、销与键、弹簧、齿轮等选用和建模的方法。

图 2.1

任务 2-1　紧固零件的选用与建模

六角头螺栓

一、任务目标

紧固件是应用极为广泛的机械零件。紧固件品种规格繁多，且标准化、系列化、通用化的程度高。

本任务以六角头螺栓 M8 为例进行设计，如图 2.2 所示。螺纹可以使用【标记外部螺纹】命令来表达基本特征，其余特征利用基本的【草图】、【旋转】等命令绘制。

该零件的建模思路如下：

① 利用【旋转】、【拉伸】命令创建六角头螺栓主体部分。

② 利用布尔减运算去除多余部分。

③ 利用【标记外部螺纹】命令生成螺纹特征。

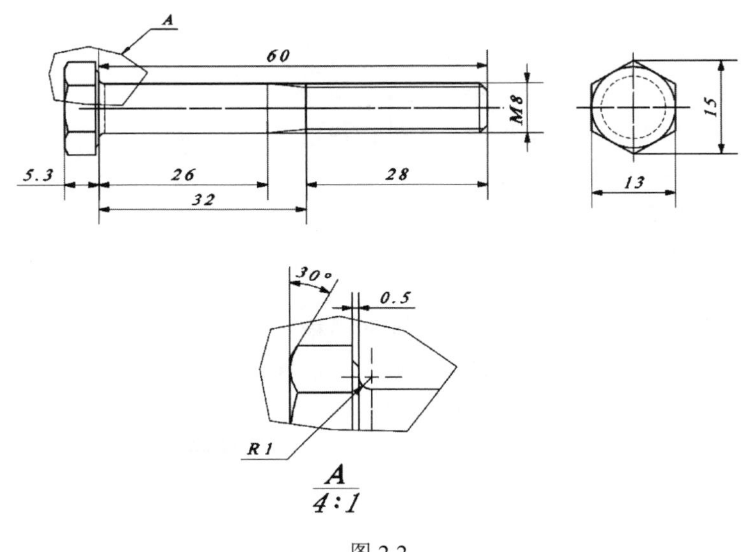

图 2.2

二、相关知识

常见的螺纹紧固零件具有易装拆、可重复使用的特点，应用非常广泛。其缺点是在震动、冲击、载荷变动和温差过大的情况下，螺栓连接往往会产生松动，因此在选用螺栓连接时，除考虑螺栓的材料、性能及特点、用途外，还应考虑防松问题。对于重要的紧固零件连接，还应规定需要的预紧力或拧紧力矩的大小。

常见的螺纹连接紧固零件有螺栓、双头螺柱、螺钉、紧定螺钉、螺母和垫圈等，其结构类型和尺寸均已标准化。

1）螺栓连接

按螺栓受力的情况不同可分为受拉螺栓连接（即普通螺栓连接）和受剪螺栓连接（即

铰制孔用螺栓连接）两种。

（1）受拉螺栓连接

能够承受横向工作载荷和轴向工作载荷，其安装孔径大于螺栓公称直径，制造和拆装方便，安装孔的加工精度要求不高，应用广泛。

（2）受剪螺栓连接

依靠螺栓光柱部分和孔的配合面承载，一般只用于承受横向载荷，有时也起定位作用，安装孔的加工精度要求较高。

2）双头螺柱连接

双头螺柱连接主要用于被连接件之一较厚且需要经常拆卸的场合，拆卸时可以不用拆下螺柱。

3）螺钉连接

螺钉连接不使用螺母，应用场合与双头螺柱连接类似，但不宜经常拆卸，以免破坏螺纹孔的螺纹。

4）紧定螺钉连接

紧定螺钉连接是利用螺钉末端顶在另一零件的表面或相应的凹坑中，以固定两个零件间的相互位置，并且可以传递不大的力或转矩。

三、任务实施

1. 新建文件

打开中望 3D 软件，新建“零件”类型文件，命名为“六角头螺栓”，单击【确认】按钮，进入零件建模界面。

2. 创建六角头螺栓主体

1）创建螺栓圆柱特征

单击【造型】选项卡→【基础造型】面板→【草图】命令，弹出【草图】对话框，【平面】选择 XZ 平面，其余参数默认。单击【确定】按钮，进入草图绘制环境，绘制如图 2.3 所示草图。

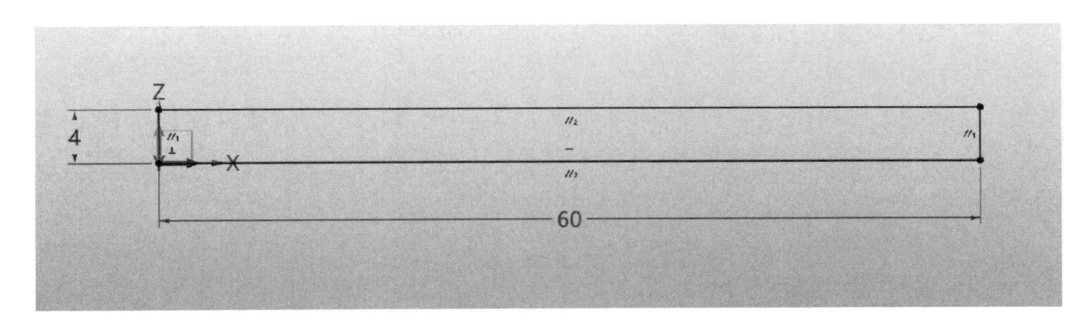

图 2.3

单击【造型】选项卡→【基础造型】面板→【旋转】命令，弹出【旋转】对话框，【轮廓】选择绘制完成的草图；【轴】选择 X 轴（1, 0, 0），作为旋转的轴线；【旋转类型】选择“2 边”；【起始角度】输入 0°；【结束角度】输入 360°，表示旋转一周生成特征；【布尔运算】选择基体；其余参数默认。单击【确定】按钮，完成螺栓圆柱特征的创建。

2）创建螺栓头部特征

单击【造型】选项卡→【基础造型】面板→【草图】命令，弹出【草图】对话框，【平面】选择圆柱体右端面，如图 2.4 所示；其余参数默认。单击【确定】按钮，进入草图绘制环境，绘制如图 2.5 所示草图。

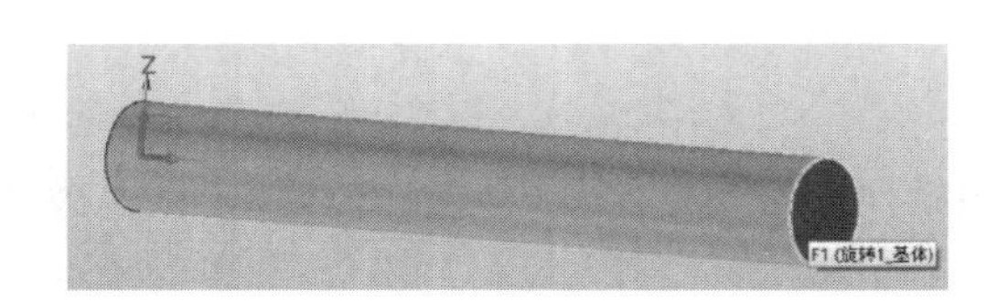

图 2.4

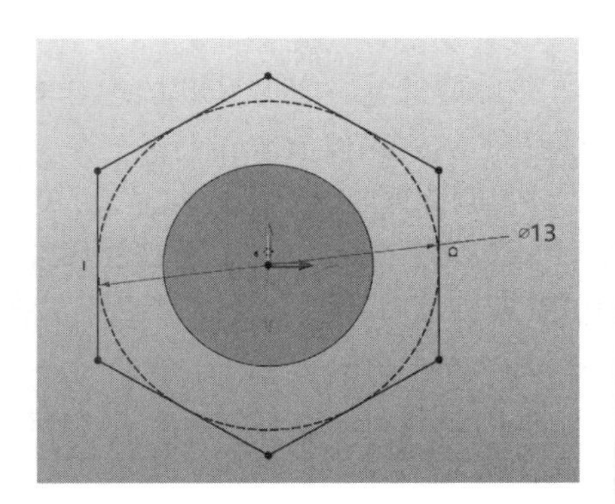

图 2.5

单击【造型】选项卡→【基础造型】面板→【拉伸】命令，弹出【拉伸】对话框，【轮廓】选择上步草图“草图 2”，【拉伸类型】选择“1 边”；【结束点】输入 5.3mm；【方向】点选 X 轴正方向（1, 0, 0）；【布尔运算】选择加运算；其余参数默认。单击【确定】按钮，完成拉伸特征的创建，如图 2.6 所示。

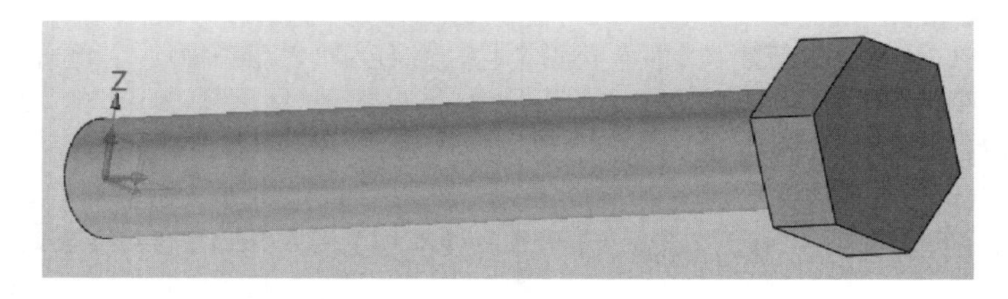

图 2.6

3. 完善螺栓头部细节部分

1）完善细节特征 1

单击【造型】选项卡→【基础造型】面板→【草图】命令，弹出【草图】对话框，【平面】选择 XZ 平面，其余参数默认。单击【确定】按钮，进入草图绘制环境，绘制如图 2.7 所示草图。

单击【造型】选项卡→【基础造型】面板→【旋转】命令，弹出【旋转】对话框，【轮廓】选择上步完成的草图；【轴】选择 X 轴正方向（1, 0, 0），作为旋转的轴线；【旋转类型】选择 1 边；【结束角度】输入 360°；【布尔运算】选择减运算；其余参数默认。单击【确定】按钮，完成旋转特征的创建，如图 2.8 所示。

2）完善细节特征 2

单击【造型】选项卡→【基础造型】面板→【草图】命令，弹出【草图】对话框，【平面】选择 XZ 平面，其余参数默认。单击【确定】按钮，进入草图绘制环境，绘制如图 2.9 所示草图。

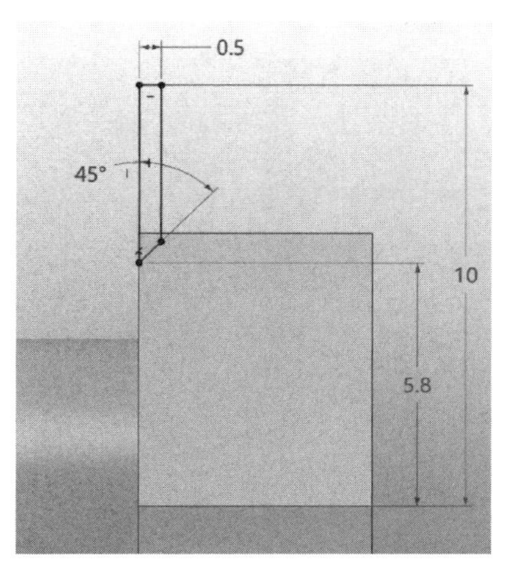

图 2.7

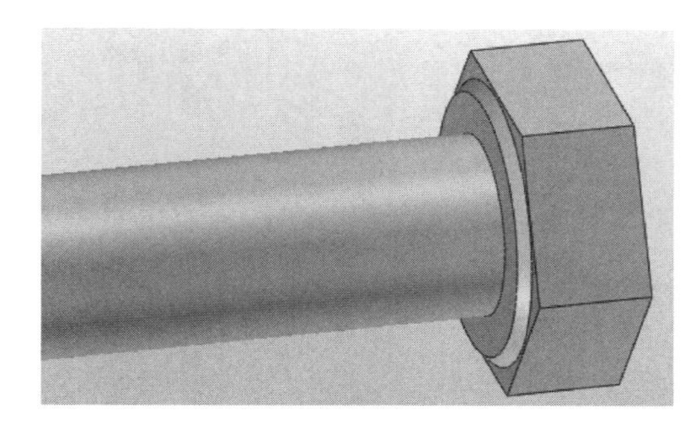

图 2.8

单击【造型】选项卡→【基础造型】面板→【旋转】命令，弹出【旋转】对话框，【轮廓】选择上步完成的草图；【轴】选择 X 轴正方向（1, 0, 0），作为旋转的轴线；【旋转类型】选择 1 边；【结束角度】输入 360°；【布尔运算】选择减运算；其余参数默认。单击【确定】按钮，完成旋转特征的创建，如图 2.10 所示。

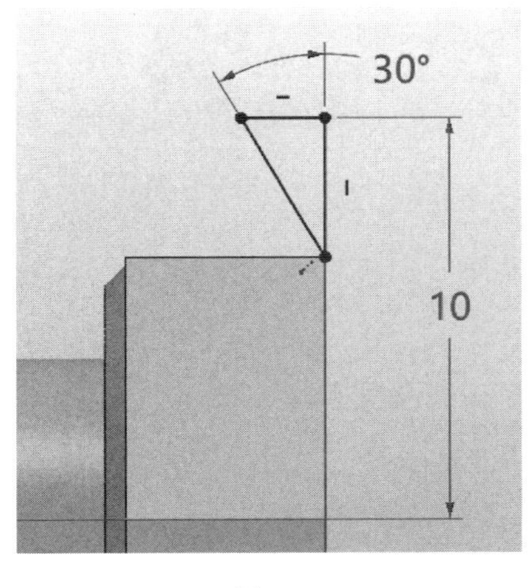

图 2.9

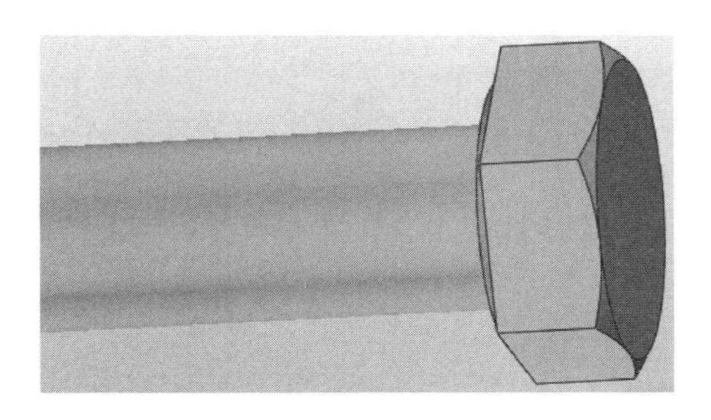

图 2.10

4. 创建螺纹特征

利用【标记外部螺纹】命令创建的螺纹，生成工程图时具有螺纹属性。单击【造型】选项卡→【工程特征】面板→【标记外部螺纹】命令，弹出如图 2.11 所示对话框，【面】选中六角头螺栓的圆柱面；【类型】选择“M”；【尺寸】选择“M8×1.25”；【直径】【螺距】自动生成；【长度类型】选择“自定义”；【长度】输入 28mm；选中【底部倒角】复选框；【倒角距离】输入 1.25mm；【角度】输入 45°。单击【确定】按钮，完成螺纹特征的创建。

5. 建模结果

该零件建模结果如图 2.12 所示。

图 2.11

图 2.12

6. 保存文件

单击菜单栏【文件】→【保存】，选择保存路径，保存文件。

四、任务评价

六角头螺栓的建模评价见表 2.1。

表 2.1

评价内容	评价标准	分值	学生评价	教师评价
新建文件	能够正确创建文件	10		
螺栓主体的绘制	能够正确应用旋转命令 能够正确应用拉伸命令	30		
螺栓头部细节部分	能够正确应用旋转命令中的布尔减运算命令	30		
螺纹特征的绘制	能够正确创建标记外部螺纹	20		
保存文件	能够正确保存文件	10		

学习体会：

五、知识拓展

重用库提供了中望 3D 标准零件库（ZW3D Standard Part），帮助快速创建标准件模型。默认情况下，重用库文件位于用户中望 3D 安装文件夹的/Reuse Library 目录下，也可以在软件中启动，单击窗口右侧【文件浏览器】→【重用库】，打开“重用库”对话框，包含 GB 标准的各类标准件和常用件，如图 2.13 所示。

在重用库中找到所需要的零件，对零件文件可进行以下相关的操作，包括：

【作为新对象插入】：将选中的零件以对象的方式插入当前文件中。

【作为组件插入】：将选中的零件以组件的方式插入当前文件中。

【显示参数表】：使用该选项，可查看选中零件的详细参数列表。

当选择【作为新对象插入】命令，系统弹出如图 2.14 所示对话框，对标准件的相关参数进行设置以后。单击【确认】按钮，即可直接将标准件模型作为新对象插入软件当中。

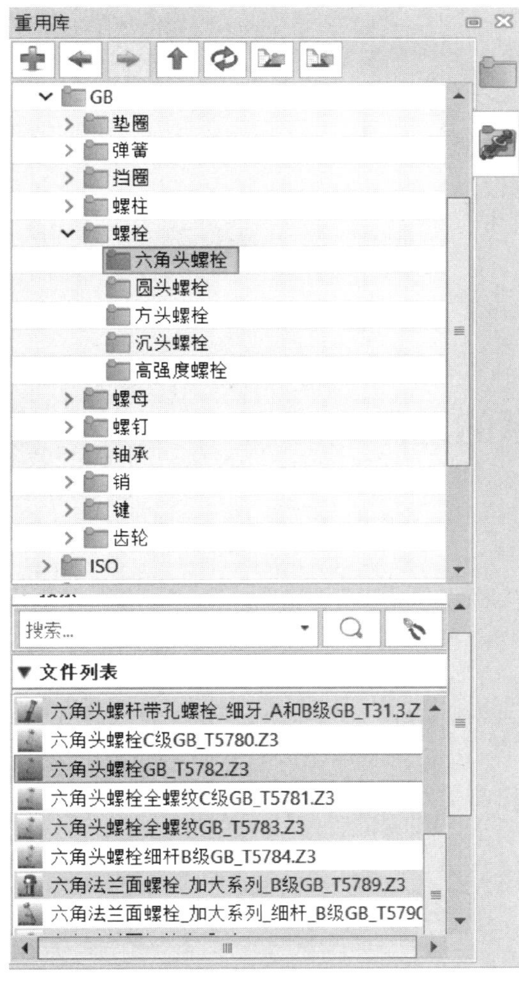

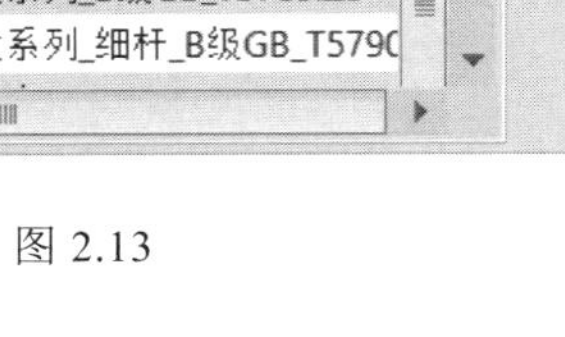

图 2.13

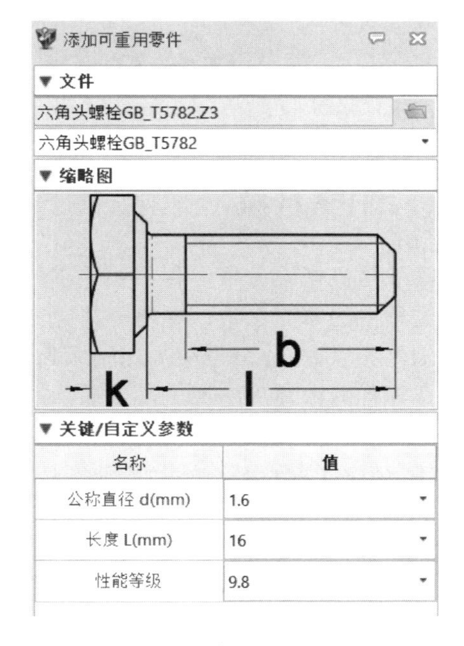

图 2.14

六、练一练

创建如图 2.15 所示的内六角圆柱头螺钉。其实物外观见图 2.16。

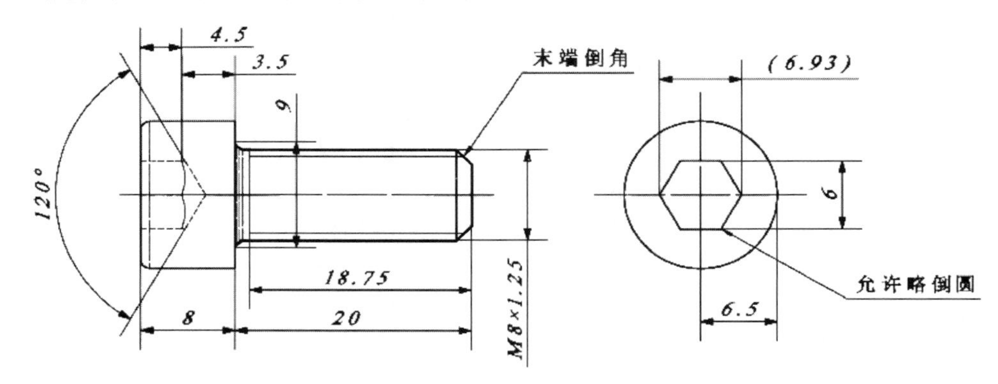

图 2.15

图 2.16

任务 2-2　轴承的选用与建模

深沟球轴承
6204

一、任务目标

轴承是机械设备中一种重要零部件，它的主要功能是支撑机械旋转体，降低回转零件运动过程中的摩擦系数，并保证其回转精度。

本任务以 6204 型号深沟球轴承为例进行建模，将轴承整体视为一个零件进行建模。该零件的建模思路如下：

① 利用【旋转】命令创建轴承的内圈、外圈部分。

② 利用【旋转】命令创建轴承的球形滚动体。

③ 利用【阵列特征】命令创建所有球形滚动体。

二、相关知识

选择滚动轴承的类型非常重要，若选择不当，会影响机器性能或降低轴承的寿命。在选择轴承类型时，必须先了解轴承所受工作载荷的大小、方向和性质，以及工作转速、调心要求、装拆方便及经济性等要求。具体选择时，可参考以下原则。

① 当载荷较大或有冲击载荷时，宜用滚子轴承；当载荷较小时，宜采用球轴承。

② 当只受径向载荷时，或虽然同时受径向和轴向载荷，但以径向载荷为主时，应选用向心轴承；当只受轴向载荷时，一般应用推力轴承，而当转速很高时，可选用角接触球轴承或深沟球轴承。当径向和轴向载荷都较大时，应采用角接触轴承。

③ 当转速较高时，宜用球轴承；推力轴承的极限转速较低；当转速较低时，可用滚子轴承，也可用球轴承。

④ 当要求支承具有较大刚度时，应用滚子轴承。

⑤ 在轴的挠曲变形大、跨度大及轴承座孔同轴度不高时，应选用调心轴承。

⑥ 为便于轴承的装拆，可选用内、外圈可分离的轴承。

⑦ 从经济角度看，球轴承比滚子轴承便宜，精度低的轴承比精度高的轴承便宜，普通结构的轴承比特殊结构的轴承便宜。

三、任务实施

1. 新建文件

打开中望 3D 软件，新建“零件”类型文件，命名为“深沟球轴承 6204”，单击【确认】按钮，进入零件建模界面。

2. 创建轴承的内圈、外圈

单击【造型】选项卡→【基础造型】面板→【草图】命令，弹出【草图】对话框，【平面】选择 XZ 平面，其余参数默认。单击【确定】按钮，进入草图绘制环境，绘制如图 2.17 所示草图。

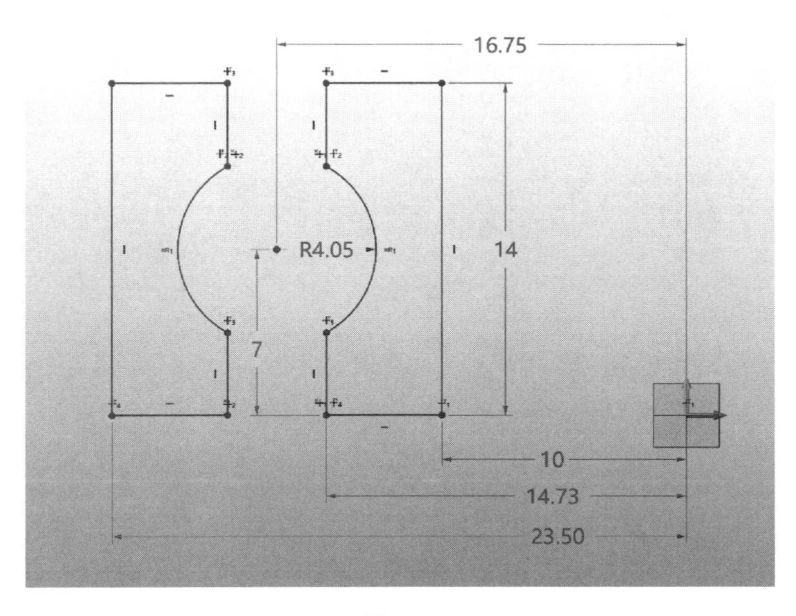

图 2.17

单击【造型】选项卡→【基础造型】面板→【旋转】命令，弹出【旋转】对话框，【轮廓】选择绘制完成的草图；【轴】选择 Z 轴（0, 0, 1），作为旋转的轴线；【旋转类型】选择“1 边”；【结束角度】输入 360°，表示旋转一周生成特征；【布尔运算】选择基体；其余参数默认。单击【确定】按钮，完成轴承内圈、外圈部分的创建，如图 2.18 所示。

图 2.18

3. 创建球形滚动体

单击【造型】选项卡→【基础造型】面板→【草图】命令，弹出【草图】对话框，【平面】选择 XZ 平面，其余参数默认。单击【确定】按钮，进入草图绘制环境，绘制如图 2.19 所示草图。

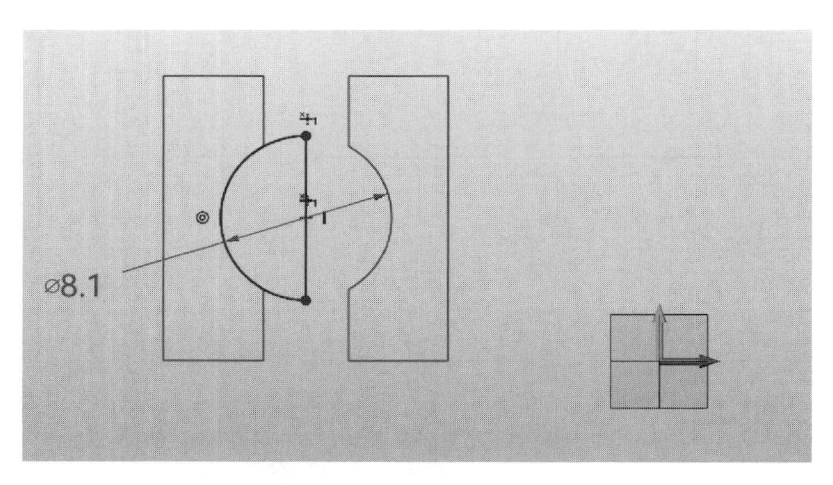

图 2.19

单击【造型】选项卡→【基础造型】面板→【旋转】命令，弹出【旋转】对话框，【轮廓】选择绘制完成的草图；【轴】选择半圆形草图的直线段作为旋转的轴线，如图 2.20 所示；【旋转类型】选择“1 边”；【结束角度】输入 360°，表示旋转一周生成特征；【布尔运算】选择基体；其余参数默认。单击【确定】按钮完成球形滚动体的创建，如图 2.21 所示。

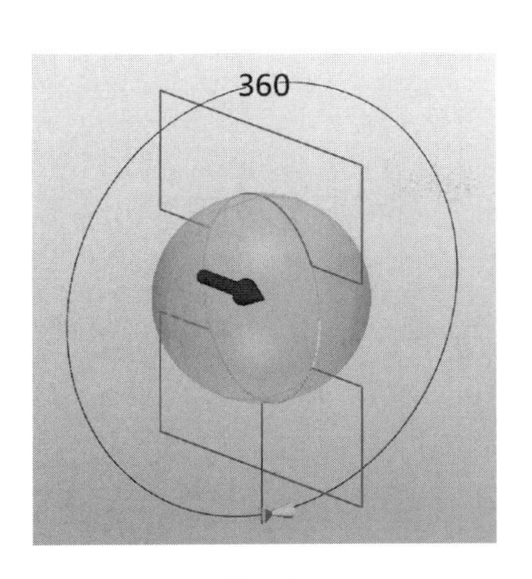

图 2.20

图 2.21

4. 创建阵列滚动体

单击【造型】选项卡→【基础编辑】面板→【阵列特征】命令，弹出如图 2.22 所示对话框，【阵列类型】选择圆形阵列；【基体】选择上步创建的球形滚动体；【方向】选择 Z 轴（0, 0, 1）；【直径】默认即可；【数目】输入 6；【角度】输入 60°；其余参数默认。单击【确定】按钮，生成阵列滚动体特征，如图 2.23 所示。

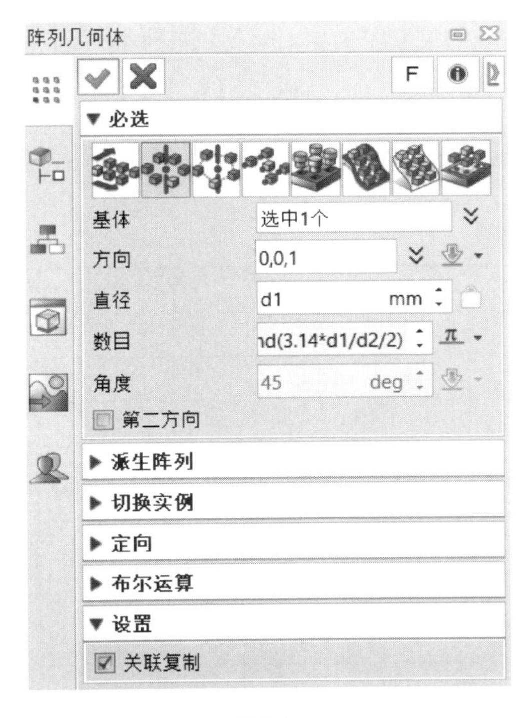

图 2.22

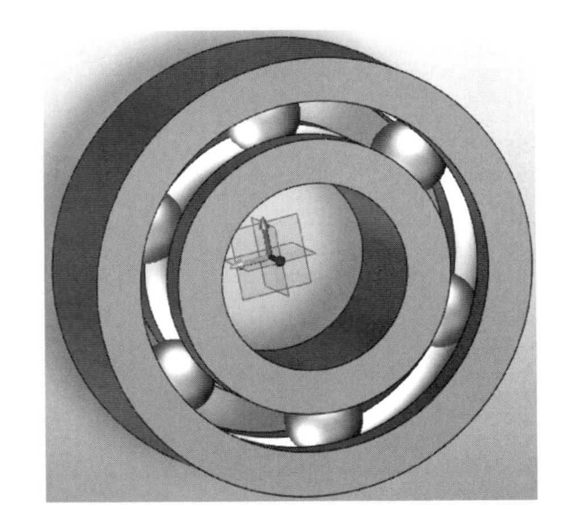

图 2.23

5. 创建圆角特征

单击【造型】选项卡→【工程征】面板→【圆角】命令，弹出【圆角】对话框，【边】选择如图 2.24 所示边线；【半径】输入 1mm。单击【确定】按钮，完成圆角特征的创建。

6. 建模结果

该零件建模结果如图 2.25 所示。

7. 保存文件

单击菜单栏【文件】→【保存】，选择保存路径，保存文件。

图 2.24

图 2.25

四、任务评价

内六角螺栓的建模评价见表 2.2。

表 2.2

评价内容	评价标准	分值	学生评价	教师评价
新建文件	能够正确创建文件	10		
内圈、外圈的绘制	能够正确使用旋转命令绘制要求图形	20		
滚动体的绘制	能够正确使用旋转命令绘制要求图形	20		
阵列滚动体	能够正确使用阵列特征	30		
圆角特征	能够正确绘制圆角	10		
保存文件	能够正确保存文件	10		
学习体会：				

五、知识拓展

单击窗口右侧【文件浏览器】→【重用库】，依次找到【ZW3D Standard Parts】→【GB】→【轴承】→【深沟球轴承】，在文件列表中找到“深沟球轴承 60000 型 GB_T276.Z3”，右键单击【作为新对象插入】，弹出如图 2.26 所示对话框。

【系列】选择 02，【型号】选择 6204，设置完成“关键/自定义参数”之后，可以查看所有参数列表核对尺寸参数，选中“在新文件创建实例”，单击【确认】按钮。在新文件中可添加重用零件轴承，在合适的位置摆放零件，如图 2.27 所示。单击【确定】按钮，完成可重用零件轴承的添加，如图 2.28 所示。

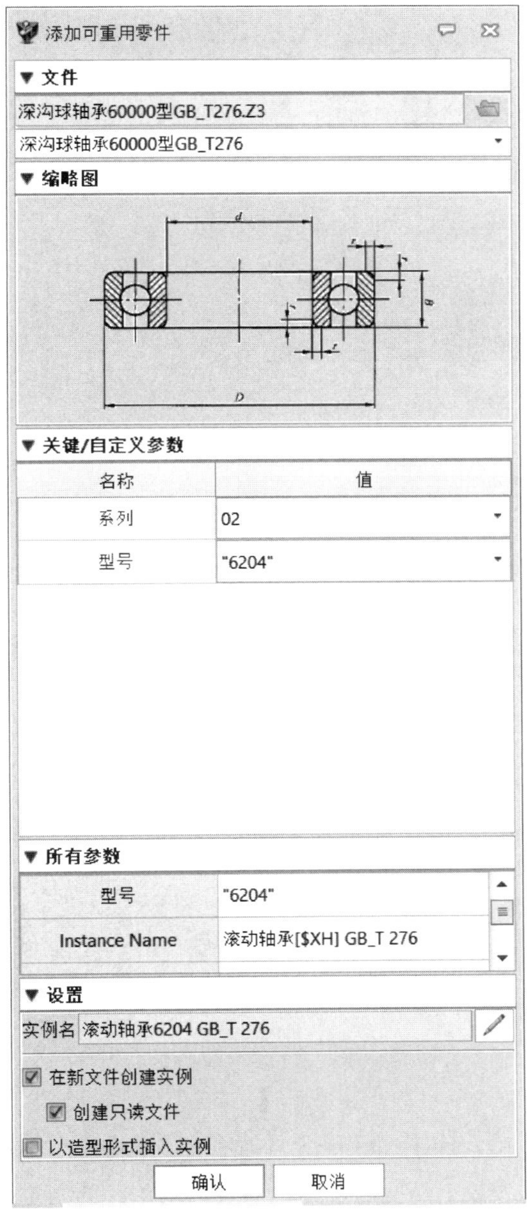

图 2.26

图 2.27

六、练一练

查阅推力球轴承的尺寸标准，创建 51208 型号推力球轴承，其中主要的参数已给出，如图 2.29 所示。

图 2.28

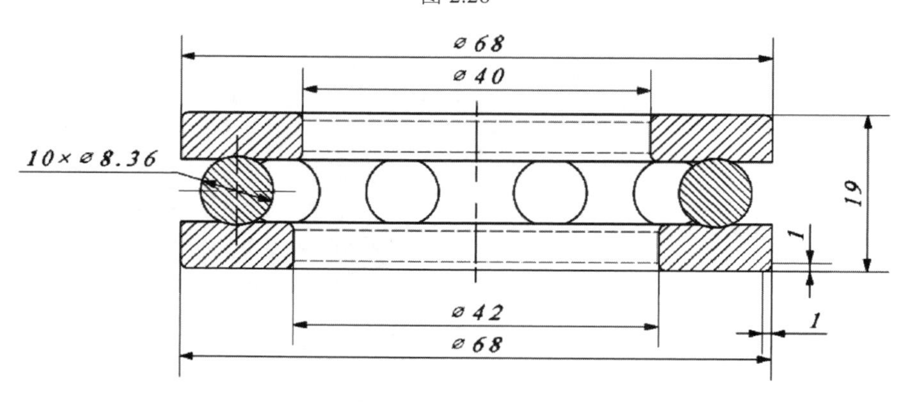

图 2.29

任务 2-3　联轴器与离合器的选用与建模

凸缘联轴器
YLD6

一、任务目标

联轴器、离合器是机械传动中最常用的通用基础部件。目前，联轴器已形成独立的标准体系，离合器也正在逐步向独立的标准体系发展。凸缘联轴器是一种应用广泛的固定式刚性联轴器，结构简单，工作性能可靠，传递转矩大，装拆方便。

本次任务以 YLD6 凸缘联轴器为例进行建模，轴孔键槽形式按 GB/T3852—2017 规定进行建模，如图 2.30 所示。YL 型利用铰制孔螺栓对中，装拆不沿轴向移动，YLD 型采用榫对中，加工方便，但拆装要沿轴向移动。将联轴器整体视为一个零件进行建模。

该零件的建模思路如下：

① 利用【旋转】命令创建联轴器主体部分。

② 利用【拉伸】命令创建螺栓孔与键槽。

③ 利用【添加可重用零件】命令添加螺栓与螺母。

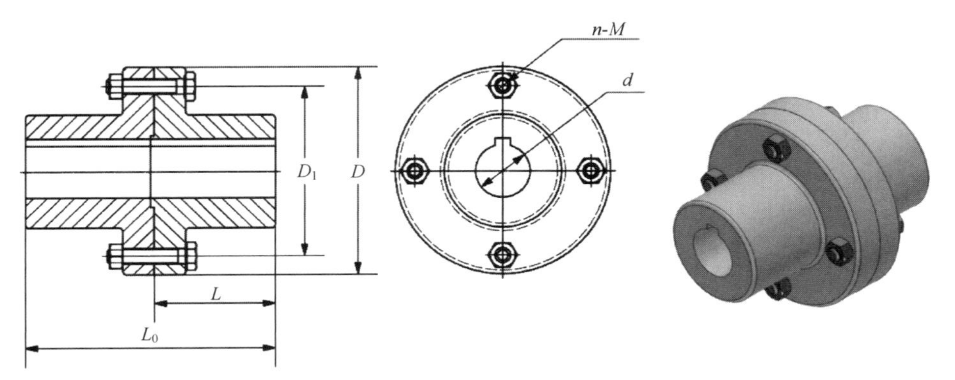

<table>
<tr><th rowspan="2">型号</th><th rowspan="2">公称扭矩
T_n/(N·m)</th><th colspan="2">许用转速
/(r/min)</th><th colspan="2">轴孔直径
d/mm</th><th colspan="2">轴孔长度
L/mm</th><th rowspan="2">D</th><th rowspan="2">D_1</th><th colspan="2">螺栓</th><th colspan="2">L_0/mm</th><th rowspan="2">转动惯量
/(kg·m^2)</th><th rowspan="2">重量
/(kg·m^3)</th></tr>
<tr><th>铁</th><th>钢</th><th>铁</th><th>钢</th><th>Y型</th><th>J1型</th><th>数量</th><th>直径</th><th>Y型</th><th>J1型</th></tr>
<tr><td rowspan="6">YL6
YLD6</td><td rowspan="6">100</td><td rowspan="6">5200</td><td rowspan="6">8000</td><td>24</td><td>24</td><td>52</td><td>38</td><td rowspan="6">110</td><td rowspan="6">90</td><td rowspan="6">4</td><td rowspan="6">M8</td><td>108</td><td>80</td><td rowspan="6">0.017</td><td rowspan="6">3.99</td></tr>
<tr><td>25</td><td>25</td><td rowspan="2">62</td><td rowspan="2">44</td><td rowspan="2">128</td><td rowspan="2">92</td></tr>
<tr><td>28</td><td>28</td></tr>
<tr><td>30</td><td>30</td><td rowspan="3">82</td><td rowspan="3">60</td><td rowspan="3">168</td><td rowspan="3">124</td></tr>
<tr><td>32</td><td>32</td></tr>
<tr><td>—</td><td>35</td></tr>
</table>

图 2.30

二、相关知识

1. 联轴器类型的选择

不同类型的联轴器，其工作性能差异很大，成本差异也很大，选择联轴器前需全面了解常用联轴器的结构特点、使用性能和场合。各类联轴器的每一规格都有固定的安装尺寸和相应的许用转速、许用转矩，应按被连接轴的直径、所传递的转矩和转速值来选定具体的规格。

选择联轴器类型应考虑的主要因素有：

① 两轴对中情况。低速、刚性大的短轴，或当两轴对中准确、工作时两轴线不会发生相对偏移时，可选择固定式刚性联轴器；不能保证两轴严格对中或工作时会发生相对偏移，选用挠性联轴器。

② 载荷情况。载荷平稳或变动不大时选用刚性联轴器，经常启动或载荷变化大时选用有弹性元件的挠性联轴器。

③ 轴的工作转速。选择时必须满足轴的工作转速小于联轴器许用转速的要求。低速

时选用刚性联轴器，高速时选用有弹性元件的联轴器。

④ 环境情况。环境温度过低（<-20℃）或过高（>45℃）时不宜选用利用橡胶或尼龙做弹性元件的联轴器。

在选择和计算联轴器时，传递的最大转矩应考虑启动时的惯性力矩及过载因素。

2. 离合器类型的选择

离合器可用于各种机械，可随时实现两轴的接合和分离，它的主要功能是用来操纵机器传动系统的断续，以便进行变速及换向等，此外还可用于对重要零件的过载保护。

同联轴器的选用一样，离合器也应按一定的标准选用，考虑因素主要包括：

① 离合器接合元件的选择。低速转动下离合可选用刚性接合元件，如牙嵌离合器。刚性接合元件具有传递转矩大、传动速比固定、不产生摩擦热、体积小等优点；当传动系统要求具有缓冲、吸振能力时，可选用半刚性接合元件，如摩擦盘。

② 离合器操纵方式的选择。接合次数不多、传递转矩不大时，选用气动或液压操纵系统；频繁操作、接合速度要求快的场合，可选用电磁操纵系统。

③ 根据机械设备的工作需要确定离合器的容量，包括转矩容量和热容量。

④ 离合器的寿命。操作频繁的离合器要保持磨损量小、使用寿命长的特点。

三、任务实施

1. 新建文件

打开中望 3D 软件，新建“零件”类型文件，命名为“凸缘联轴器 YLD6”，单击【确认】按钮，进入零件建模界面。

2. 绘制联轴器主体

1）创建半联轴器 1

单击【造型】选项卡→【基础造型】面板→【草图】命令，弹出【草图】对话框，【平面】选择 XZ 平面，其余参数默认。单击【确定】按钮，进入草图绘制环境，绘制如图 2.31 所示草图。

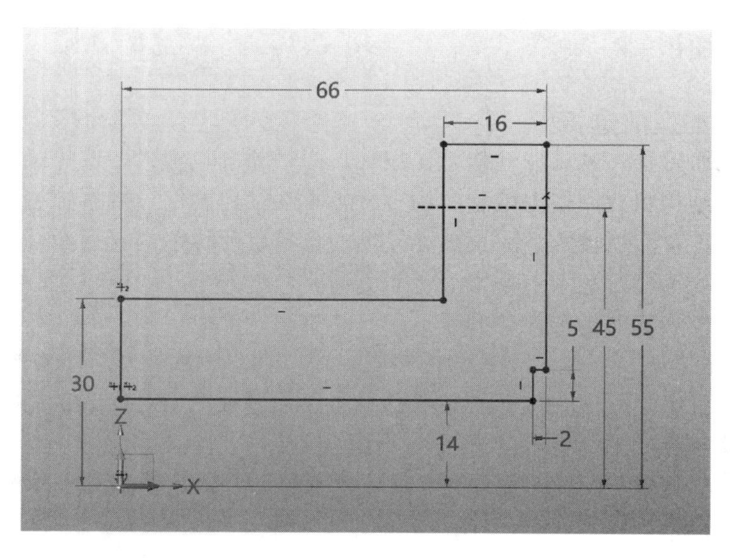

图 2.31

单击【造型】选项卡→【基础造型】面板→【旋转】命令，弹出【旋转】对话框，【轮廓】选择绘制完成的草图；【轴】选择 X 轴（1, 0, 0），作为旋转的轴线；【旋转类型】选择“1 边”；【结束角度】输入 360° ，表示旋转一周生成特征；【布尔运算】选择基体；其余参数默认。单击【确定】按钮，完成半联轴器的创建，如图 2.32 所示。

2）创建半联轴器 2

单击【造型】选项卡→【基础造型】面板→【草图】命令，弹出【草图】对话框，【平面】选择 XZ 平面，其余参数默认。单击【确定】按钮，进入草图绘制环境，绘制如图 2.33 所示草图。

图 2.32

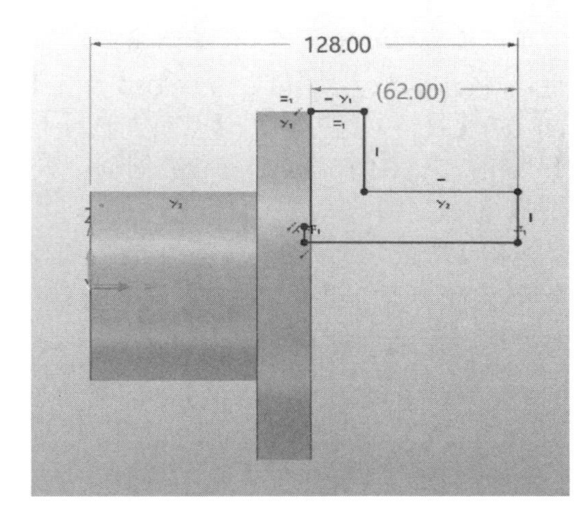

图 2.33

单击【造型】选项卡→【基础造型】面板→【旋转】命令，弹出【旋转】对话框，【轮廓】选择绘制完成的草图；【轴】选择 X 轴（1, 0, 0），作为旋转的轴线；【旋转类型】选择“1 边”；【结束角度】输入 360° ；【布尔运算】选择基体；其余参数默认。单击【确定】按钮，完成另外一个半联轴器的创建，如图 2.34 所示。

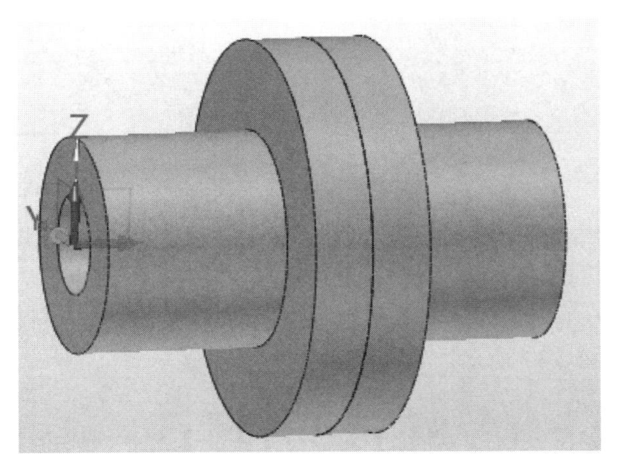

图 2.34

3. 创建螺栓孔与键槽

1）创建螺栓孔

单击【造型】选项卡→【基础造型】面板→【草图】命令，弹出【草图】对话框，【平面】选择 YZ 平面，其余参数默认。单击【确定】按钮，进入草图绘制环境，绘制如图 2.35 所示草图。

单击【造型】选项卡→【基础造型】面板→【拉伸】命令，弹出【拉伸】对话框，【轮廓】选择上步绘制的草图；【拉伸类型】选择“1 边”；【结束点】在下拉列表中选择“穿过所有”；【方向】点选 X 轴正方向（1, 0, 0)；【布尔运算】选择减运算；其余参数默认。单击【确定】按钮，完成 1 个螺栓孔的创建。

单击【造型】选项卡→【基础编辑】面板→【阵列特征】命令，弹出【陈列特征】对话框，【阵列类型】选择圆形阵列；【基体】选择上步生成的螺栓孔；【方向】选择 X 轴 (1, 0, 0)；【直径】默认即可；【数目】输入 4；【角度】输入 90°；其余参数默认。单击【确定】按钮，完成联轴器 4 个螺栓孔的创建。

2）创建键槽

单击【造型】选项卡→【基础造型】面板→【草图】命令，弹出【草图】对话框，【平面】选择 YZ 平面，其余参数默认。单击【确定】按钮，进入草图绘制环境，绘制如图 2.36 所示草图。

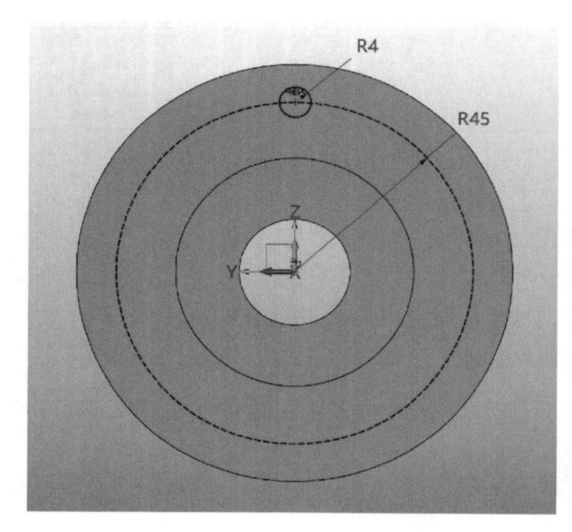

图 2.35

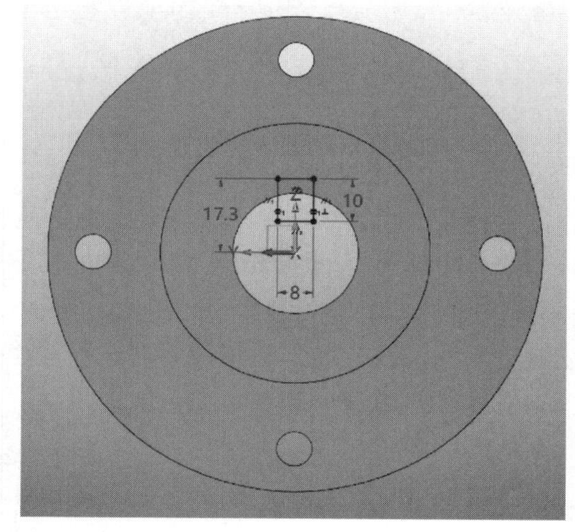

图 2.36

单击【造型】选项卡→【基础造型】面板→【拉伸】命令，弹出【拉伸】对话框，在【轮廓】选择上步绘制的草图；【拉伸类型】选择“1 边”；【结束点】选择穿过所有；【方向】点选 X 轴正方向（1, 0, 0)；【布尔运算】选择减运算；其余参数默认。单击【确定】按钮，完成键槽的创建，如图 2.37 所示。

4. 创建圆角特征

单击【造型】选项卡→【工程特征】面板→【圆角】命令，弹出【圆角】对话框，【边】选择需要生成圆角的边线；【半径】输入 2mm。单击【确定】按钮，完成圆角特征的创建，如图 2.38 所示。

5. 插入螺栓与螺母

单击窗口右侧【文件浏览器】→【重用库】，打开“重用库”，依次找到【ZW3D Standard Parts】→【GB】→【螺栓】→【六角头螺栓】，在文件列表中找到“螺栓 GB_T5783.Z3”，右击选择【作为新对象插入】，弹出如图 2.39 所示对话框，【公称直径】选择 8mm；【长度】选择 40mm；其余参数默认。单击【确认】按钮，选择合适位置，单击鼠标左键即可插入螺栓。同样的方法，将螺母插入“凸缘联轴器 YLD6”文件当中，如图 2.40 所示。

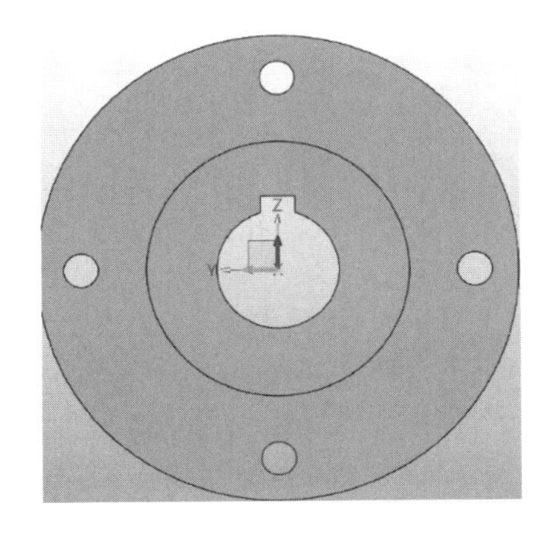

图 2.37

图 2.38

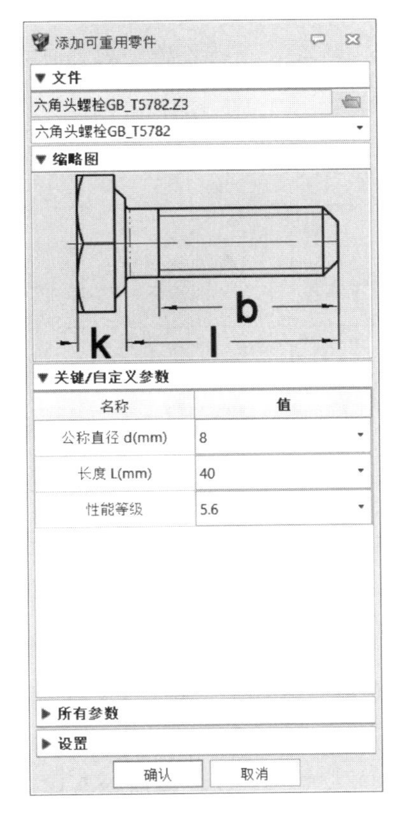

图 2.39

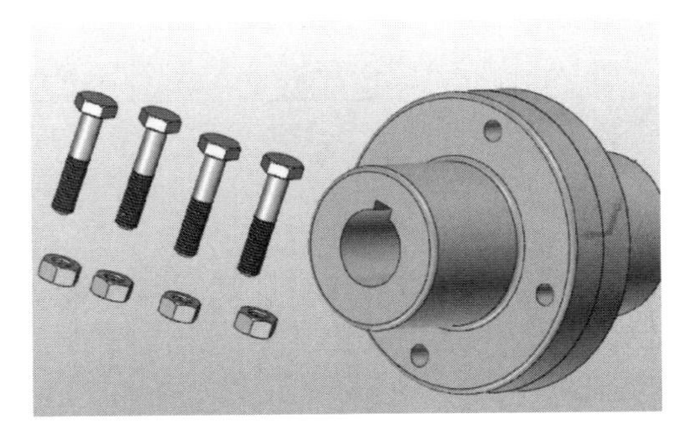

图 2.40

单击【装配】选项卡→【约束】面板→【约束】命令，弹出如图【约束】对话框，利用【重合】约束和【同轴心】约束，依次将螺栓和螺母约束到联轴器螺栓孔的位置。

6. 建模结果

该零件建模结果如图 2.41 所示。

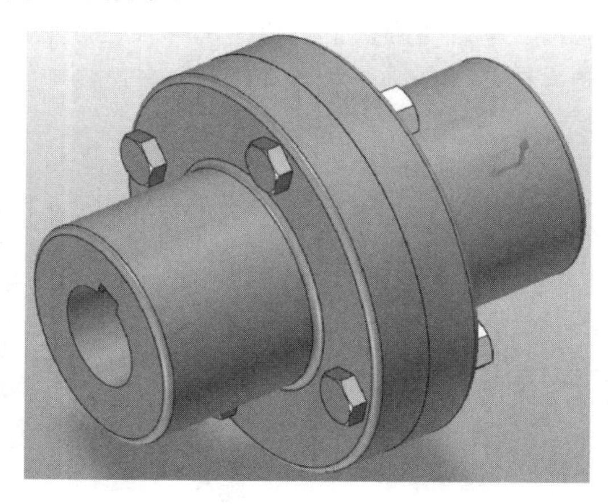

图 2.41

7. 保存文件

单击菜单栏【文件】→【保存】按钮，选择保存路径，保存文件。

四、任务评价

凸缘联轴器 YLD6 的建模评价见表 2.3。

表 2.3

评价内容	评价标准	分值	学生评价	教师评价
新建文件	能够正确创建文件	10		
创建联轴器主体	能够正确创建基本几何体	20		
创建螺栓孔与键槽	1.能够正确使用拉伸命令 2.能够正确使用阵列命令	30		
插入螺栓与螺母	能够正确安装螺栓与螺母	30		
保存文件	能够正确保存文件	10		
学习体会：				

五、知识拓展

常见基础特征有三种，它们分别是拉伸特征、旋转特征和扫掠特征。【扫掠】命令是用一个开放或闭合的轮廓和一条扫掠路径创建扫掠特征，扫掠路径可以是线框、边、线，如图 2.42 所示。

单击【造型】选项卡→【基础造型】面板→【扫掠】命令，弹出如图 2.43 所示对话框，对扫掠所需的参数进行设置。

扫掠路径
轮廓
造型-基体
扫掠特征

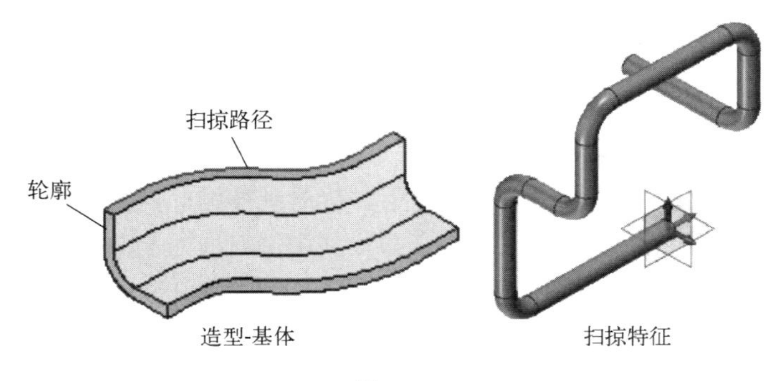

图 2.42

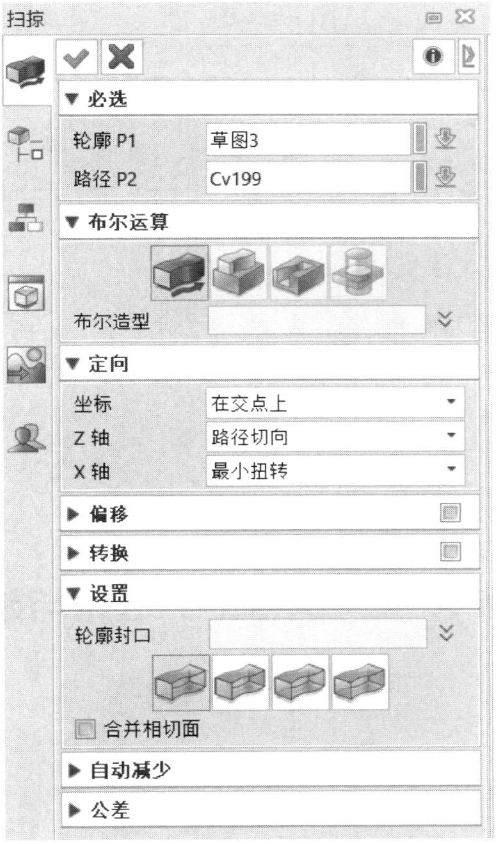

扫掠
必选
轮廓 P1
草图3
路径 P2
Cv199
布尔运算
布尔造型
定向
坐标
在交点上
Z 轴
路径切向
X 轴
最小扭转
偏移
转换
设置
轮廓封口
合并相切面
自动减少
公差

图 2.43

【轮廓 P1】：选择要扫掠的轮廓或单击中键创建特征草图，可以选择线框几何体、边、线或一个草图，以及开放或封闭的造型。

【路径 P2】：选择一个靠近扫掠路径开始端的点，注意扫掠的路径必须是相切连续的。

【定向】：对扫掠过程中使用的参考坐标系进行定义。

【偏移】：指定一个应用于曲线、曲线列表、开放或闭合的草图轮廓的偏移方法和距离，自动将厚度增加至特征上。通过收缩或扩张轮廓实现偏移，负值为向内部收缩轮廓，正值为向外部扩张轮廓。

【转换】：设置缩放和扭曲，可以更加灵活地对扫掠特征进行控制。

六、练一练

摩擦离合器是在主动摩擦盘转动时，由主、从动盘接触面间产生的摩擦力来传递转矩的。单盘式摩擦离合器是最简单的摩擦离合器，其中圆盘 1 固定在主动轴上，操纵滑环 3 使圆盘 2 沿导向键在从动轴上移动，从而实现两盘的接合与分离。接合时，在轴向压力下，两圆盘的接合面间产生足够的摩擦力以传递转矩。创建如图 2.44 所示的单盘式摩擦离合器模型，尺寸自定。

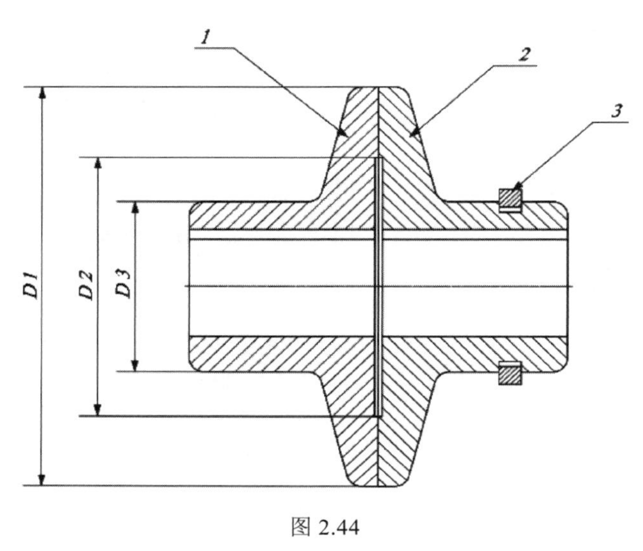

图 2.44

任务 2-4　销与键的选用与建模

键 6×28

一、任务目标

键用于连接轴和轴上的传动件，起传递扭矩的作用；销主要用于零件之间的定位，也可用于零件之间的连接，但只能传递不大的扭矩。普通平键按照两端形状分为：A 型（圆头）、B 型（平头）、C 型（单圆头）。A 型用于端铣刀加工的轴槽，键在槽中轴向固定良好，但槽在轴上引起的应力集中较大；B 型用于盘铣刀加工的轴槽，轴的应力集中较小；C 型用于轴端，应用最广，也适用于高速、高精或承受变载、冲击的场合，如在轴上固定齿轮，链轮等回转零件。

普通平键的结构比较简单，本任务以圆头普通平键 6×28 为例进行建模，键的参数为 b=6mm，h=6mm，L=28mm，如图 2.45 所示。

该零件的建模思路如下：

① 通过【拉伸】命令创建键主体。

② 利用【倒角】命令创建键的倒角特征。

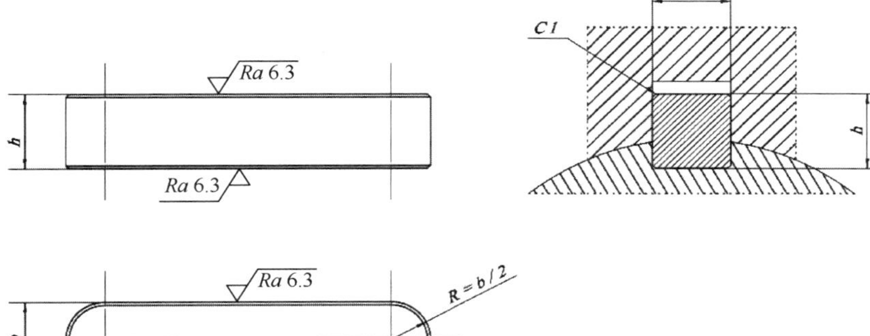

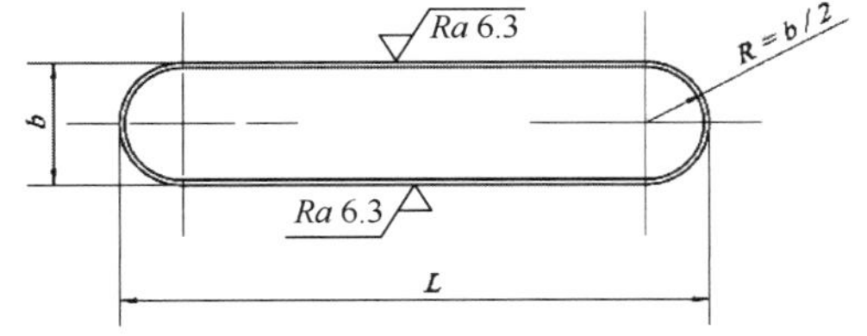

轴颈	键			
d/mm	$b\times h$/mm	L/mm	半径r/mm	
			最小	最大
>10～12	4×4	8～45	0.16	0.25
>12～17	5×5	10～56		
>17～22	6×6	14～70		

图 2.45

二、相关知识

键的选择包括类型选择和尺寸选择两个方面。选择键类型时，一般需考虑传递转矩大小、轴上零件沿轴向是否有移动及移动距离大小、对中性要求和键在轴上的位置等因素，并结合各种键的特点加以分析选择。

键的截面尺寸（键宽 b 和键高 h）按键所在的轴径 d 查标准选定。键的长度可根据轮毂的宽度确定，可取键长略短于轮毂的宽度，键的长度还需符合标准规定的长度系列，如图 2.46 所示。

定位销主要用于确定零件之间的相互位置，并可传递不大的载荷的。定位销通常两个配合使用。用于连接两个零件，并传递一定载荷的销称为连接销。作为安全保护装置中的过载剪断元件的销一般称之为安全销。

销连接的类型按外形分主要有圆柱销、圆锥销、槽销、开口销等，均已标准化，可根据标准进行选用。

三、任务实施

1. 新建文件

打开中望 3D 软件，新建“零件”类型文件，命名为“键 6×28”，单击【确认】按钮，进入零件建模界面。

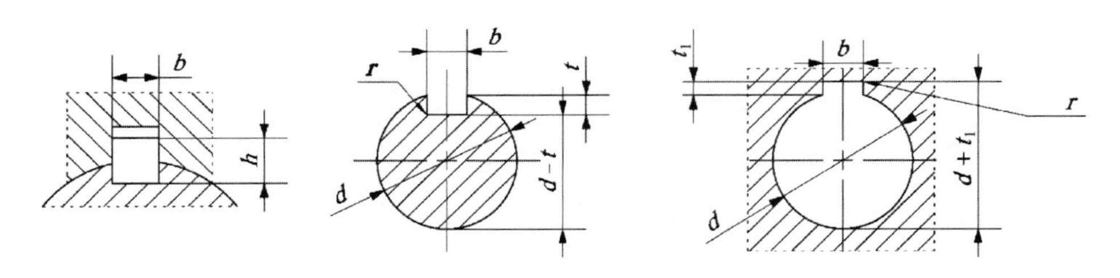

轴颈	键		键槽										
			宽度b极限偏差					深度				半径r/mm	
			较松连接		一般连接		较紧连接	轴t/mm		毂t_1/mm			
d/mm	$b\times h$ /mm	L/mm	轴 H9	毂 D10	轴 N9	毂 JS10	轴和毂 P9	公差尺寸	极限偏差	公差尺寸	极限偏差	最小	最大
6～8	2×2	6～20	+0.025	+0.060	−0.001	±0.0125	−0.006	1.2	+0.1	1	+0.1	0.08	0.16
>8～10	3×3	6～36	0	+0.020	−0.029		−0.031	1.8		1.4			
>10～12	4×4	8～45	+0.030	+0.078	0	±0.0150	−0.012	2.5		1.8			
>12～17	5×5	10～56	0	+0.030	−0.030		−0.042	3.0		2.3		0.16	0.25
>17～22	6×6	14～70						3.5		2.8			
>22～30	8×7	18～90	+0.036	+0.098	0	±0.0180	−0.015	4.0		3.3			
>30～38	10×8	22～110	0	+0.040	−0.036		−0.051	5.0		3.3		0.25	0.40
>38～44	12×8	28～140	+0.043	+0.120	0	±0.0215	−0.018	5.0	+0.2	3.3	+0.2		
>44～50	14×9	36～160	0	+0.050	−0.043		−0.061	5.5		3.8			
>50～58	16×10	45～180						6.0		4.3			
>58～65	18×11	50～200						7.0		4.4			
>65～75	20×12	56～220	+0.052	+0.149	0	±0.0260	−0.022	7.5		4.9		0.40	0.60
>75～85	22×14	63～250	0	+0.065	−0.052		−0.074	9.0		5.4			
>85～95	25×14	70～280						9.0		5.4			
>95～110	28×16	80～320						10.0		6.4			

图 2.46

2. 创建键主体部分

单击【造型】选项卡→【基础造型】面板→【草图】命令，弹出【草图】对话框，【平面】选择 XY 平面，其余参数默认。单击【确定】按钮，进入草图绘制环境，绘制如图 2.47 所示草图。

图 2.47

单击【造型】选项卡→【基础造型】面板→【拉伸】命令，弹出【拉伸】对话框，【轮廓】选择上步草图“草图 1”；【拉伸类型】选择“1 边”；【结束点】输入 6mm；【方向】选择 Z 轴正方向（0, 0, 1）；【布尔运算】选择基体；其余参数默认。单击【确定】按钮，完成键主体的创建。

3. 创建倒角特征

单击【造型】选项卡→【工程特征】面板→【倒角】命令，弹出【倒角】对话框，【边】选择键的边；【倒角距离】为 0.25mm。单击【确定】按钮，完成倒角特征。

4. 建模结果

该零件建模结果如图 2.48 所示。

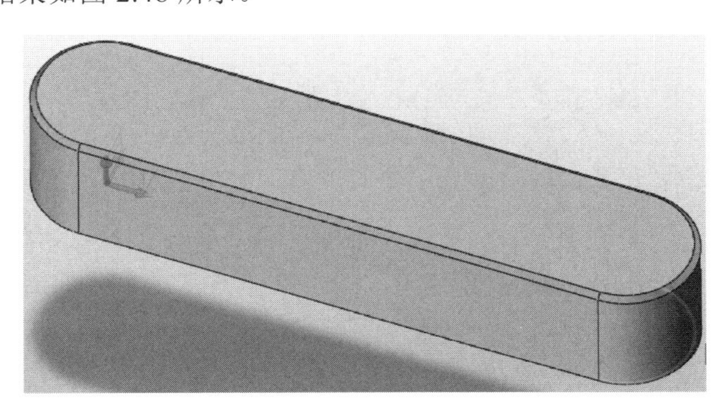

图 2.48

5. 保存文件

单击菜单栏【文件】→【保存】，选择保存路径，保存文件。

四、任务评价

键的建模评价见表 2.4。

表 2.4

评价内容	评价标准	分值	学生评价	教师评价
新建文件	能够正确创建文件	10		
创建键主体	能够正确创建基本几何体	50		
创建倒角	能够正确创建倒角特征	30		
保存文件	能够正确保存文件	10		
学习体会：				

五、知识拓展

【螺旋扫掠】命令是指绕轴或线旋转一个封闭的轮廓，创建一个螺旋实体，一般用于创建螺纹、弹簧和线圈等，如图 2.49 所示。单击【造型】选项卡→【基础造型】面板→【螺旋扫掠】命令，弹出如图 2.50 所示对话框。

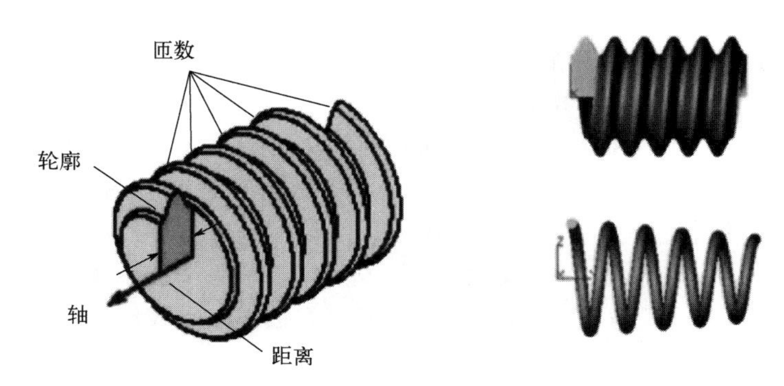

图 2.49

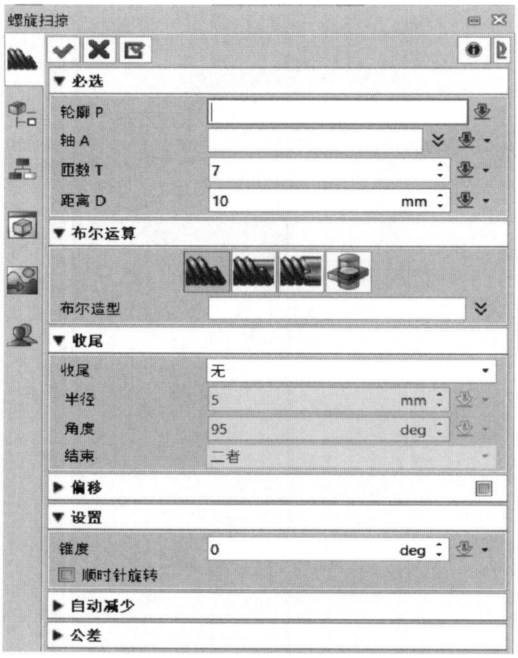

图 2.50

【轮廓】：选择旋转实体的轮廓，可以使用线框几何图形、面边界、草图或曲线列表。
【轴】：选择旋转轴。
【匝数】：规定转数。
【距离】：规定每转沿轴线方向移动的距离。
【锥度】：可以指定锥度，创建螺纹、锥形线圈等。
【收尾】：指定向内/向外收尾选项。
【半径、角度】：半径决定轴点，而角度规定轮廓旋转的度数。
【结束】：选定哪些特征端应向内/向外收尾。

六、练一练

圆锥销主要用于不同设备连接中的定位，常安装于需要频繁拆卸的部位。圆锥销具有

1∶50 的锥度，具有良好的自锁性，具有安装方便、拆卸方便的优点。创建如图 2.51 所示的圆锥销。

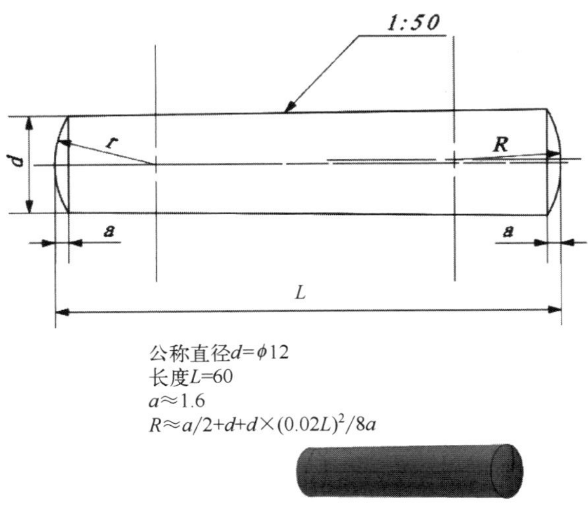

图 2.51

任务 2-5　弹簧的选用与建模

弹簧

一、任务目标

弹簧是一种弹性元件，具有缓冲、减震、贮存能量的作用。螺旋弹簧是用弹簧丝绕卷制成的，由于制造简便，所以应用最广。在一般机械中，最为常用的弹簧是圆柱螺旋弹簧。

本任务以普通圆柱螺旋压缩弹簧为例进行建模，材料直径 d=0.8mm，弹簧中径 D=5mm，弹簧自由高度 H_0=15mm，如图 2.52 所示。

该零件的建模思路如下：

① 通过【草图】命令，创建螺旋扫掠所需草图。

② 利用【螺旋扫掠】命令，生成圆柱螺旋弹簧。

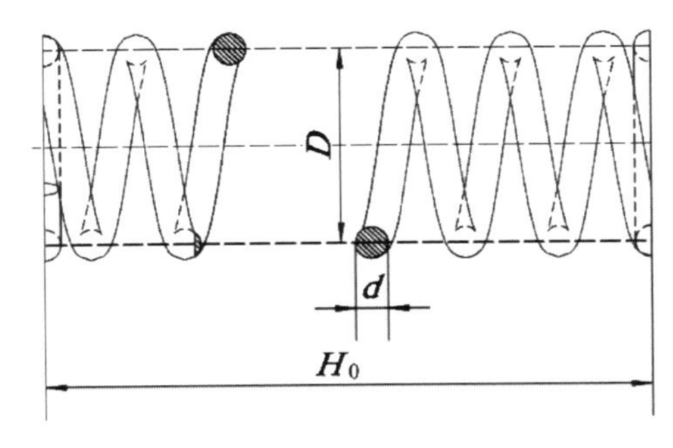

图 2.52

二、相关知识

弹簧是一种弹性元件，它可以在载荷作用下产生较大的弹性变形。弹簧的主要功能有：①控制机械的运动，如离合器中的控制弹簧、内燃机中的阀门弹簧；②吸收震动，缓和冲击，如车辆中的减震弹簧、各种缓冲器中的吸震弹簧；③储存能量，如仪表弹簧、钟表弹簧；④测量力或力矩的大小，如测力器和弹簧秤的弹簧。

按所承受的载荷不同，弹簧可分为拉伸弹簧、压缩弹簧、扭转弹簧和弯曲弹簧四种。弹簧按形状又可分为螺旋弹簧、碟形弹簧、环形弹簧、板簧和平面涡卷弹簧等。选用弹簧时需要根据弹簧的功用、工作条件和重要程度等因素合理进行选择，弹簧的类型、特点和应用见表 2.5。

表 2.5

形状	载荷	简图	特点和应用
圆柱螺旋弹簧	拉伸	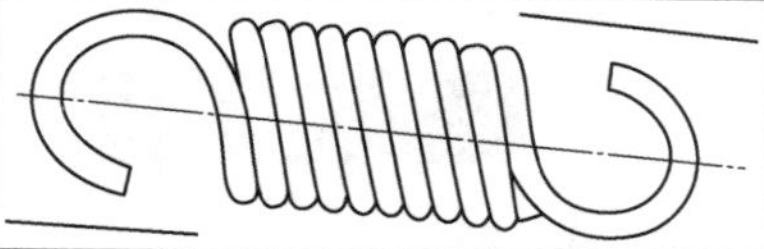	特性线为直线，刚度稳定。结构简单，适用范围广，用于各种机械
	压缩	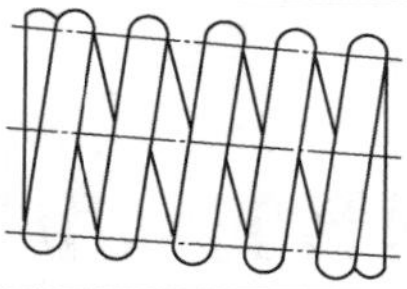	
	扭转	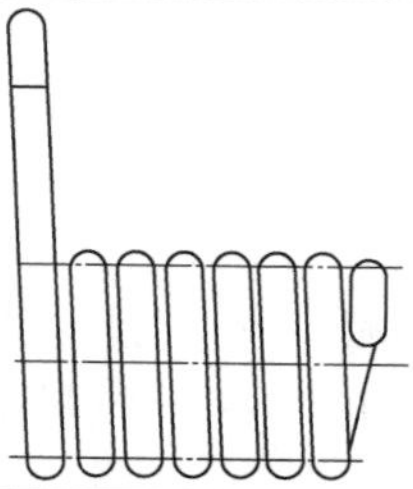	主要作压紧或储能装置
圆锥螺旋弹簧	压缩	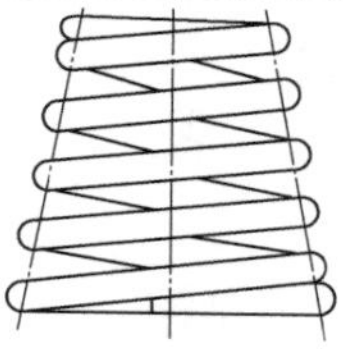	当压缩到有一部分簧圈开始接触以后，特性线变为非线性。结构紧凑，稳定性好，用于小型缓冲器
环形弹簧	压缩	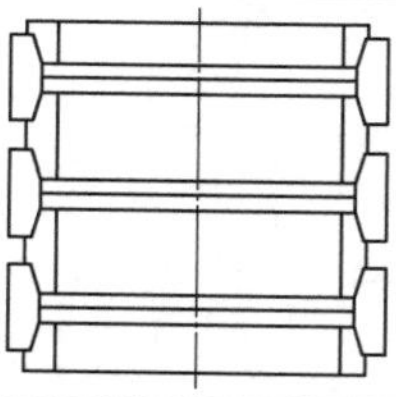	减震能力很强，常用于重型设备的缓冲装置
碟形弹簧	压缩	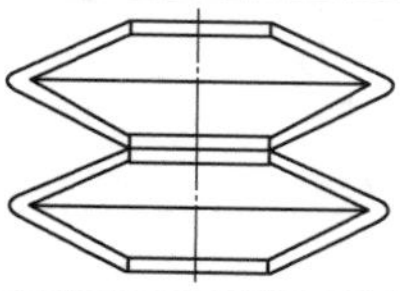	缓冲和减震能力强。用于载荷很大而轴向尺寸受限制的地方

续表

形状	载荷	简图	特点和应用
平面涡卷弹簧	扭转		轴向尺寸小，用于仪器、仪表的储能装置
板簧	弯曲		缓冲和减震能力好，用于各种车辆的缓冲器

三、任务实施

1. 新建文件

打开中望 3D 软件，新建“零件”类型文件，命名为“弹簧”，单击【确认】按钮，进入零件建模界面。

2. 创建螺旋扫掠草图

单击【造型】选项卡→【基础造型】面板→【草图】命令，弹出【草图对话框】,【平面】选择 YZ 平面，其余参数默认。单击【确定】按钮，进入草图绘制环境，绘制如图 2.53 所示草图。

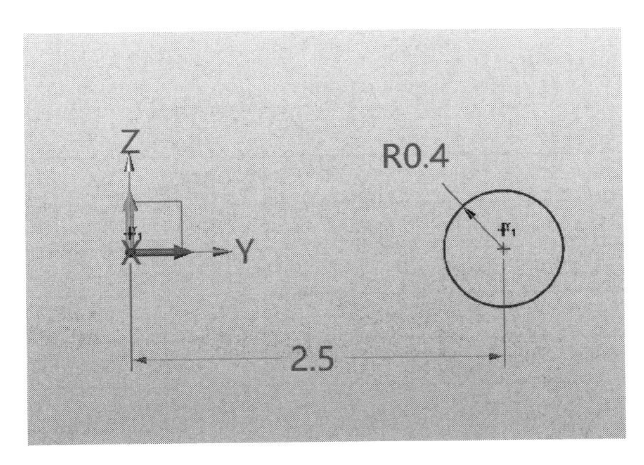

图 2.53

3. 螺旋扫掠

单击【造型】选项卡→【基础造型】面板→【螺旋扫掠】命令，弹出如图 2.54 所示对话框，【轮廓】选择上步绘制的草图；【轴】选择 Z 轴正方向（0, 0, 1)；【匝数】输入 6.5；【距离】输入 15/6.5mm，即弹簧总长度除以匝数；【布尔运算】选择基体；其余参数默认。单击【确定】按钮，完成螺旋扫掠。

4. 建模结果

该零件建模结果如图 2.55 所示。

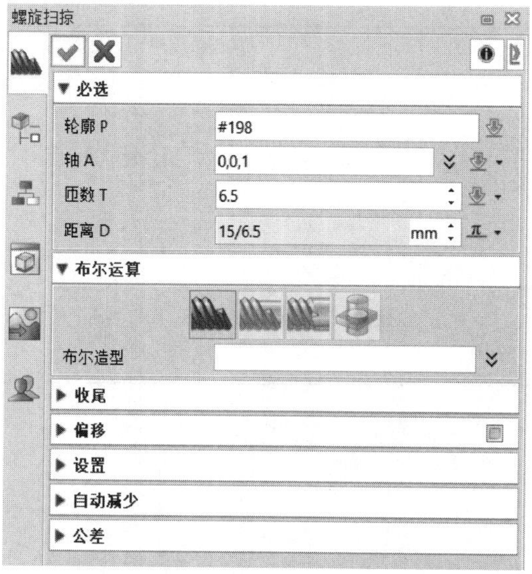

图 2.54

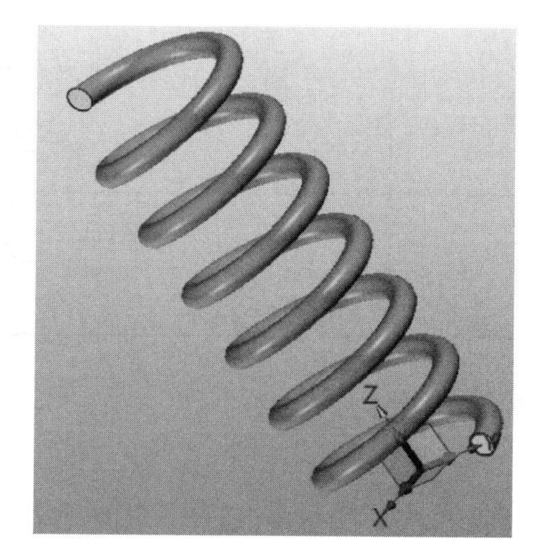

图 2.55

5. 保存文件

单击菜单栏【文件】→【保存】，选择保存路径，保存文件。

四、任务评价

弹簧的建模评价见表 2.6。

表 2.6

评价内容	评价标准	分值	学生评价	教师评价
新建文件	能够正确创建文件	10		
螺旋扫掠草图	能够正确绘制草图	40		
螺旋扫掠特征	能够正确创建螺旋特征	40		
保存文件	能够正确保存文件	10		
学习体会：				

五、知识拓展

【放样】命令可以用来创建一个放样造型特征，如图 2.56 所示。单击【造型】选项卡→【基础造型】面板→【放样】命令，弹出如图 2.57 所示对话框。

按照需要的放样顺序来选择轮廓，确保放样的箭头指向同一个方向。【起点和轮廓】选择放样的起点并按顺序选择要放样的轮廓。【终点和轮廓】按顺序选择要放样的轮廓并选择放样的终点。【两端点和轮廓】选择放样的起点、终点及要放样的轮廓。

【轮廓】：选择要放样的轮廓，可以是草图，曲线或边等。

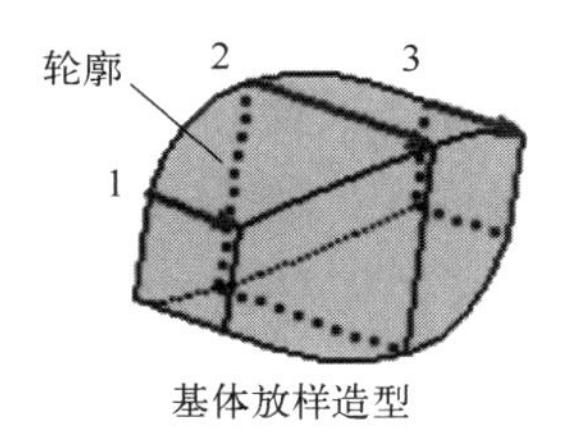

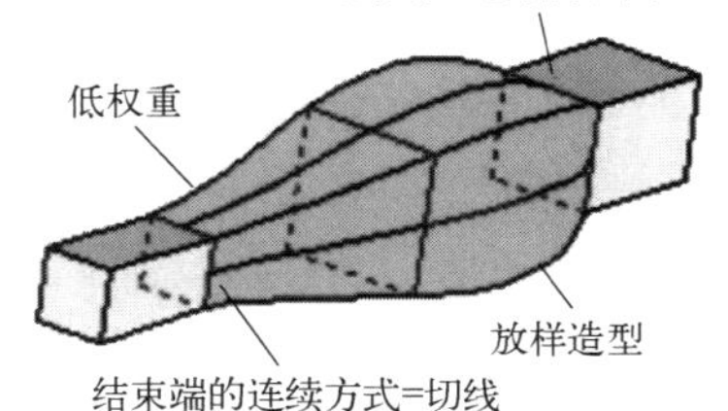

图 2.56

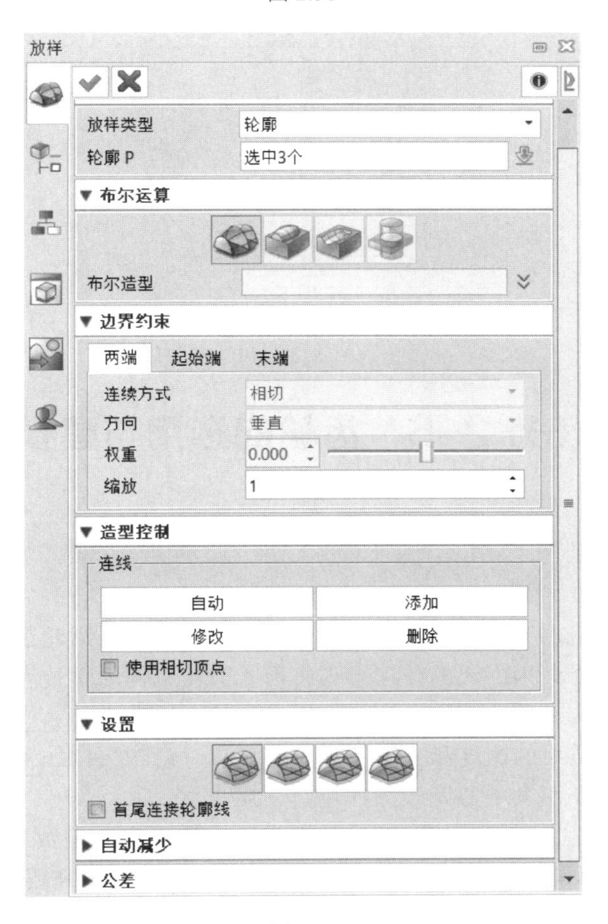

图 2.57

【起点】：选择放样的起点。

【终点】：选择放样的终点。

【连续方式】：在放样的两端指定连续性级别。

【方向】：放样时，轮廓在开始和结束位置采用的方向，默认情况下，方向垂直于轮廓平面。

【权重】：决定了强制相切影响的放样量（如：放样回到它的正常曲率前有多长），移动滑动条指定权重值。

【缩放】：是对使用权重滑动条的补充，仅当滑动条的极限位置不够时使用。

六、练一练

在重要场合，压缩弹簧应采用端圈并紧磨平的结构形式，以保证两支承圈与弹簧的轴线垂直，从而使弹簧受压时不致歪斜。弹簧丝的直径较小时，可采用端部不并紧也不磨平的结构形式。若弹簧丝较粗，则需采用端圈磨平的端部形式，且需设置与端圈相吻合的支承座。创建如图 2.58 所示的圆柱螺旋压缩弹簧，注意需采用弹簧端圈磨平的端部形式，圈数为 6.5 圈。

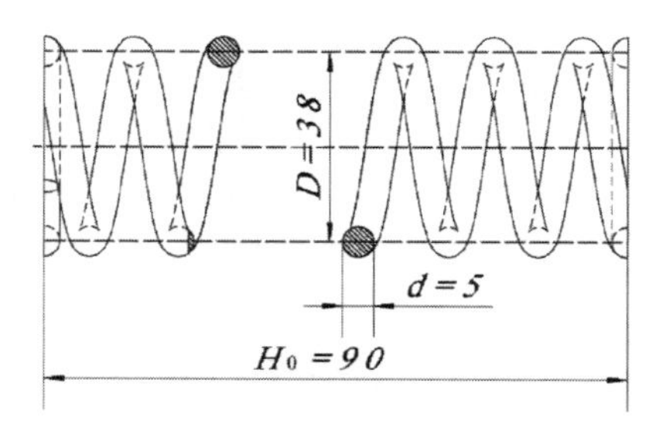

图 2.58

任务 2-6　齿轮的选用与建模

直齿圆柱齿轮

一、任务目标

齿轮传动是传递机器动力和运动的一种主要形式。渐开线齿轮至今已有 200 多年的历史，是机械传动中应用最为广泛的传动形式之一。齿轮机构用于传递空间任意两轴之间的运动和动力，与其他传动机构相比，齿轮机构具有传动准确平稳、机械效率高、使用寿命长、工作安全可靠、适用的速度和功率范围大等优点。齿轮机构的主要缺点是制造和安装精度要求较高，不宜在两轴中心距较大的场合使用。

本任务以渐开线直齿圆柱齿轮为例进行建模，齿数 z=55，模数 m=2，压力角 α=20°，见图 2.59。齿轮的参数较多，为了实现齿轮建模过程的参数化，需要用到【方程式管理器】命令来定义参数（变量和表达式）。

该零件的建模思路如下：

① 利用【方程式管理器】命令，定义齿轮参数。

② 利用【方程式曲线】命令，创建渐开线齿廓。

③ 利用【阵列特征】命令，创建轮齿。

④ 利用【拉伸】、【倒角】命令，创建齿轮轴孔、键槽等特征。

二、相关知识

1）压力角 α 的选择

齿轮的齿厚及节点处的齿廓曲率半径均随齿轮压力角增大而增大，这有利于提高齿轮传动的弯曲强度及接触强度。我国对一般用途的齿轮传动规定压力角 α=20° 。为增强航空齿轮的弯曲强度及接触强度，我国航空齿轮传动标准还规定了 α=25° 的压力角。

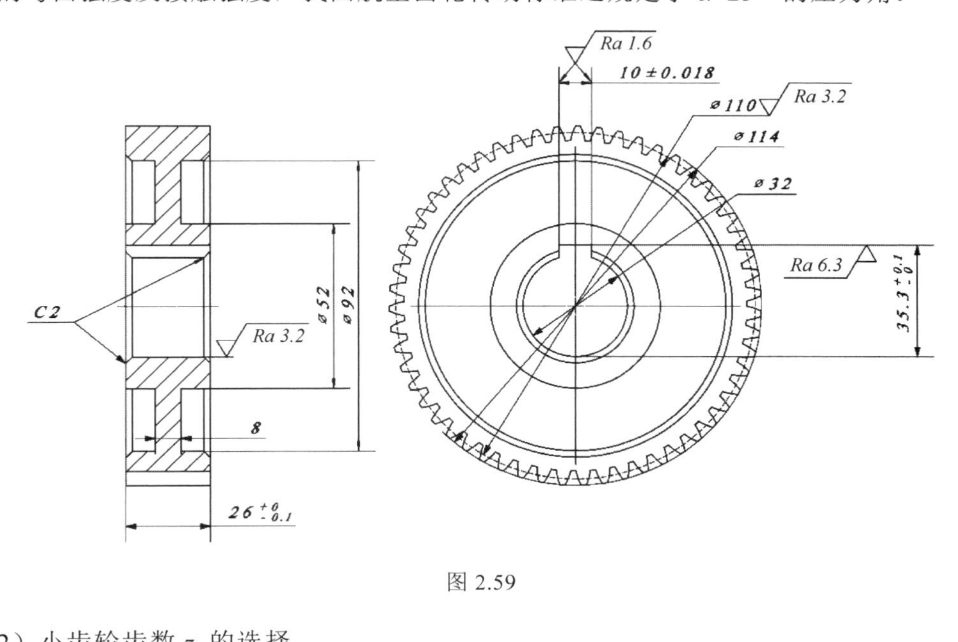

图 2.59

2）小齿轮齿数 z_1 的选择

保持齿轮传动的中心距不变，增加齿数，除能增加重合度、改善传动的平稳性外，还可减小模数，降低齿高，因而减少金属切削量，节省制造费用。另外，降低齿高还能减小滑动速度、减少磨损及减小胶合的可能性。但模数小了，齿厚随之减薄，齿轮的弯曲强度减小。不过在一定的齿数范围内，尤其是当承载能力主要取决于齿面接触强度时，以齿数多一些为好。闭式齿轮传动一般转速较高，为了提高传动的平稳性，减小冲击震动，以齿数多一些为好，小齿轮的齿数可取为 20～40。开式（半开式）齿轮传动，由于轮齿主要为磨损失效，为使齿轮模数不致过小，小齿轮不宜选用过多的齿数，一般可取 17～20。为使齿轮免于根切，对于 α=20° 的标准直齿圆柱齿轮，齿数应≥17。

3）齿宽系数的选择

轮齿越宽，承载能力越高，因而轮齿不宜过窄；在一定载荷作用下齿宽系数大，则齿轮传动紧凑，齿轮直径和中心距小，但沿齿宽载荷分布不均匀现象会严重，因此必须合理选择齿宽系数。在齿轮精度足够高，轴的刚度足够大时，闭式固定传动比齿轮传动应尽量选用较大的齿宽系数。增大齿宽又会使齿面上的载荷分布更趋不均匀，故齿宽系数应适当选取。

4）齿面硬度的选择

小齿轮啮合次数多于大齿轮，而且齿根较薄，容易磨损。故当配对两齿轮均属软齿面时，小齿轮的齿面硬度应高于大齿轮 30～50HBS 或更高，以使大小齿轮寿命接近，也有利于提高轮齿的抗胶合能力。当均属硬齿面时，两齿轮的材料、热处理方式及齿面硬度均可取成一样。

5）齿轮传动精度等级

齿轮的精度在一定程度上影响着整台机器或仪器的质量。由于齿形比较复杂，参数比较多，所以齿轮精度的评定比较复杂。各类机器所用齿轮传动的精度等级范围见表 2.7。

表 2.7

机器名称	精度等级	机器名称	精度等级
汽轮机	3～6	拖拉机	6～8
金属切削机床	3～8	通用减速机	6～8
航空发动机	4～8	锻压机床	6～9
轻型汽车	5～8	起重机	7～10
载重汽车	7～9	农用机器	8～11

三、任务实施

1. 新建文件

打开中望 3D 软件，新建“零件”类型文件，命名为“直齿圆柱齿轮”，单击【确认】按钮，进入零件建模界面。

2. 定义齿轮参数

单击【工具】选项卡→【插入】面板→【方程式管理器】命令，弹出如图 2.60 所示对话框，【类型】选择数字及常量，【名称】输入参数名，【表达式】输入变量值或变量计算表达式。根据图 2.61 所示参数依次录入，录入完成后单击【确认】按钮，完成参数的定义。

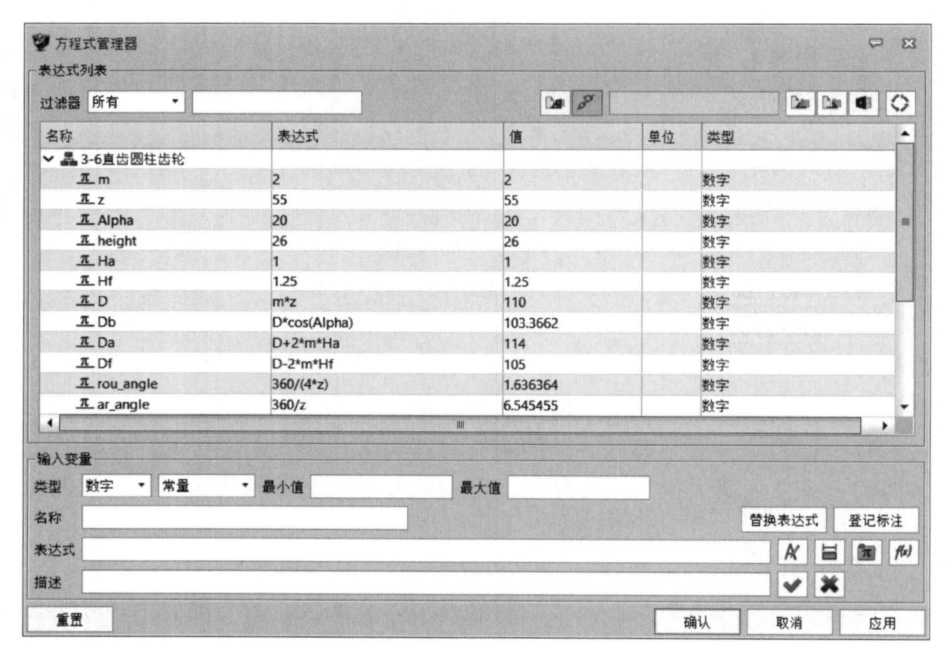

图 2.60

技能提示

定义齿轮参数时新增了渐开线旋转角度 rou_angle 和齿轮阵列角度 ar_angle 两个参数。参数定义完成后，会在模型树区域表达式下面显示。

3. 创建渐开线齿廓

1）绘制齿轮圆

在 XY 平面内，单击【线框】选项卡→【绘图】面板→【圆】命令，弹出【圆】对话框，【圆心】选择坐标原点（0, 0, 0），选择“直径标注”，标注表达式“D”，即完成齿轮分度圆的绘制。为了便于识别，单击右键选择“重命名”，将圆的名称改为“分度圆”。

按同样的方法，依次绘制基圆、齿顶圆、齿根圆，如图 2.62 所示。

表达式(12)
- m = 2.00 "模数"
- z = 55.00 "齿数"
- Alpha = 20.00 "压力角"
- height = 26.00 "齿高"
- Ha = 1.00 "齿顶高系数"
- Hf = 1.25 "齿根高系数"
- D = m*z = 110.00 "分度圆直径"
- Db = D*cos(Alpha) = 103.37 "基圆直径"
- Da = D+2*m*Ha = 114.00 "齿顶圆直径"
- Df = D-2*m*Hf = 105.00 "齿根圆直径"
- rou_angle = 360/(4*z) = 1.64 "渐开线旋转角度"
- ar_angle = 360/z = 6.55 "阵列角度"

图 2.61

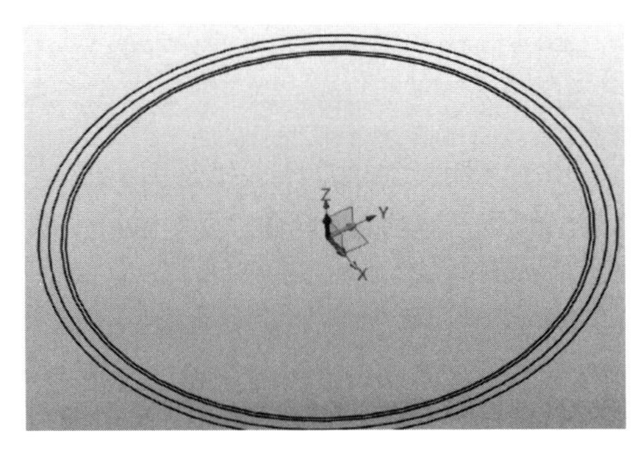

图 2.62

2）绘制渐开线

单击【线框】选项卡→【曲线】面板→【方程式曲线】命令，弹出【方程式曲线】对话框，选择【坐标系】，X、Y 和 Z 栏中分别输入图 2.63 中所列渐开线方程，得到所需的渐开线，如图 2.64 所示。

图 2.63

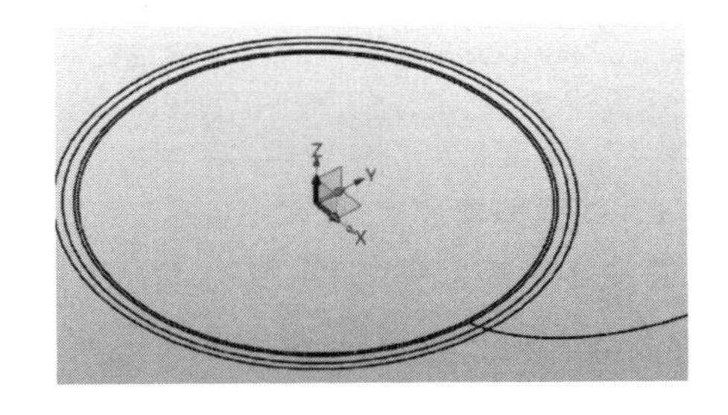

图 2.64

单击【线框】选项卡→【绘图】面板→【直线】命令，弹出【直线】对话框，【点 1】选择坐标原点（0, 0, 0）；【点 2】采用“曲线交点”方法，单击右键，选择【相交】命令，分别选择渐开线与基圆，自动生成点 2 坐标，如图 2.65 所示。

3）连接曲线

单击【线框】选项卡→【编辑曲线】面板→【连接】命令，弹出【连接】对话框，依次选择渐开线和上步绘制的直线，将它们连接成一条曲线，如图 2.66 所示。

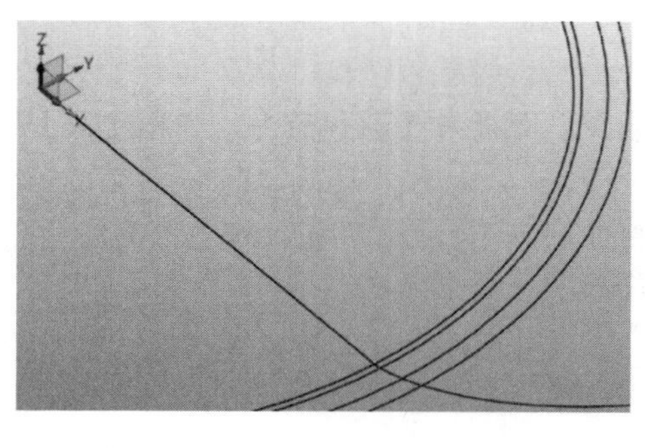

图 2.65

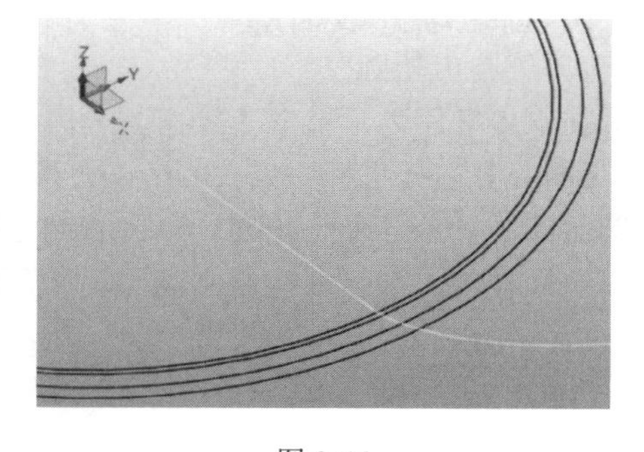

图 2.66

单击【线框】选项卡→【绘图】面板→【直线】命令，弹出【直线】对话框，【点 1】选择坐标原点（0, 0, 0）；【点 2】采用“曲线交点”方法，单击右键，选择【相交】命令，分别选择渐开线与分度圆，自动生成点 2 坐标，如图 2.67 所示。

4）旋转连接曲线

单击【线框】选项卡→【基础编辑】面板→【移动】命令，弹出【移动】对话框，【旋转类型】选择“绕方向旋转”；【实体】选择刚连接的曲线；【方向】选择 Z 轴（0, 0, 1）；【角度】输入表达式“rou_angle”，完成连接曲线，如图 2.68 所示。

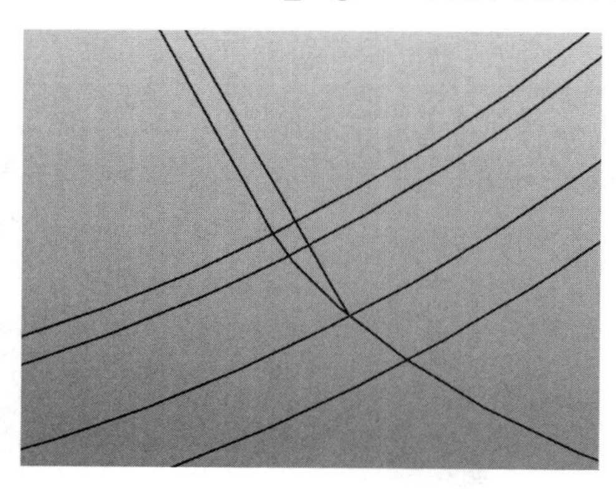

图 2.67

图 2.68

5）创建镜像平面

单击【造型】选项卡→【基准面】面板→【基准面】命令，弹出如图 2.69 所示对话框，【几何体】选择刚绘制的原点到分度圆和渐开线交点的直线；【定向】选择“对齐到几何坐标的 YZ 平面”；其余参数默认。单击【确定】按钮，完成镜像平面的创建，如图 2.70 所示。

6）镜像曲线

单击【线框】选项卡→【基础编辑】面板→【镜像几何体】命令，弹出【镜像几何体】对话框，【实体】选择旋转之后的曲线；【平面】选择上步创建的镜像平面。单击【确定】按钮，完成镜像曲线，如图 2.71 所示。

7）拉伸实体

单击【造型】选项卡→【基础造型】面板→【拉伸】命令，弹出【拉伸】对话框，【轮廓】选择齿顶圆曲线；【拉伸类型】选择“1 边”；【结束点】选择表达式“height”；其余参数默认。单击【确定】按钮，完成拉伸特征的创建，如图 2.72 所示。

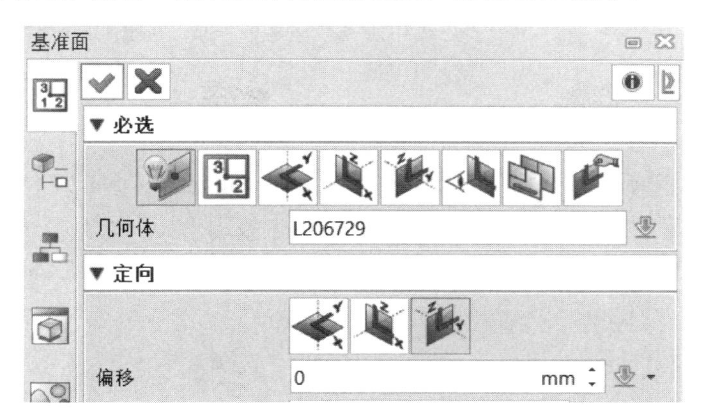

图 2.69

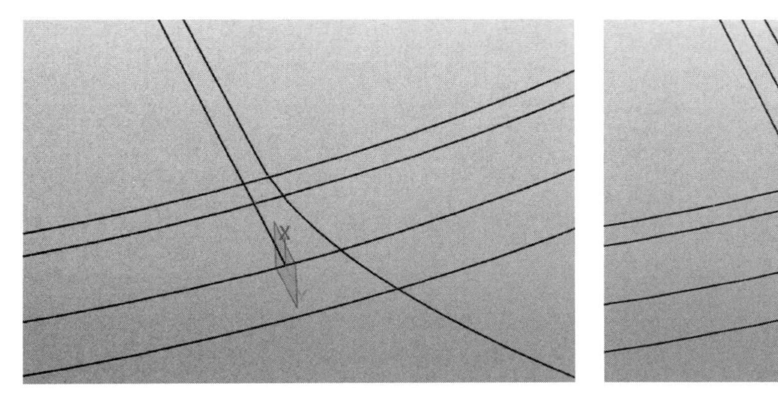

图 2.70

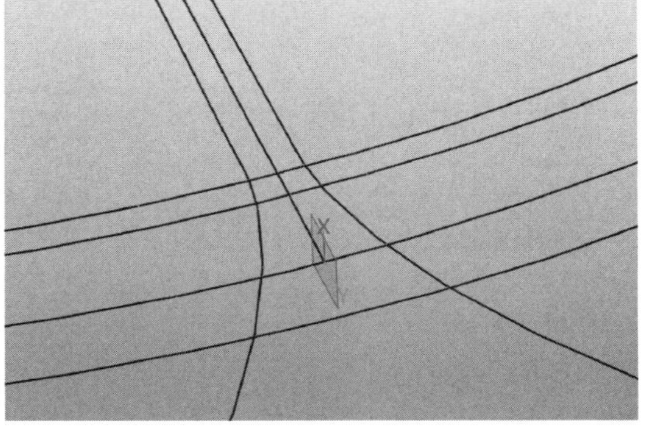

图 2.71

8）修剪曲线

单击【线框】选项卡→【编辑曲线】面板→【单击修剪】命令，完成曲线修剪，如图 2.73 所示。

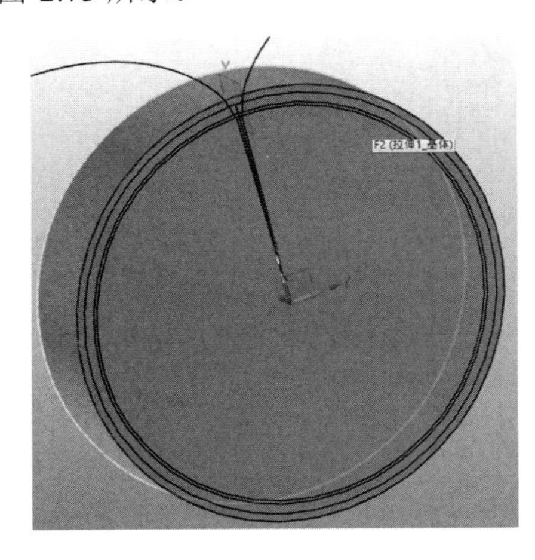

图 2.72

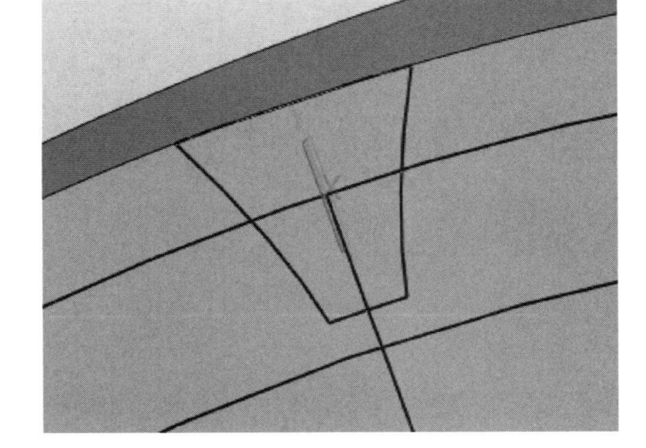

图 2.73

9）创建曲线列表

在绘图区域空白处单击右键，选择【曲线列表】命令，将修剪完的 4 条曲线合成一条曲线，如图 2.74 所示。

4. 创建轮齿

1）拉伸齿形轮廓

单击【造型】选项卡→【基础造型】面板→【拉伸】命令，弹出【拉伸】对话框，【轮廓】选择曲线列表创建的曲线；【拉伸类型】选择“1 边”；【结束点】选择表达式“height”；【布尔运算】选择减运算；其余参数默认。单击【确定】按钮，完成拉伸特征的创建，如图 2.75 所示。

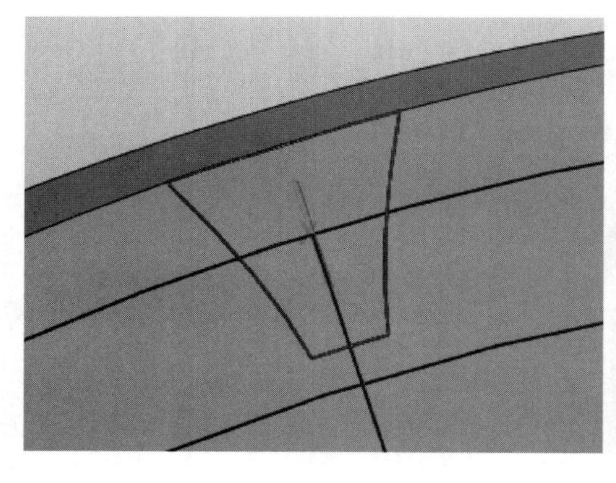

图 2.74

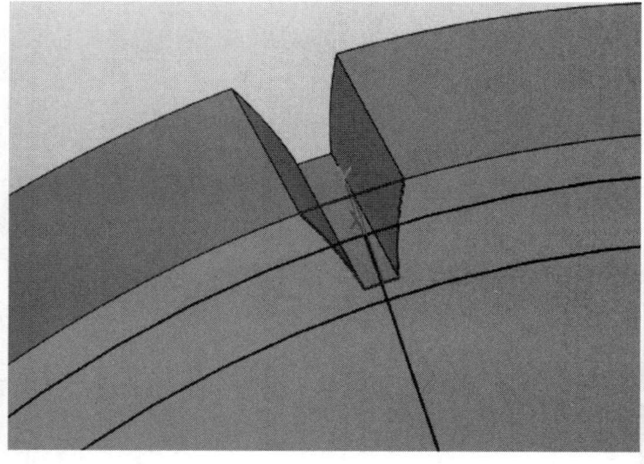

图 2.75

2）阵列特征

单击工具栏中的【造型】选项卡→【基础编辑】面板→【阵列特征】命令，弹出【阵列特征】对话框，【阵列类型】选择圆形阵列；【基体】选择拉伸切除的齿形轮廓特征；【方向】选择 Z 轴；【直径】默认即可；【数目】选择表达式中的“*z*”；【角度】选择表达式中的“ar_angle”；其余参数默认。单击【确定】按钮，完成阵列特征的创建，如图 2.76 所示。

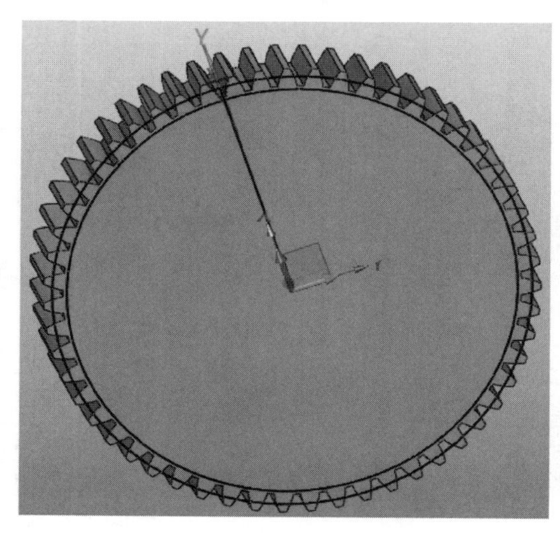

图 2.76

5. 完善齿轮其他特征

1）创建轴孔和键槽特征

单击【造型】选项卡→【基础造型】面板→【草图】命令，弹出【草图】对话框，【平面】选择 XY 平面，其余参数默认。单击【确定】按钮，进入草图绘制环境，绘制如图 2.77 所示草图。

单击【造型】选项卡→【基础造型】面板→【拉伸】命令，弹出【拉伸】对话框，【轮廓】选择上步草图；【拉伸类型】选择“1 边”；【结束点】选择参数“height”；【布尔运算】选择减运算；其余参数默认。单击【确定】，完成轴孔和键槽特征的创建，如图 2.78 所示。

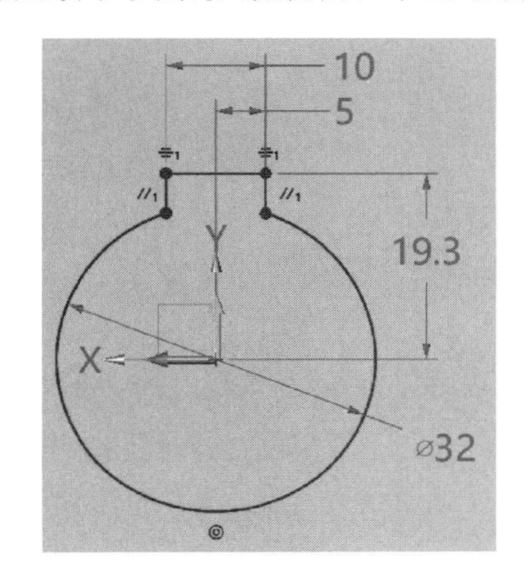

图 2.77

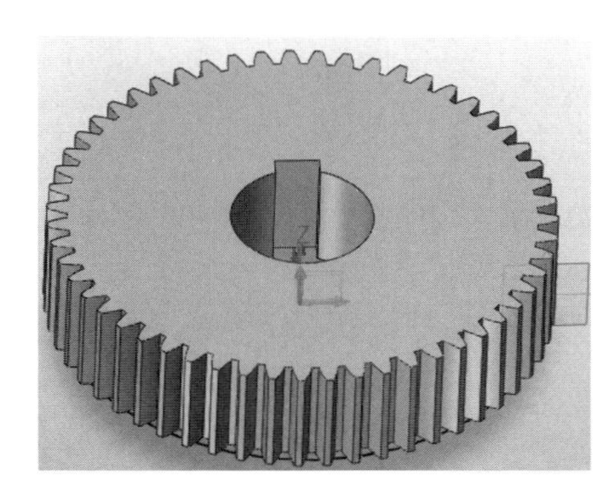

图 2.78

2）创建辐板特征

（1）创建辐板特征 1

单击【造型】选项卡→【基础造型】面板→【草图】命令，弹出【草图】对话框，【平面】选择 XY 平面，其余参数默认。单击【确定】按钮，进入草图绘制环境，绘制如图 2.79 所示草图。

单击【造型】选项卡→【基础造型】面板→【拉伸】命令，弹出【拉伸】对话框，【轮廓】选择上步草图；【拉伸类型】选择“1 边”；【结束点】输入 9mm；【布尔运算】选择减运算；其余参数默认。单击【确定】按钮，完成拉伸特征的创建，如图 2.80 所示。

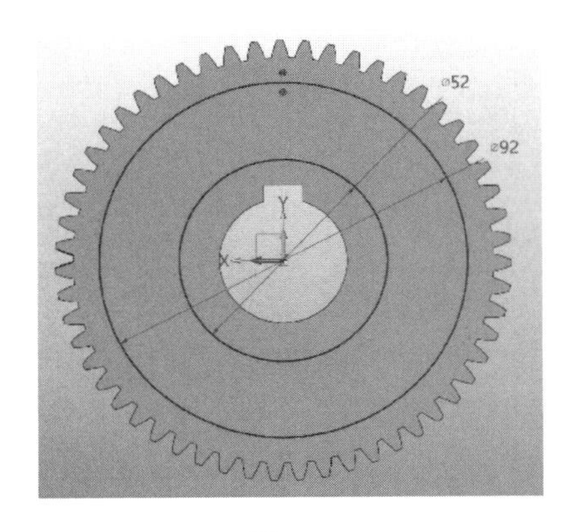

图 2.79

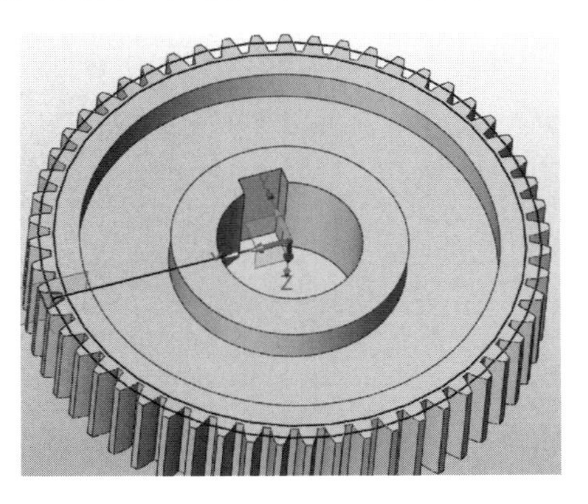

图 2.80

（2）创建辐板特征 2

单击【造型】选项卡→【基准面】面板→【基准面】命令，弹出【基准面】对话框，【几何体】选择 XY 平面；【偏移】输入“height/2”，其余参数默认。单击【确定】按钮，完成基准面的设置，如图 2.81 所示。

单击【造型】选项卡→【基础编辑】面板→【镜像特征】命令，弹出【镜像】对话框，【实体】选择刚拉伸切除出的槽；【平面】选择上步创建的镜像平面。单击【确定】按钮，完成镜像特征的创建，如图 2.82 所示。

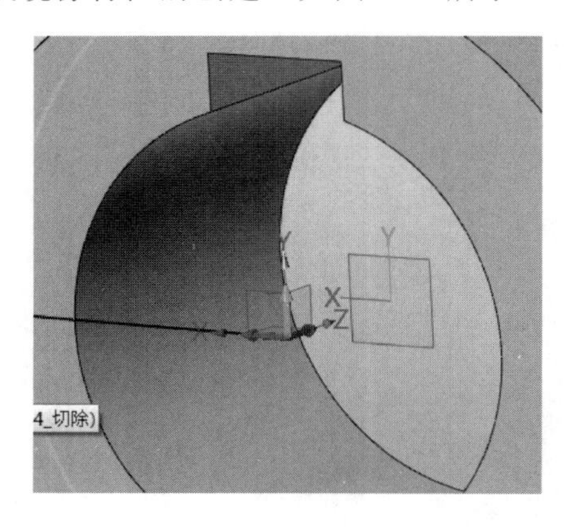

图 2.81

图 2.82

3）创建倒角

单击【造型】选项卡→【工程特征】面板→【倒角】命令，选择需要倒角的边，【倒角距离】输入 2mm。单击【确定】按钮，完成倒角特征的创建。

6. 建模结果

该零件建模结果如图 2.83 所示。

图 2.83

7. 保存文件

单击菜单栏【文件】→【保存】，选择保存路径，保存文件。

四、任务评价

齿轮的建模评价见表 2.8。

表 2.8

评价内容	评价标准	分值	学生评价	教师评价
新建文件	能够正确创建文件	10		
定义参数	能够正确定义齿轮参数	10		
创建渐开线齿廓	能够正确绘制齿廓曲线	40		
创建轮齿	能够正确生成轮齿特征	20		
完善齿轮其他特征	能够正确绘制轴孔与倒角	10		
保存文件	能够正确保存文件	10		
学习体会：				

五、知识拓展

参数化建模可以根据不同的需要直接修改参数，生成所需要的零件，操作灵活，效率高。通常情况下，参数化建模过程包括以下三个步骤。

① 定义参数（变量和表达式）。所有的参数都可以在【方程式管理器】中进行定义，如图 2.84 所示。这个功能既可以在建模环境中调用，也可以在草图环境中调用。

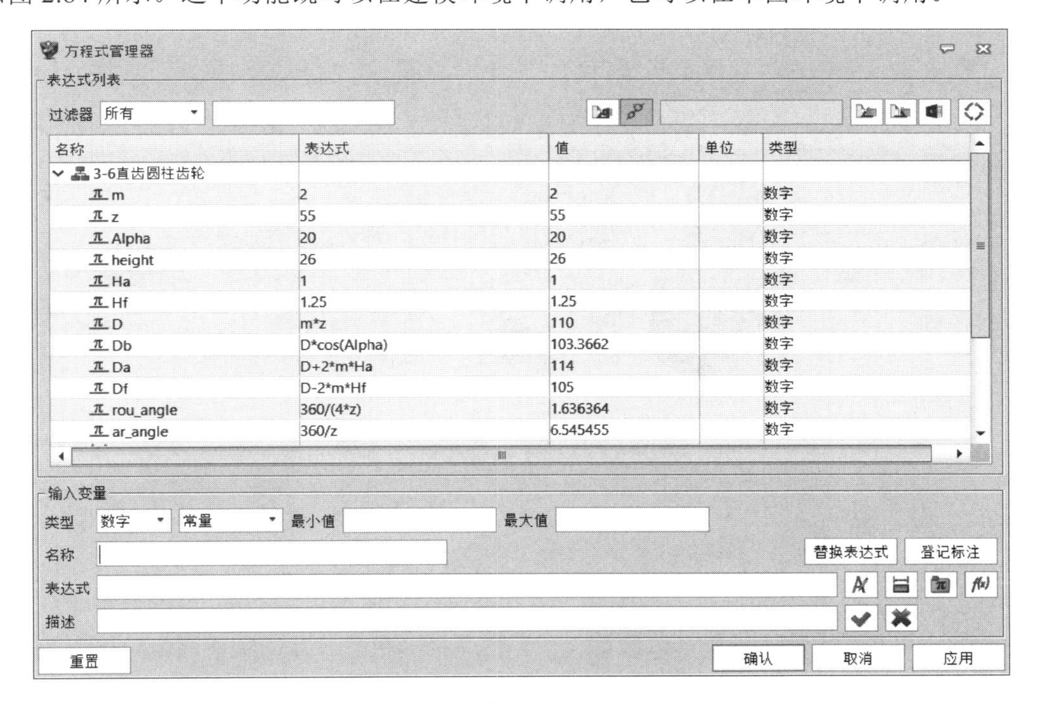

图 2.84

② 特征建模及参数应用。常见的使用场景有两种，一种是在草图中标注尺寸，另外一种是特征创建。在草图标注尺寸过程中，可以直接选择相应的参数，赋予当前的尺寸，详细步骤如图 2.85 所示。

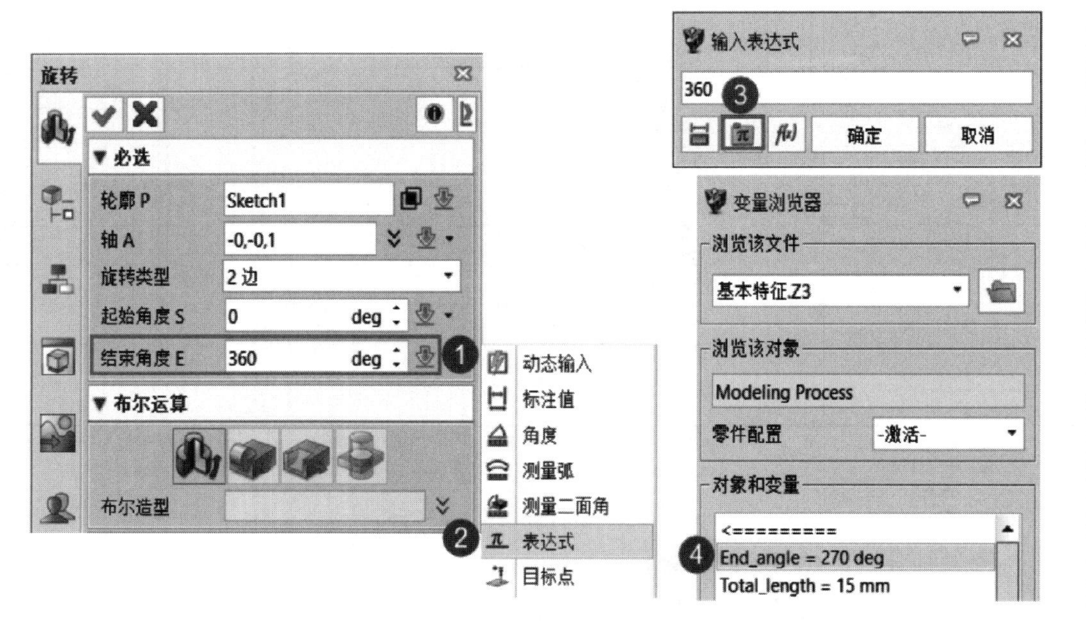

图 2.85

③ 修改变量并更新模型。首先在【管理器】上双击相应参数并修改，此时文件名将变成红色，在顶部标题栏位置单击【自动生成】命令图标，完成模型更新。具体如图 2.86 所示。

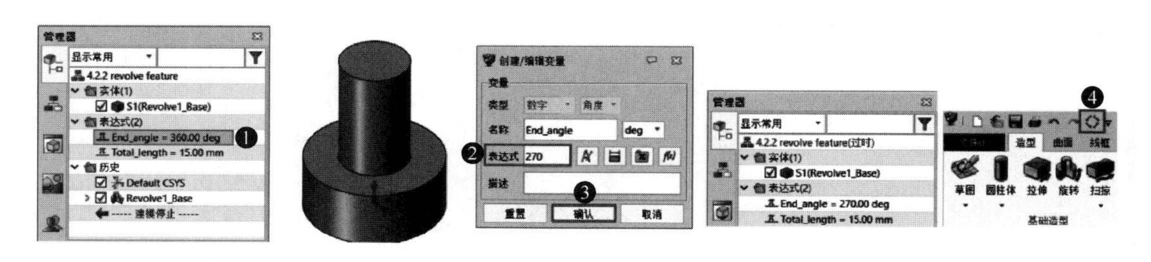

图 2.86

六、练一练

创建如图 2.87 所示的齿轮，齿数 z=20，模数 m=2，压力角 α=20°。采用参数化设计的思路，通过【方程式管理器】修改齿数 z、齿轮高度等相关参数，实现该齿轮模型的自动生成。

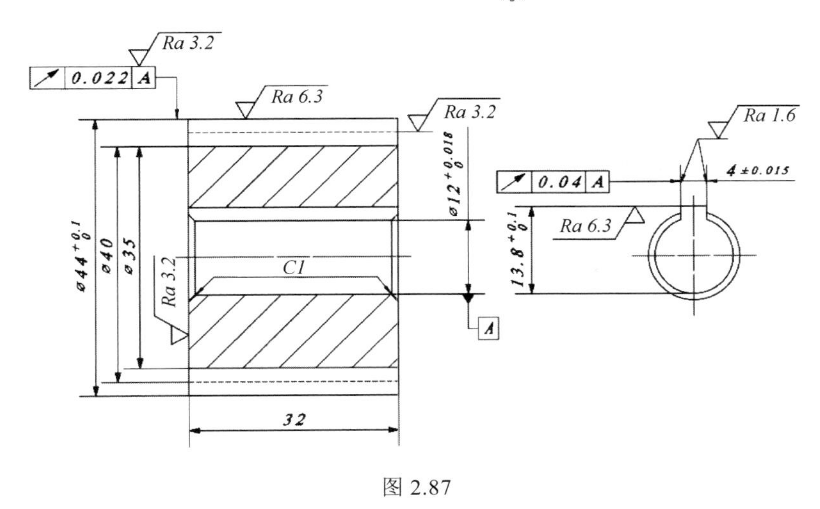

图 2.87

曲面零件建模

思政材料 3

教学目标

1. 掌握空间辅助曲线的创建功能。
2. 掌握常用的曲面创建功能。
3. 掌握常用的曲面编辑功能。

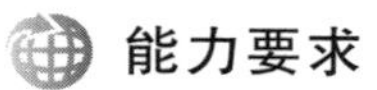

能力要求

1. 能够准确分析模型建立过程。
2. 学会正确运用空间辅助曲线绘制方法。
3. 学会准确选用曲面绘制方法。
4. 学会编辑已绘制曲面。

问题导入

飞机、汽车、船舶、叶轮等复杂模型，如图 3.1 所示，在设计过程中都离不开曲面的建模，而常用的拉伸、旋转、扫掠/放样等建模方式无法创建较为复杂的曲面形状，因此实际产品的设计离不开自由形状曲面。如何掌握曲面建模，设计零部件上复杂的曲面形状呢？本模块对简单曲面零件和复杂曲面零件的建模进行了详细的分析。

图 3.1

任务 3-1　简单曲面零件的建模

雨伞

一、任务目标

雨伞是人们日常生活中经常用到的工具，伞面是一种简单的曲面，如图 3.2 所示。本任务以雨伞为例，完成简单曲面零件的建模，掌握空间辅助曲线的创建和常用的曲面创建、编辑等。

该零件的建模思路如下：

① 利用【多边形】、【直线】、【圆弧】和【复制】命令，绘制雨伞的空间辅助曲线。

② 利用【直纹曲面】命令，创建单个伞面。

③ 利用【阵列】、【加厚】等命令，完善雨伞的细节建模。

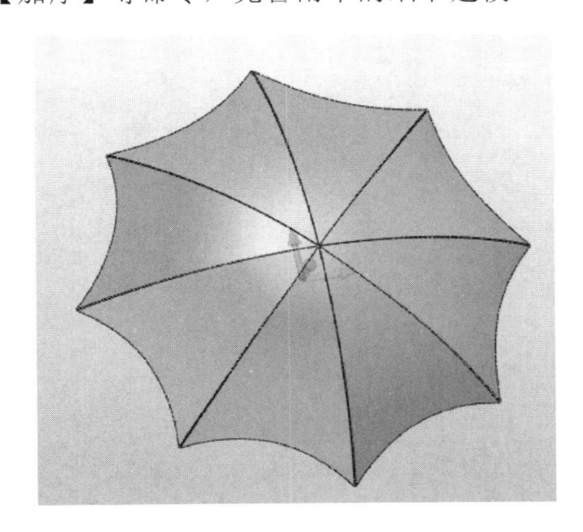

图 3.2

二、相关知识

直纹曲面（简称直纹面）是由一系列直线沿曲线轮廓移动而构成的曲面。在创建直纹曲面时，只能使用两组剖面线串，这两组线串可以封闭，也可以不封闭。另外，直纹曲面的两组剖面线串走向必须相同，否则曲面将会出现扭曲，如图 3.3 所示。

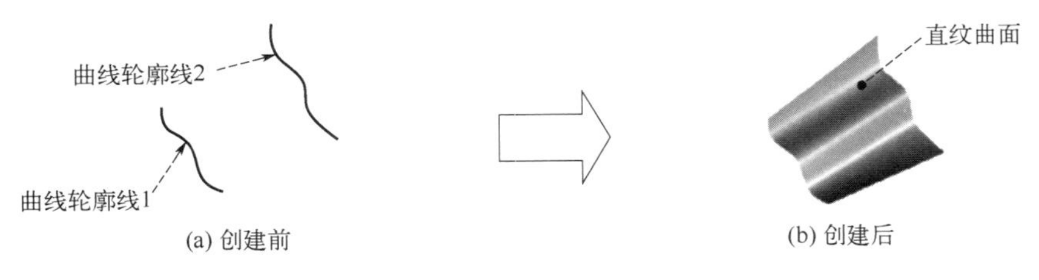

(a) 创建前　(b) 创建后

图 3.3

三、任务实施

1. 新建文件

打开中望 3D 软件，新建“零件”类型文件，命名为“雨伞”，单击【确认】按钮，进入零件建模界面。

2. 空间轮廓曲线的绘制

1）绘制正八边形

单击【线框】选项卡→【绘图】面板→【正多边形】命令，弹出如图 3.4 所示对话框，选择【内接半径】方式；【中心】选择在 XY 平面内的原点；【半径】输入 80mm；【边数】输入 8；其余参数默认。单击【确定】按钮，完成正八边形的绘制，如图 3.5 所示。

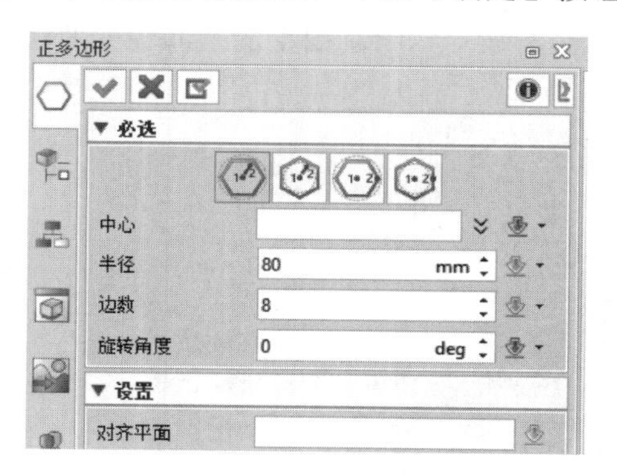

图 3.4

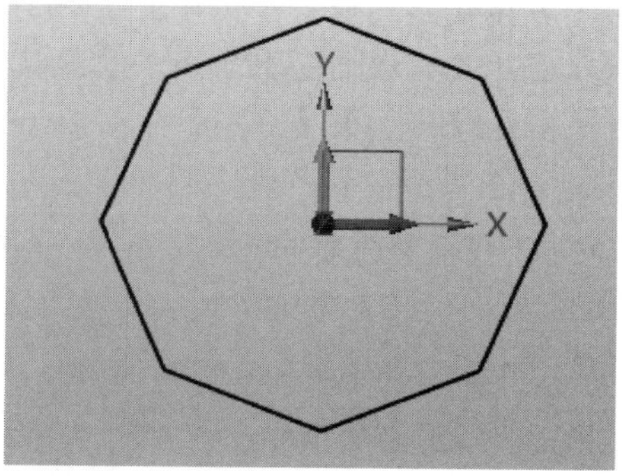

图 3.5

2）绘制直线

单击【线框】选项卡→【绘图】面板→【直线】命令，弹出如图 3.6 所示对话框，选择【沿方向画线】方式；【参考线】选择 Z 轴（0, 0, 1）；【点 1】选择正八边形中心；【点 2】输入长度 30mm；其余参数默认。单击【确定】按钮，完成在正八边形的中心沿 Z 轴正向直线的绘制，如图 3.7 所示。

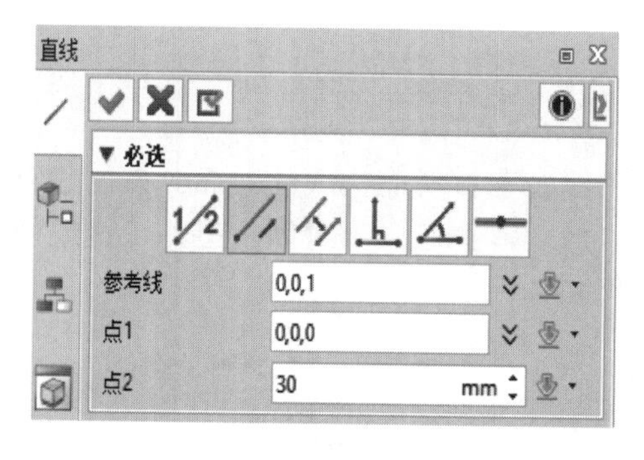

图 3.6

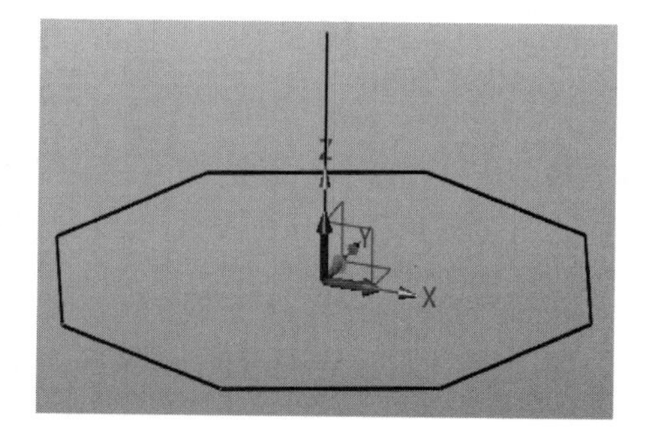

图 3.7

3）绘制圆弧

单击【线框】选项卡→【绘图】面板→【圆弧】命令，弹出如图 3.8 所示对话框，选择【三点画圆弧】方式；【点 1】选择正八边形的任一顶点；【点 2】选择与第一个顶点正对的正八边形顶点；【通过点】选择上一步直线的顶点；其余参数默认。单击【确定】按钮，完成圆弧的绘制，如图 3.9 所示。

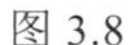
图 3.8

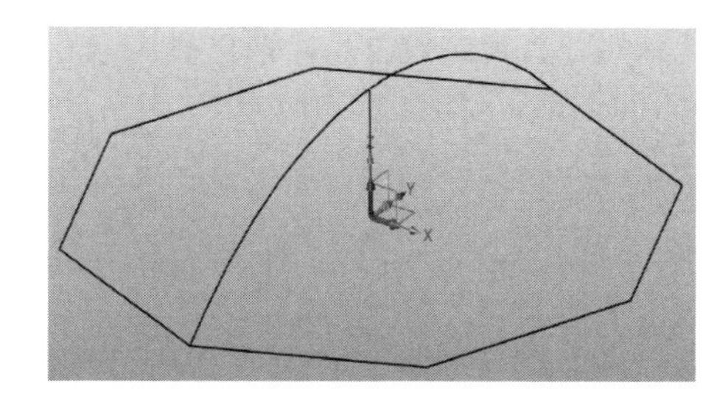

图 3.9

4）修剪圆弧

单击【线框】选项卡→【编辑曲线】面板→【单击修剪】命令，弹出如图 3.10 所示对话框，单击需要修剪的圆弧，留下上步圆弧的 1/2，如图 3.11 所示。

5）复制圆弧

单击【线框】选项卡→【基础编辑】面板→【复制】命令，弹出如图 3.12 所示对话框，选择【绕方向旋转】方式；【实体】选择修剪完的圆弧线段；【方向】选择 Z 轴（0, 0, 1）；【角度】输入 45°；【复制个数】输入 1；其余参数默认。单击【确定】按钮，完成圆弧的复制，如图 3.13 所示。

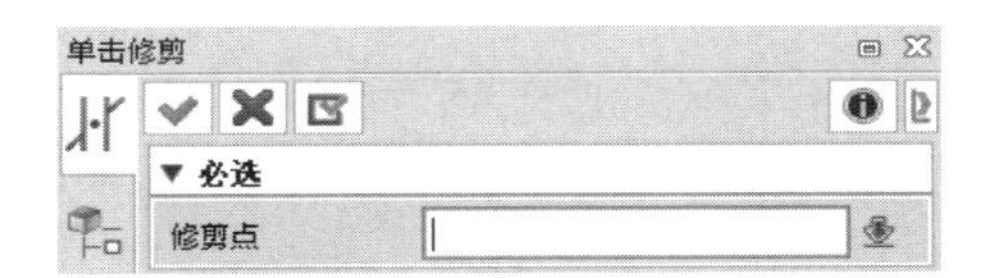

图 3.10

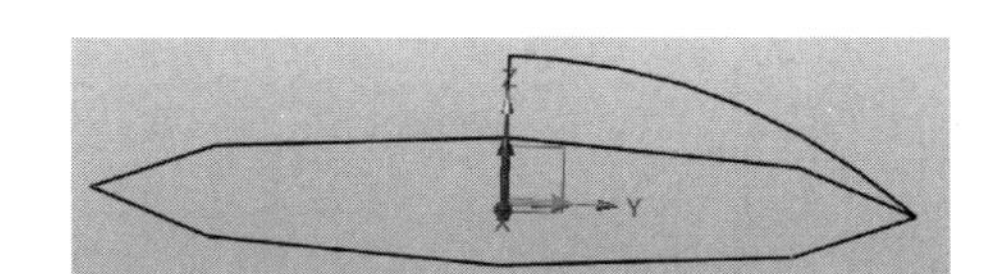

图 3.11

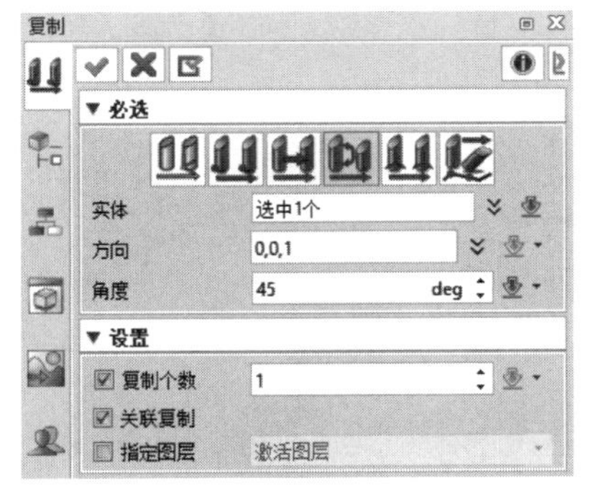

图 3.12

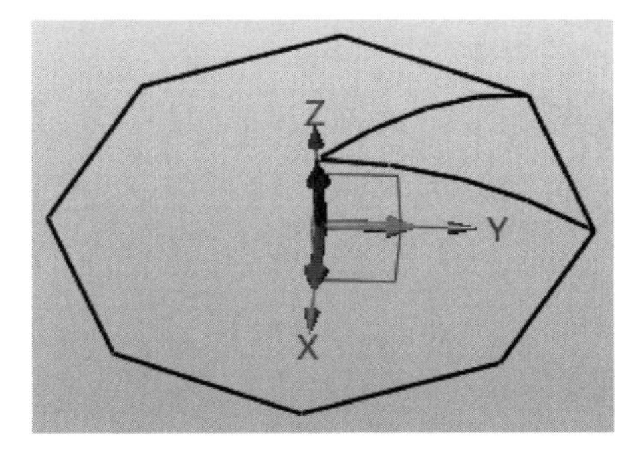

图 3.13

技能提示

在应用直纹曲面功能时，选择两条路径时需要特别注意：路径 1 选择曲线的位置与路径 2 选择曲线的位置要大致对应，若两条路径选择曲线的位置不相同，可能会造成直纹曲面的扭转。

3. 创建单个曲面

1）创建伞布曲面

单击【曲面】选项卡→【基础面】面板→【直纹曲面】命令，弹出如图 3.14 所示对话框，【路径 1】、【路径 2】分别选择两条圆弧，其余参数默认。单击【确定】按钮，完成伞布曲面的创建，如图 3.15 所示。

图 3.14

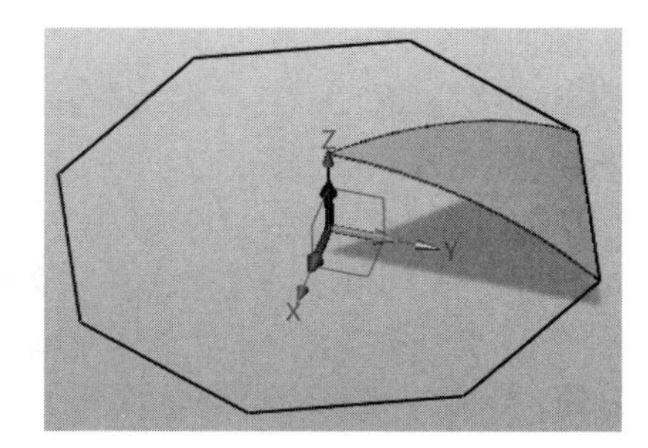

图 3.15

2）绘制圆弧

单击【线框】选项卡→【绘图】面板→【圆弧】命令，弹出【圆弧】对话框，选择【半径】方式；【点 1】、【点 2】分别选择两条圆弧的两个端点；【半径】输入 80mm；【对齐平面】单击右侧的下拉箭头选择插入基准平面，弹出如图 3.16 所示对话框；【几何体】选择伞面左下角端点；【定向】选择对齐到几何坐标的 YZ 面。单击【确定】按钮，完成圆弧的绘制，如图 3.17 所示。

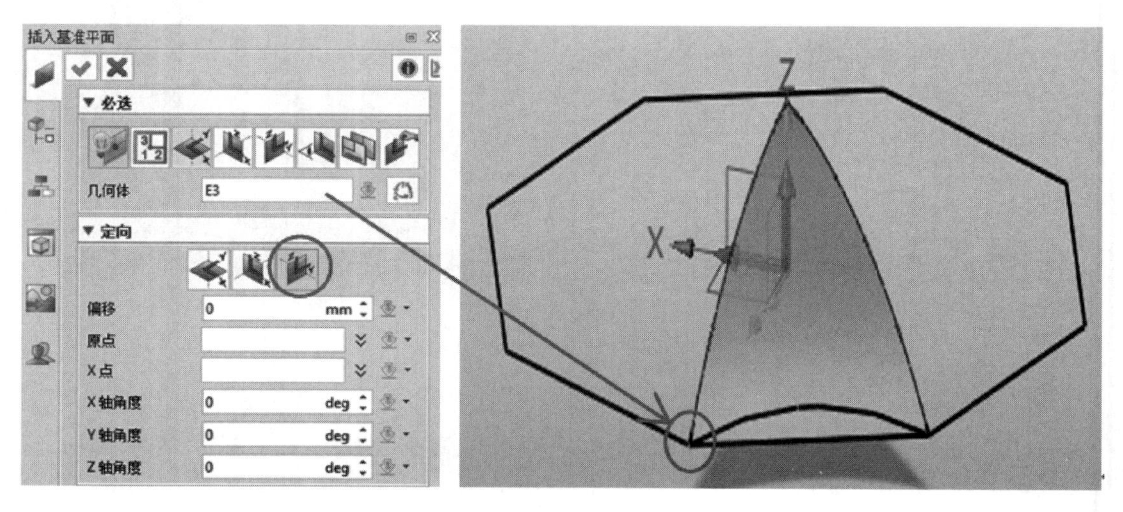

图 3.16

图 3.17

3）修剪伞布曲面

单击【曲面】选项卡→【编辑面】面板→【曲线修剪】命令，弹出如图 3.18 所示对话框，【面】选择伞布曲面；【曲线】选择上步绘制的圆弧；【侧面】选择要保留的面；【投影】选择单向；【方向】选择 Y 轴负方向（-0, -1, -0）；其余参数默认。单击【确定】按钮，完成伞布曲面的修剪，如图 3.19 所示。

图 3.18

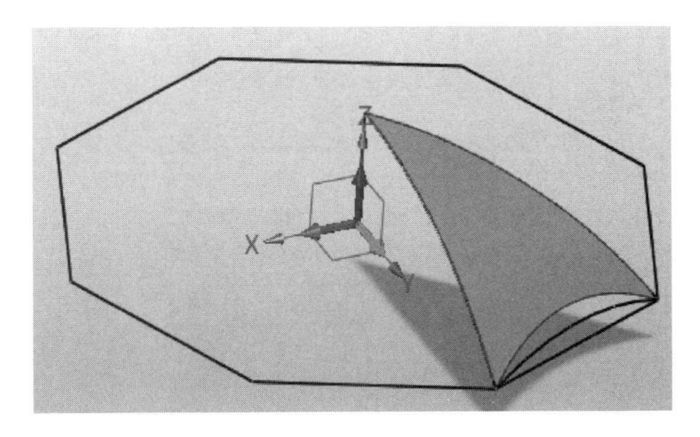

图 3.19

4. 创建多个曲面

单击【线框】选项卡→【基础编辑】面板→【阵列几何体】命令，弹出如图 3.20 所示对话框，选择【圆形阵列】方式；【基体】选择伞布曲面；【方向】选择 Z 轴（0, 0, 1）；【数目】输入 8；【角度】输入 45°；其余参数默认。单击【确定】按钮，完成伞布曲面的阵列，如图 3.21 所示。

5. 建模结果

该零件建模结果如图 3.22 所示。

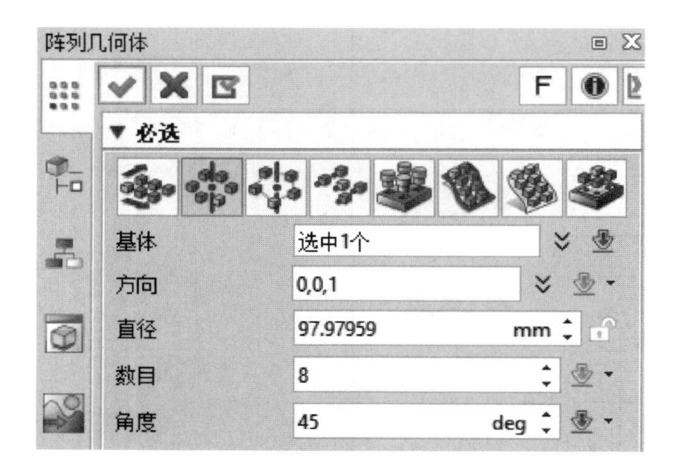

图 3.20

图 3.21

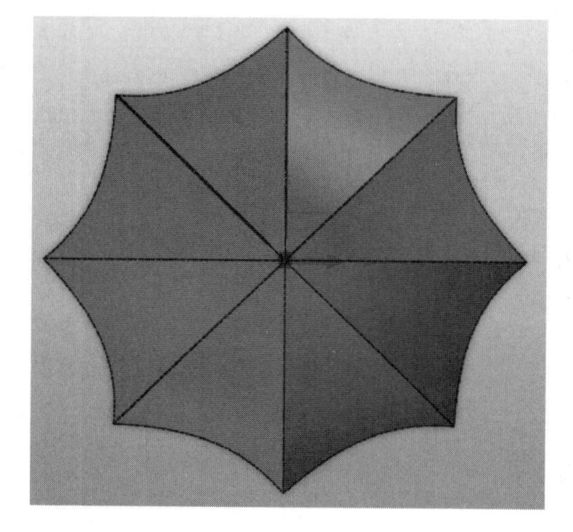

图 3.22

四、任务评价

简单曲面的零件建模评价见表 3.1。

表 3.1

评价内容	评价标准	分值	学生自评	教师评价
创建空间轮廓曲线	1.曲线的位置关系正确性 2.曲线尺寸的正确性	20		
创建单个曲面	1.是否为直纹曲面 2.曲面是否发生扭转	20		
曲面修剪	1.修剪曲线创建是否正确 2.曲面修剪合理性	20		
创建多个曲面	1.圆周阵列曲面的使用 2.隐藏辅助线、面	20		
学习积极性	1.曲面绘制的积极性 2.曲面绘制的正确性	20		
学习体会：				

五、知识拓展

除直纹曲面外，类似的曲面还包括圆形双轨曲面、二次曲线双轨面与成角度的曲面，这几种曲面主要通过两组线来完成曲面的创建，可以根据曲面的实际情况选择不同的曲面造型方式，以满足不同产品的设计要求。

1. 创建圆形双轨曲面

在两组路径曲线（即双轨）间创建横截面，横截面的半径由创建方式确定，用于定义与两条边界曲线相交处的圆。

圆形双轨曲面

1）创建多边形片体

（1）绘制零件草图

单击【造型】选项卡→【基础造型】面板→【草图】命令，弹出【草图】对话框，【平面】选择 XY 平面，其余参数默认。单击【确定】按钮，进入草图绘制环境。单击【草图】选项卡→【绘图】面板→【正多边形】命令，弹出【正多边形】对话框，选择【内接半径】;【中心】选择原点（0, 0, 0）;【半径】输入 50mm;【边数】输入 6;【角度】输入 0°。单击【确定】按钮，完成正多边形的绘制。多边形也可不通过草图而在【线框】模式下绘制。

（2）创建多边形片体

单击【造型】选项卡→【基础造型】面板→【拉伸】命令，弹出【拉伸】对话框，【轮廓】选择绘制的正六边形草图;【拉伸类型】选择“2 边”;【起始点】输入-15mm;【结束点】输入 15mm;【设置】模块中选择开放。单击【确定】按钮，完成多边形片体的创建，如图 3.23 所示。

2）创建圆形双轨曲面

单击【曲面】选项卡→【基础面】面板→【圆形双轨】命令，弹出如图 3.24 所示对话框，【方法】选择常量；【路径 1】、【路径 2】分别选择片体相邻的两条边线；【半径】输入 25mm。单击【确定】按钮，完成圆形双轨曲面的创建，如图 3.25 所示。

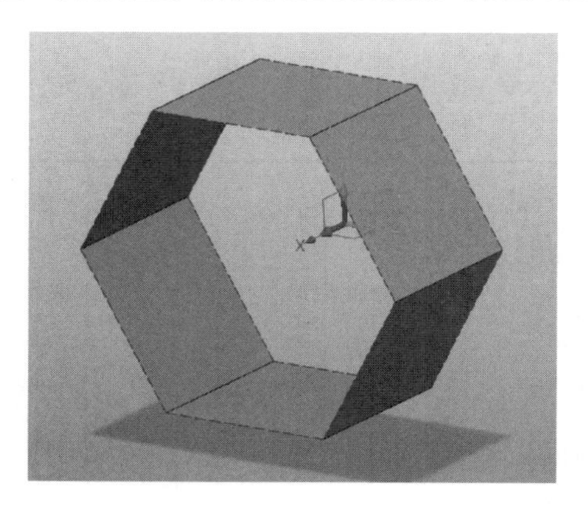

图 3.23

圆形双轨

▼ 必选

方法 常量

路径1 E14

路径2 E13

半径 25 mm

解决方案 1

▼ 缝合

☑ 缝合实体

▼ 方向

脊线

▶ 自动减少

▼ 公差

公差 0.01 mm

图 3.24

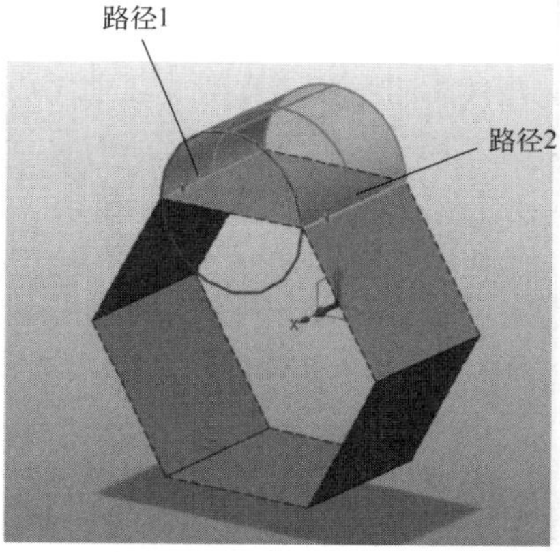

路径1

路径2

图 3.25

2. 创建二次曲线双轨面

二次曲线双轨面

按照圆形双轨曲面中多边形片体的创建方式与参数重新创建正六边形片体。

单击【曲面】选项卡→【基础面】面板→【二次曲线双轨】命令，弹出如图 3.26 所示对话框，【方法】选择挟持器；【路径 1】、【路径 2】分别选择不相邻的两条边界线；【挟持器】选择路径 1、路径 2 中间的边界线，如图 3.27 所示；其余参数默认。

调整【设置】模块中【二次曲线比率】的大小（0.1～1），可以获得不同曲率的曲面，数值越接近 1，曲面越接近两相邻平面的形状，【二次曲线比率】输入 0.5。单击【确定】

按钮，完成二次曲线双轨面的创建，如图 3.28 所示。

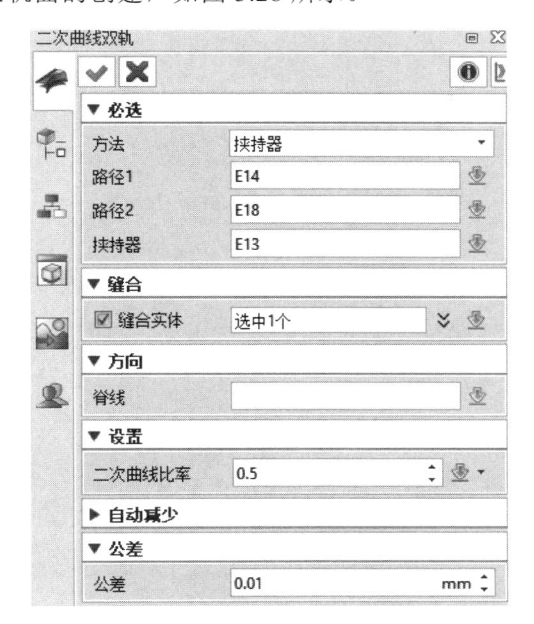

图 3.26

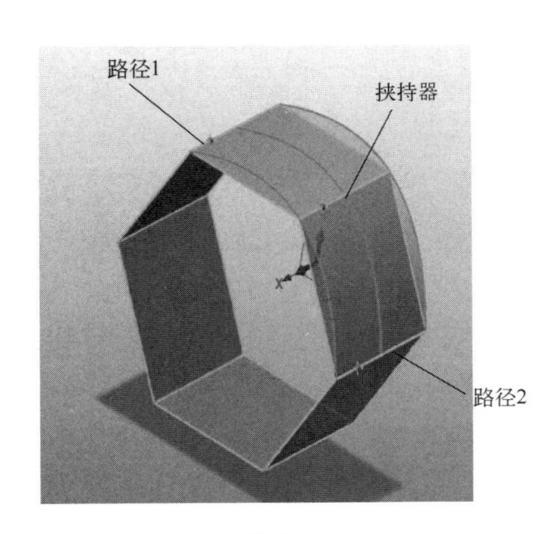

图 3.27

图 3.28

3. 创建成角度的曲面

1）螺旋线的绘制

（1）创建圆柱体

成角度的曲面

单击【造型】选项卡→【基础造型】面板→【圆柱体】命令，弹出如图 3.29 所示对话框，【中心】选择原点（0, 0, 0）；【半径】输入 30mm；【长度】输入 60mm；【布尔运算】选择基体。单击【确定】按钮，完成圆柱体的创建。

（2）绘制螺旋线

单击【线框】选项卡→【曲线】面板→【螺旋线】命令，弹出如图 3.30 所示对话框，

【起点】选择圆柱下边线上任一点；【轴】选择 Z 轴正向（0, 0, 1）；【匝数】输入 0.3；【距离】输入 100mm；其余参数默认。单击【确定】按钮，完成螺旋线的绘制，如图 3.31 所示。

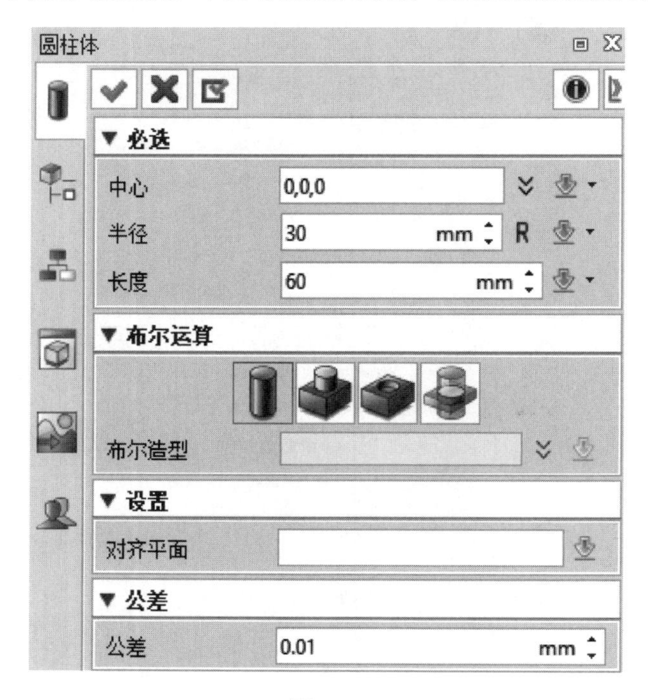

图 3.29

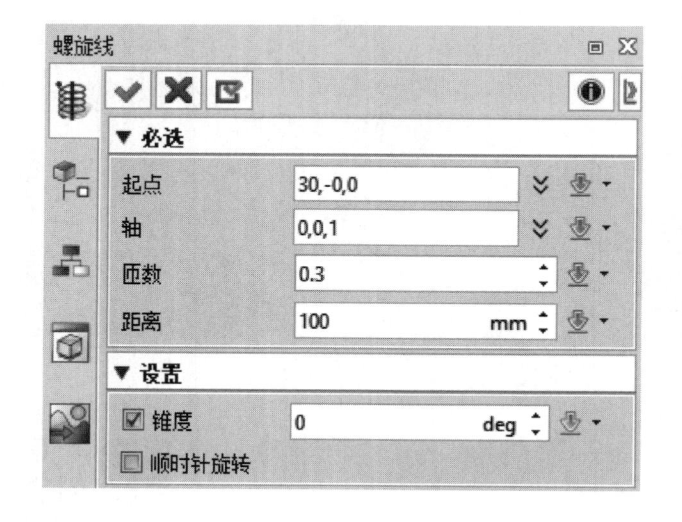

图 3.30

图 3.31

2）创建成角度的曲面

单击【曲面】选项卡→【基础面】面板→【成角度面】命令，弹出如图 3.32 所示对话框，【面】选择外圆柱面；【曲线】选择螺旋线；【类型】选择 1 边；【距离】输入 15mm；【角度】输入 30°。单击【确定】按钮，完成成角度面的创建，如图 3.33 所示。

图 3.32

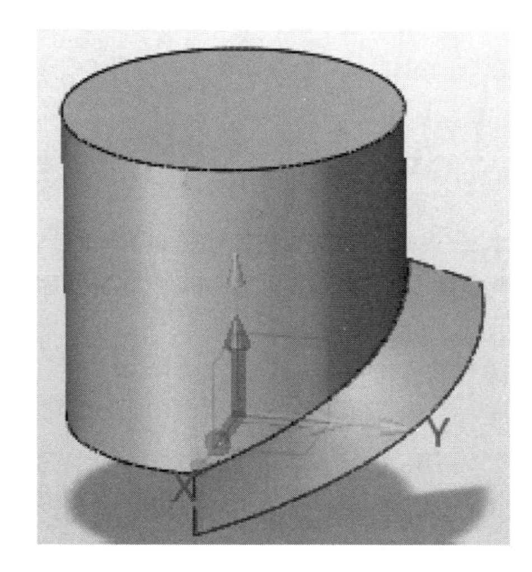

图 3.33

六、练一练

按照图纸要求，创建如图 3.34 所示的雨伞模型。

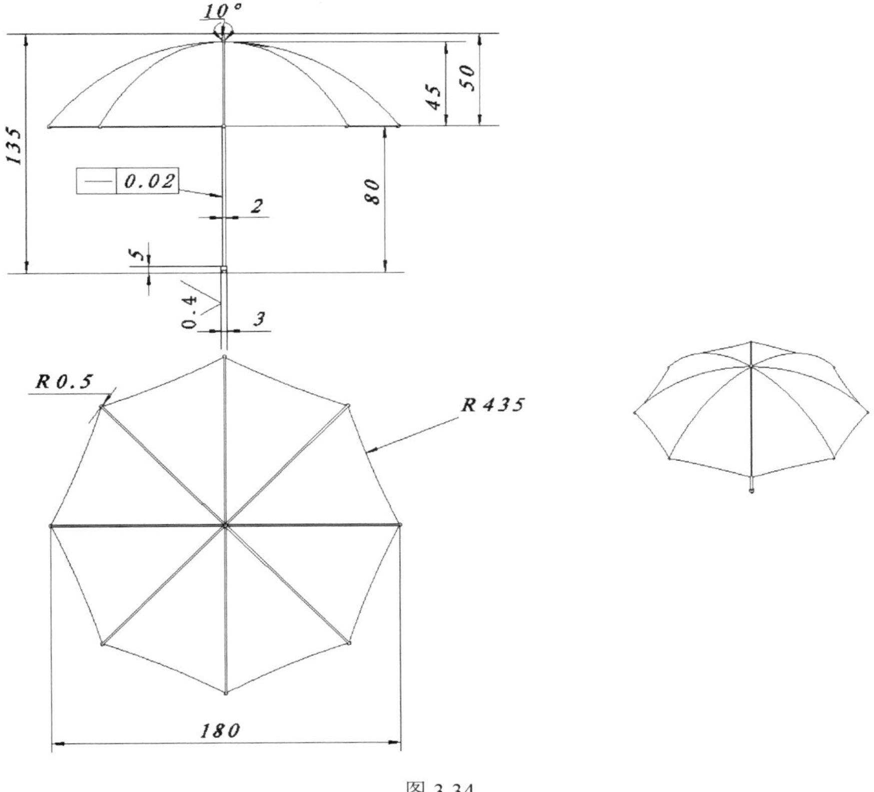

图 3.34

任务 3-2　复杂曲面零件的建模

水龙头

一、任务目标

水龙头是日常生活中常见的零部件，但其结构较为复杂，如图 3.35 所示。本任务以水龙头为例，通过创建辅助曲线、U/V 曲面、FEM 曲面、缝合等方式，完成复杂曲面零件的建模。

该零件的建模思路如下：

① 利用【线框】等命令，绘制空间辅助线条。

② 利用【U/V 曲面】、【FEM 曲面】命令，创建水龙头主要曲面。

③ 利用【缝合】命令，生成实体。

④ 利用【拉伸】等命令，创建细节特征。

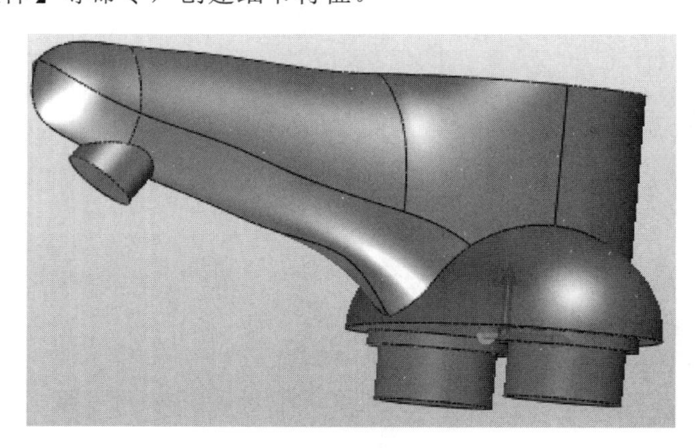

图 3.35

二、相关知识

U/V 曲面设置如图 3.36 所示，在创建时 U 曲线与 V 曲线需围合成一个封闭区域，其中 U 曲线、V 曲线为两条相对曲线段。在选择 U 曲线与 V 曲线时需要注意选择完一条曲线之后单击鼠标中键，并分别选择相切面。【拟合公差】与【间隙公差】设置越小，曲面精度越高，一般按默认数值设置。

三、任务实施

1. 空间轮廓曲线的绘制

1）新建文件

打开中望 3D 软件，新建“零件”类型文件，命名为“水龙头零件”，单击【确认】按钮，进入零件建模界面。

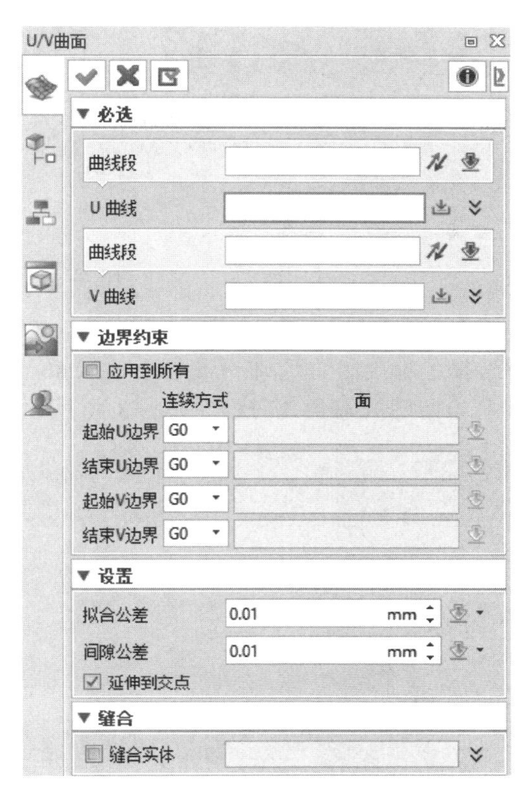

图 3.36

2）绘制圆

单击【线框】选项卡→【绘图】面板→【圆】命令，弹出如图 3.37 所示对话框，选择【半径】方式；【圆心】设置为（0, 0, 0,）；【半径】输入 25mm，将圆放置在 XY 平面。单击【确定】按钮，完成第一个圆的绘制。

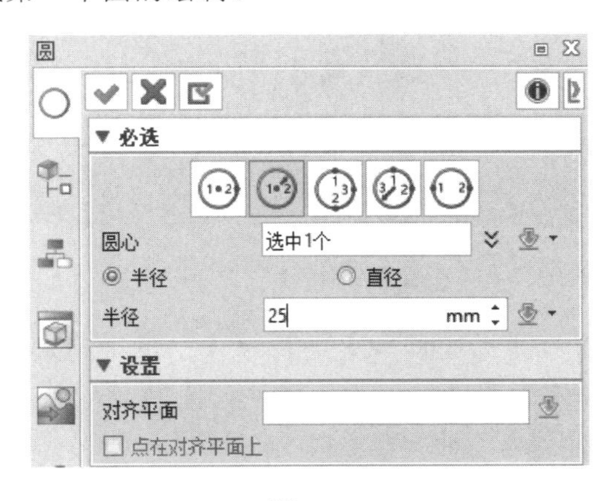

图 3.37

单击【线框】选项卡→【绘图】面板→【圆】命令，选择【半径】方式；【圆心】设置为（-100, 0, 0）；【半径】输入 12.5mm，将圆放置在 XY 平面。单击【确定】按钮，完成第二个圆的绘制，如图 3.38 所示。

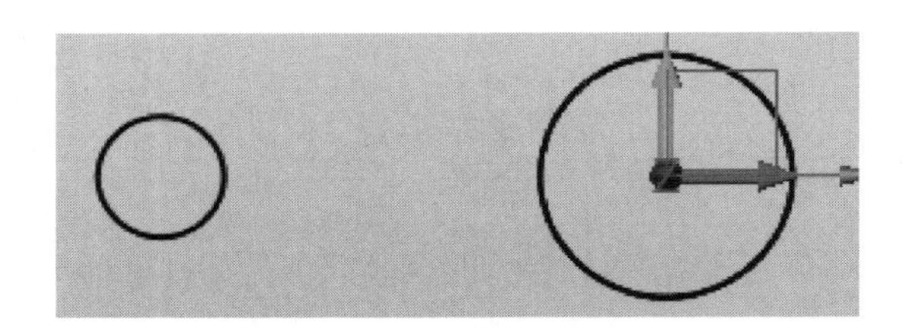

图 3.38

3）绘制两圆的公切线

单击【线框】选项卡→【编辑曲线】面板→【圆角】命令，弹出如图 3.39 所示对话框，【曲线 1】、【曲线 2】分别选择上步绘制的两圆；【半径】输入 400mm；【修剪】类型选择不修剪。重复以上步骤，绘制出两圆的两条公切线，如图 3.40 所示。

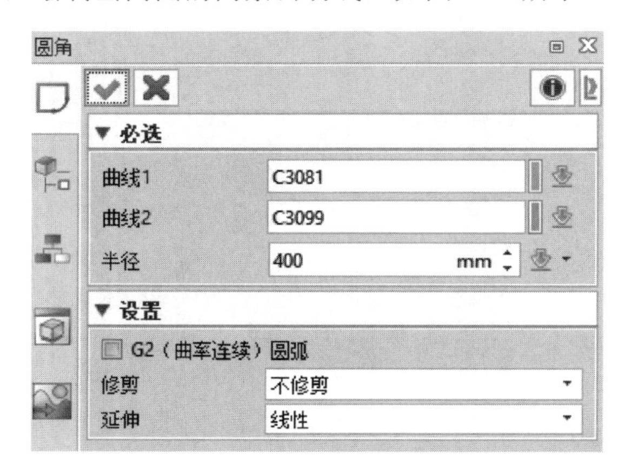

图 3.39

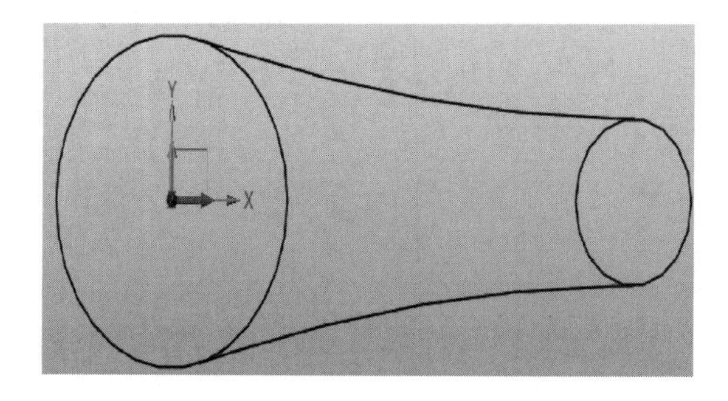

图 3.40

单击【线框】选项卡→【编辑曲线】面板→【单击修剪】命令，弹出如图 3.41 所示对话框，【修剪点】选择小圆部分。单击【确定】按钮，完成修剪曲线，如图 3.42 所示。

4）创建样条曲线

单击【线框】选项卡→【曲线】面板→【通过点绘制曲线】命令，弹出如图 3.43 所示对话框，打开【点】的下拉列表框，分别输入 8 个点的坐标：（−5, 0, 0）、（−10, 0, 10）、（−20, 0, 20）、（−35, 0, 25）、（−55, 0, 30）、（−70, 0, 35）、（−90, 0, 40）、（−110, 0, 50），每输入一个点的坐标单击【应用】按钮或者单击鼠标中键或者按回车键均可。单击【确定】按钮，完成第一条样条曲线的绘制，如图 3.44 所示。

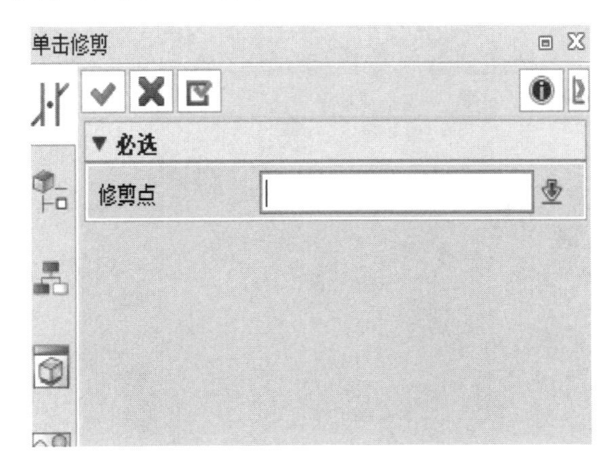

图 3.41

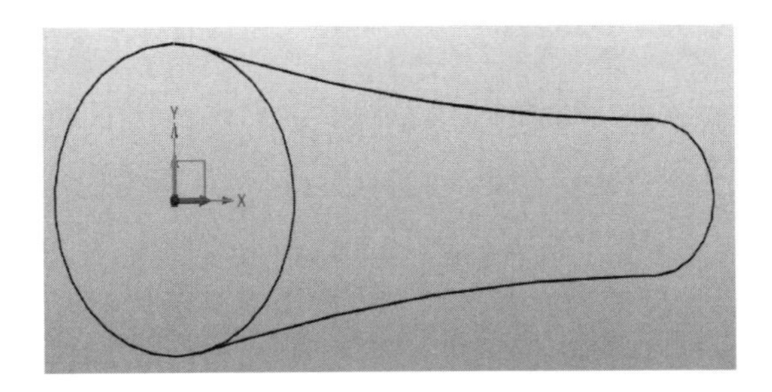

图 3.42

采用同样方法依次输入 7 个点的坐标：(-110, 0, 50)、(-102, 0, 54.7)、(-90, 0, 55)、(-70, 0, 55)、(-45, 0, 54)、(-34, 0, 54.5)、(-25, 0, 55)，每输入一个点的坐标单击【应用】按钮或者单击鼠标中键或者回车键均可。单击【确定】按钮，完成第二条样条曲线的绘制，如图 3.45 所示。

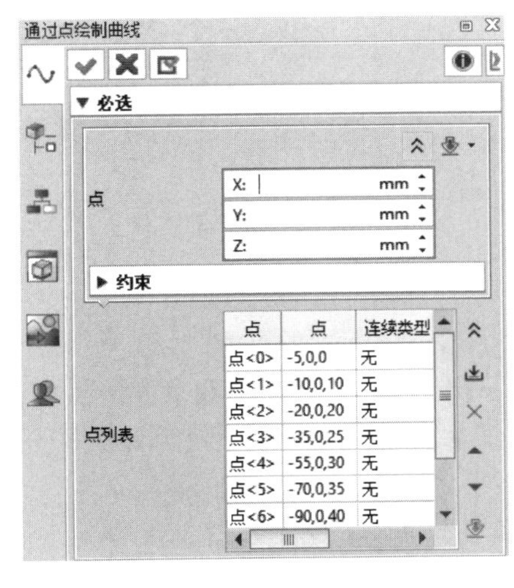

图 3.43

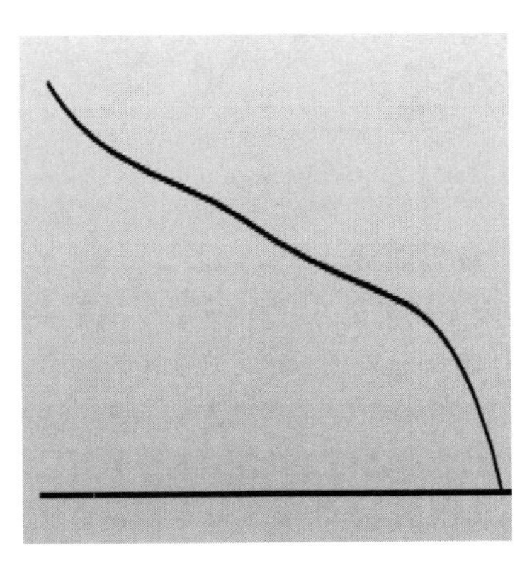

图 3.44

采用同样方法依次输入 9 个点的坐标：(-110, 0, 50)、(-108, 0, 37.5)、(-100, 0, 33)、(-87, 0, 28)、(-70, 0, 23)、(-53, 0, 18)、(-38, 0, 14)、(-30, 0, 6.8)、(-25, 0, 0)，每输入一个点的坐标单击【应用】按钮或者单击鼠标中键或者按回车键均可，单击【确定】按钮，完成第三条样条曲线的绘制，如图 3.46 所示。

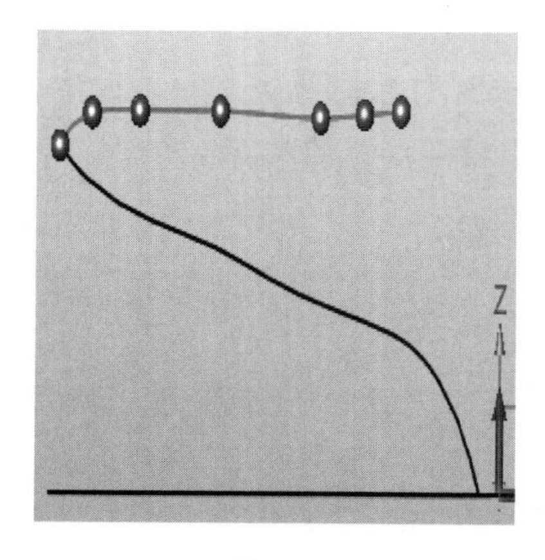

图 3.45

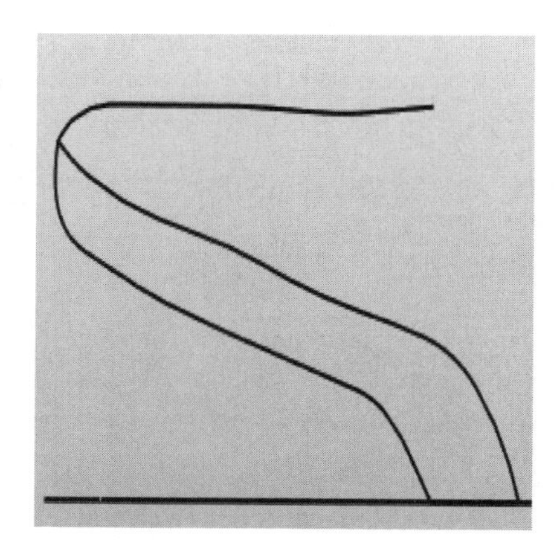

图 3.46

5）曲线拉伸

单击【造型】选项卡→【基本造型】面板→【拉伸】命令，弹出如图 3.47 所示对话框，【轮廓】选择中间曲线；【拉伸类型】选择“对称”；【结束点】输入 42mm；其余参数默认。单击【确定】按钮，完成曲线拉伸，如图 3.48 所示。

图 3.47

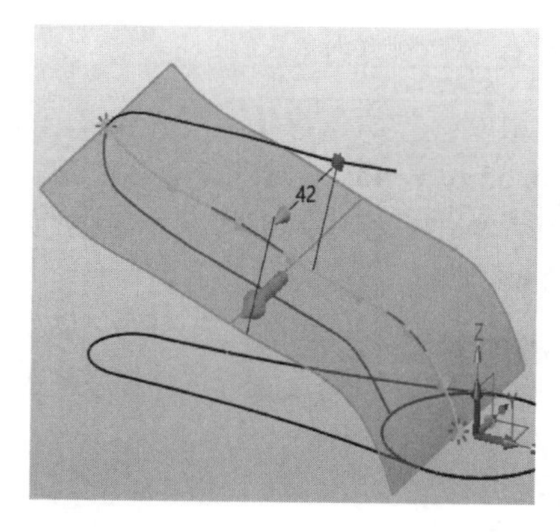

图 3.48

6）投影曲线

单击【线框】选项卡→【曲线】面板→【投影到面】命令，弹出如图 3.49 所示对话框，【曲线】选择三段圆弧；【面】选择上步拉伸的曲面；【投影方向】选择两点；【点 1】选择 R12.5 圆弧的中点；【点 2】选择样条曲线的交点；其余参数默认。单击【确定】按钮，完成投影曲线的绘制，如图 3.50 所示。

单击【线框】选项卡→【编辑曲线】面板→【修改】命令，弹出如图 3.51 所示对话框，选择要延伸的圆弧，鼠标拖动圆弧延伸至与圆相交。单击【确定】按钮，再重复以上操作延伸另一条圆弧与圆相交，如图 3.52 所示。

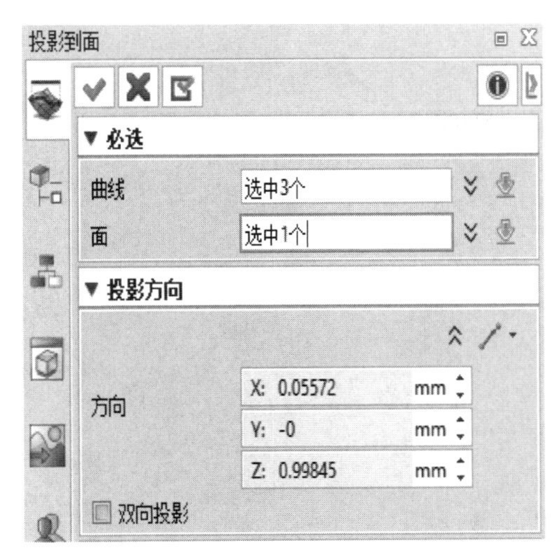

图 3.49

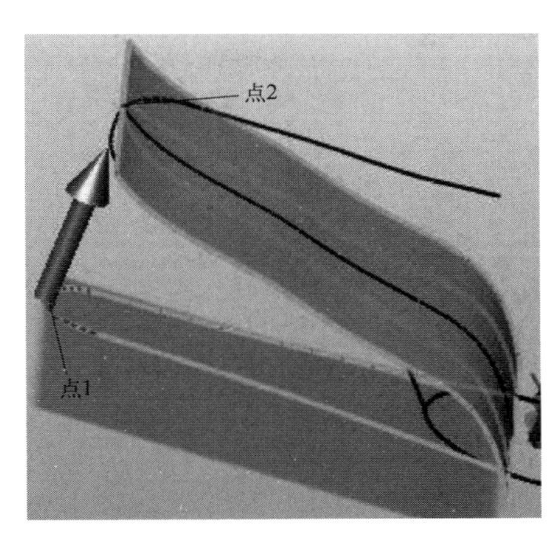

图 3.50

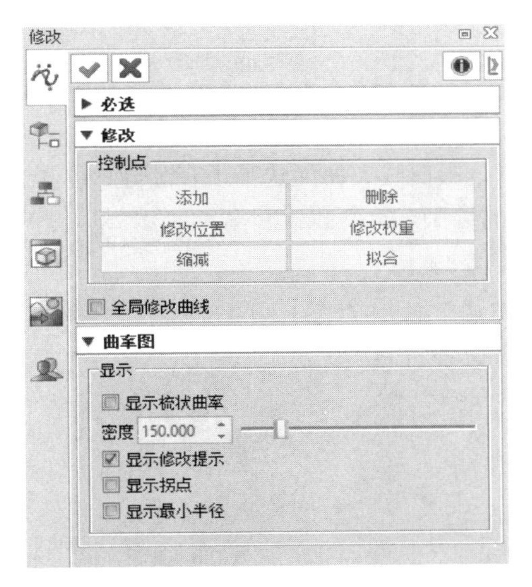

图 3.51

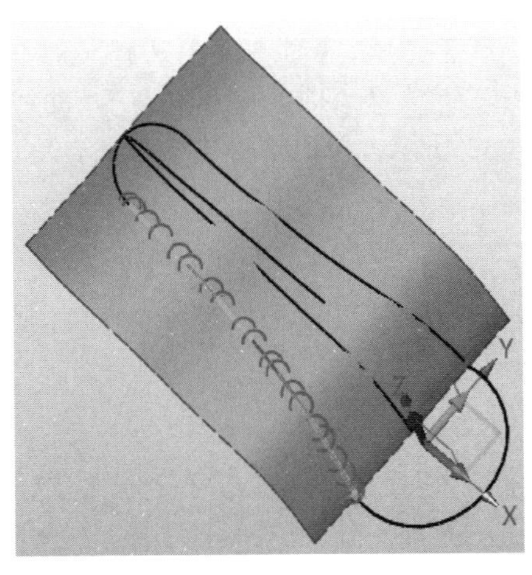

图 3.52

技能提示

延伸圆弧时务必要保证曲线延伸至圆，否则后续曲面无法形成。在进行延伸时可隐藏曲面，方便观测。

2. 辅助曲线绘制

1）建立基准面

单击【线框】选项卡→【基准面】面板→【基准面】命令，弹出如图 3.53 所示对话框，选择【平面】方式；【几何体】选择样条曲线 2 上靠近大圆形的第二个控制点；其余参数默认。单击【确定】按钮，完成基准面的创建，如图 3.54 所示。

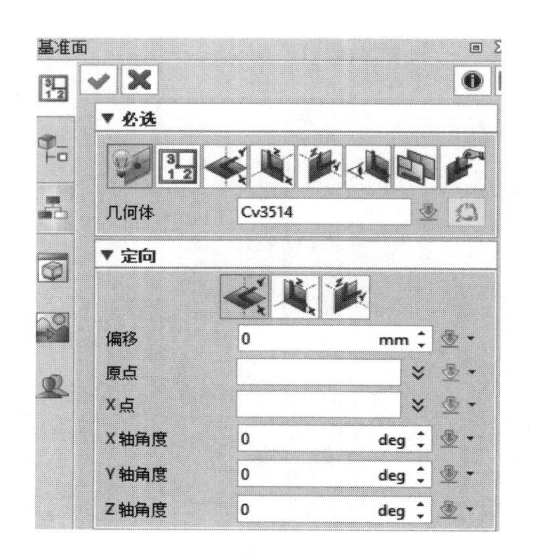

图 3.53

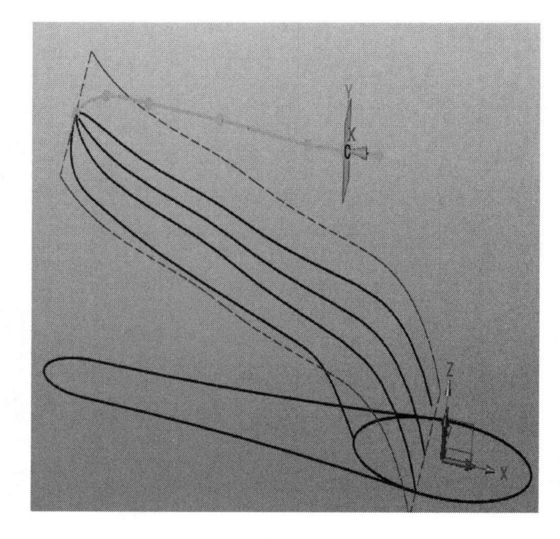

图 3.54

2）直线绘制

单击【线框】选项卡→【绘图】面板→【直线】命令，弹出【直线】对话框，选择【沿方向画线】方式；【参考线】选择 Z 轴负方向（0, 0, −1）；选择【点 1】时，在绘图空白区域单击右键选择“曲线曲面交点”，曲线选择左侧投影曲线，曲面选择上步新建的基准面，如图 3.55 所示；单击【确定】按钮，完成辅助线的绘制。重复以上步骤绘制出另一侧的辅助线。

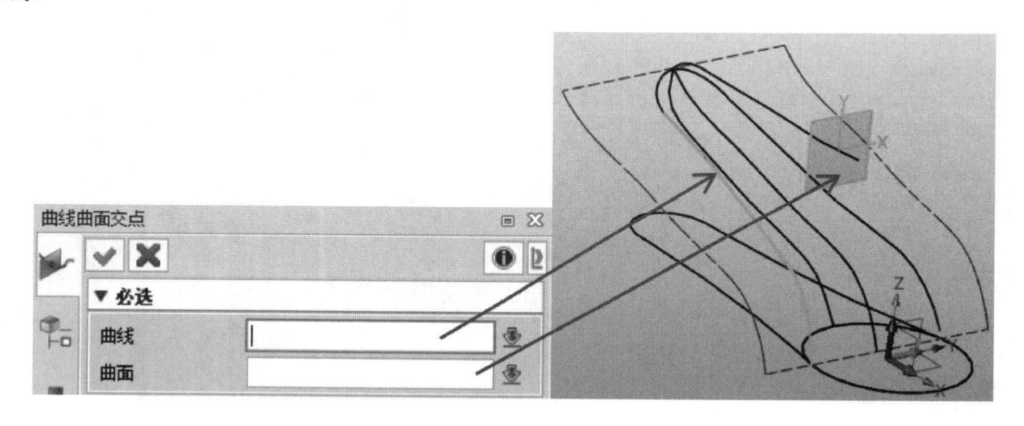

图 3.55

用同样的方法，绘制第 3 条直线，注意【点 1】为最上一条曲线的相交点（即坐标系零点），如图 3.56 所示；【参考线】平行于 Y 轴正向，【点 2】输入 20mm。

3）样条曲线绘制

单击【线框】选项卡→【曲线】面板→【通过点绘制曲线】命令，弹出【通过点绘制曲线】对话框，依次选择上步绘制的直线 1、直线 2、直线 3 的起始点，在选择时可以右键单击【相交】，然后选择两条直线的交点。单击【确定】按钮，完成样条曲线 1 的绘制。

同样的方法，绘制第 2 条样条曲线，如图 3.57 所示。

同样的方法，绘制第 3 条样条曲线，注意【点 1】、【点 2】和【点 3】的选择，如图 3.58 所示。

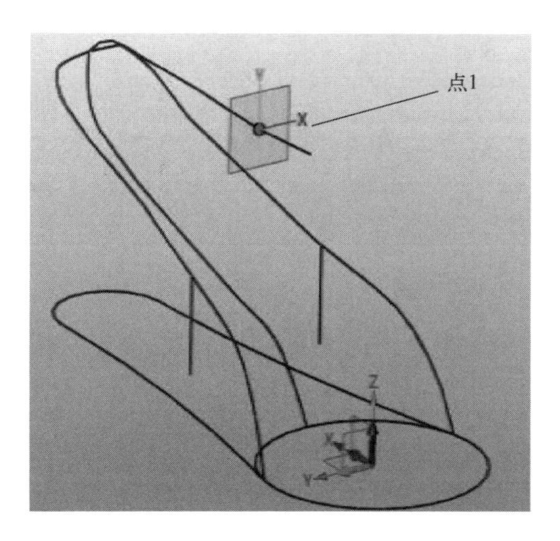

图 3.56

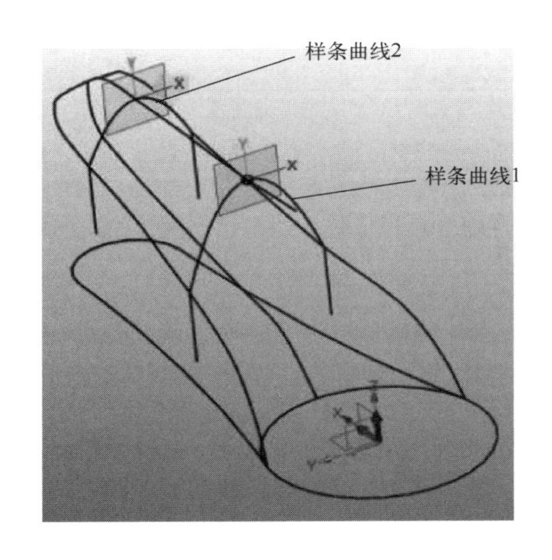

图 3.57

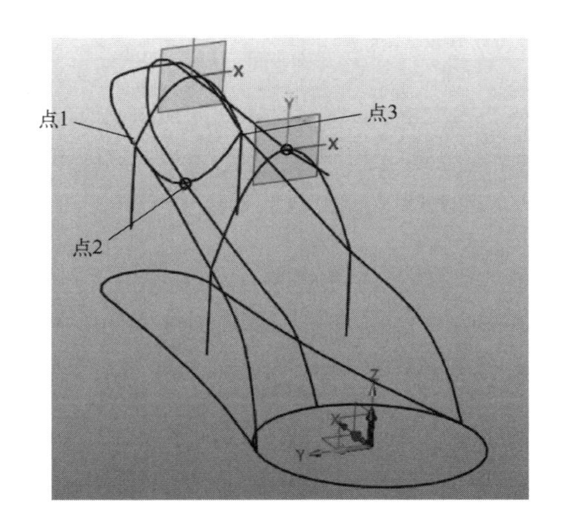

图 3.58

4）修改曲线

单击【线框】选项卡→【编辑曲线】面板→【修改】命令，弹出【修改】对话框，【曲线】选择如图 3.59 所示的曲线 2；【点】选择曲线 2 的左端点；【切线方向】选择沿 Z 轴，使曲线 2 与垂直方向相切。

继续使用【修改】命令，【曲线】选择曲线 2 的右端点，【切线方向】选择沿 Z 轴，使曲线 2 与垂直方向相切，如图 3.60 所示。

用同样的方法对曲线 1 进行修改，使其在左右端点处与竖直方向相切，顶点处与水平方向相切，如图 3.61 所示。

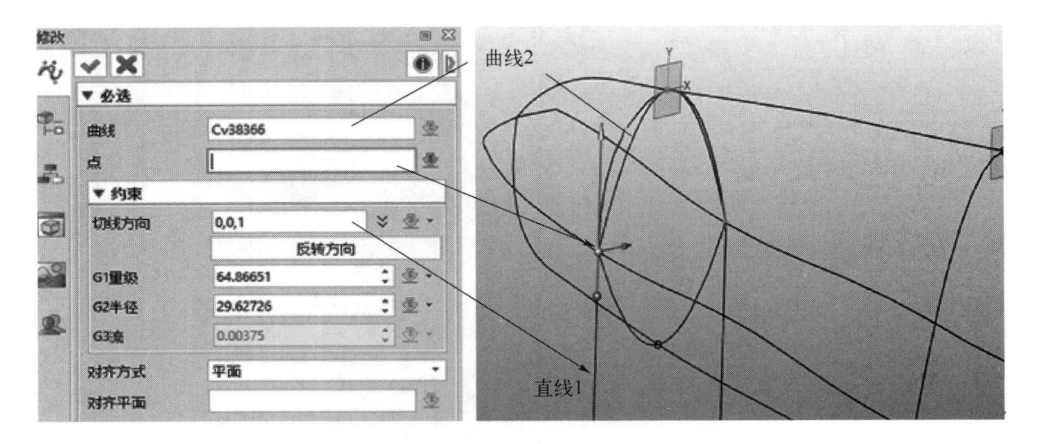

图 3.59

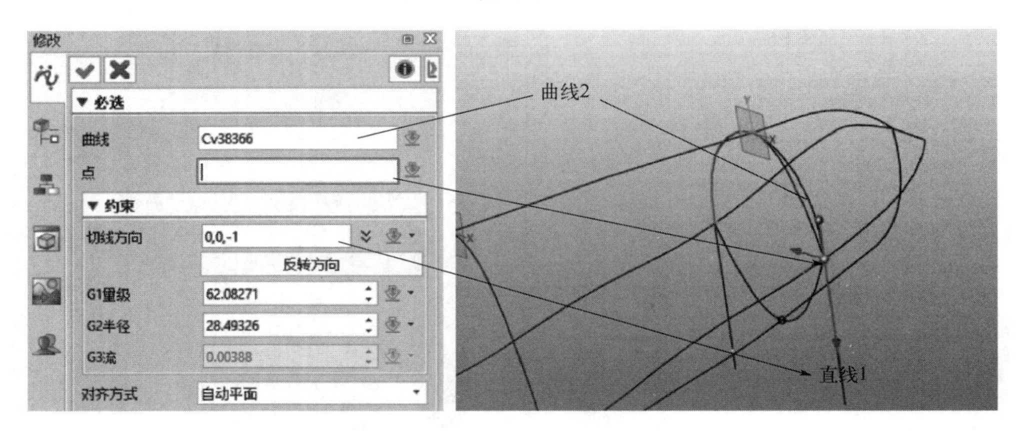

图 3.60

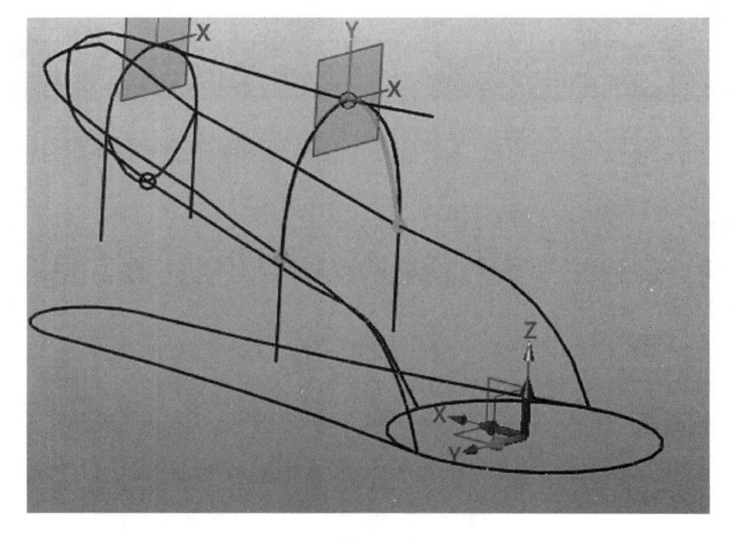

图 3.61

5）复制圆

单击【线框】选项卡→【基础编辑】面板→【复制】命令，弹出如图 3.62 所示对话框，选择【点到点复制】方式；【实体】选择圆；选择【起始点】与【目标点】，如图 3.63 所示。

图 3.62

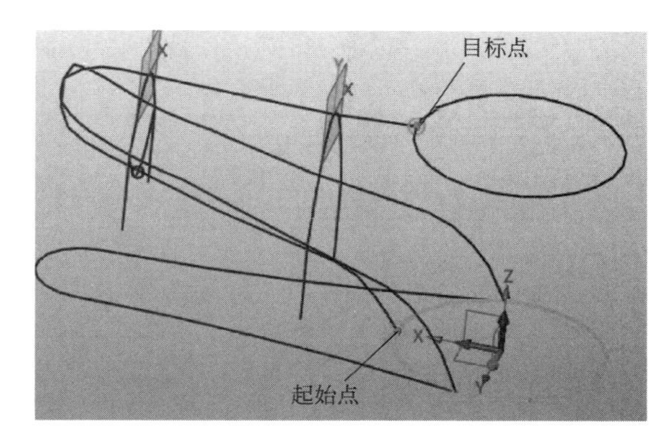

图 3.63

6）直线绘制

单击【线框】选项卡→【绘图】面板→【直线】命令，弹出如图 3.64 所示对话框，选择【两点画线】方式，单击右键选择曲线象限点，分别绘制两条直线，如图 3.65 所示。

图 3.64

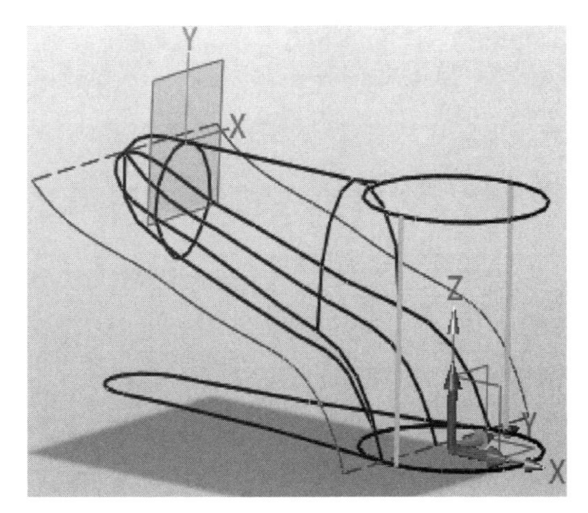

图 3.65

7）分割曲线

单击【线框】选项卡→【编辑曲线】面板→【通过点修剪/打断曲线】命令，对图中所有的相交线进行分割，如图 3.66 所示。

3. 创建网格曲面

1）曲线拉伸

单击【造型】选项卡→【基础造型】面板→【拉伸】命令，选择如图 3.67 所示 3 段直线，按相应的坐标方向进行拉伸，设置拉伸长度为 10mm。若新建的曲面正反不一致，则反转曲面。

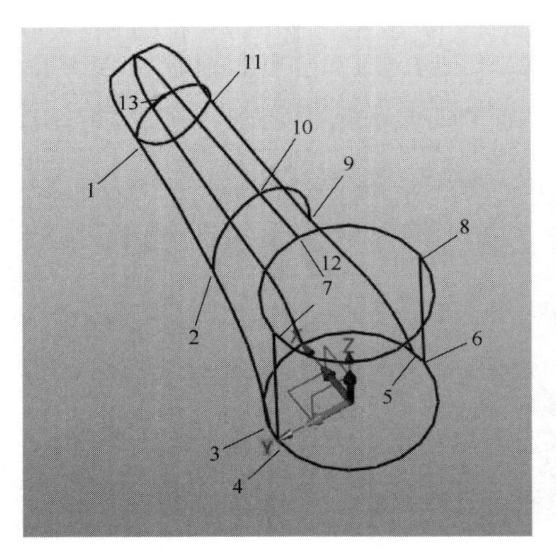

图 3.66

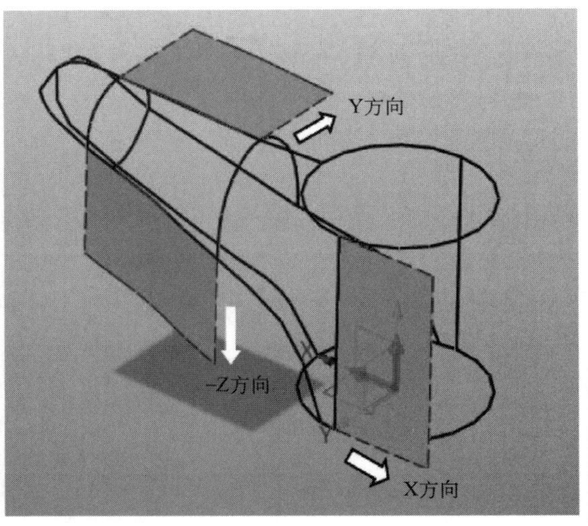

图 3.67

2）创建 UV 曲面

单击【曲面】选项卡→【基础面】面板→【U/V 曲面】命令，【U 曲线】、【V 曲线】按照如图 3.68 所示选择；需要注意选择完一条曲线之后，单击鼠标中键；【起始 U 边界】、【结束 U 边界】都选择 G1，并分别选择相切面。

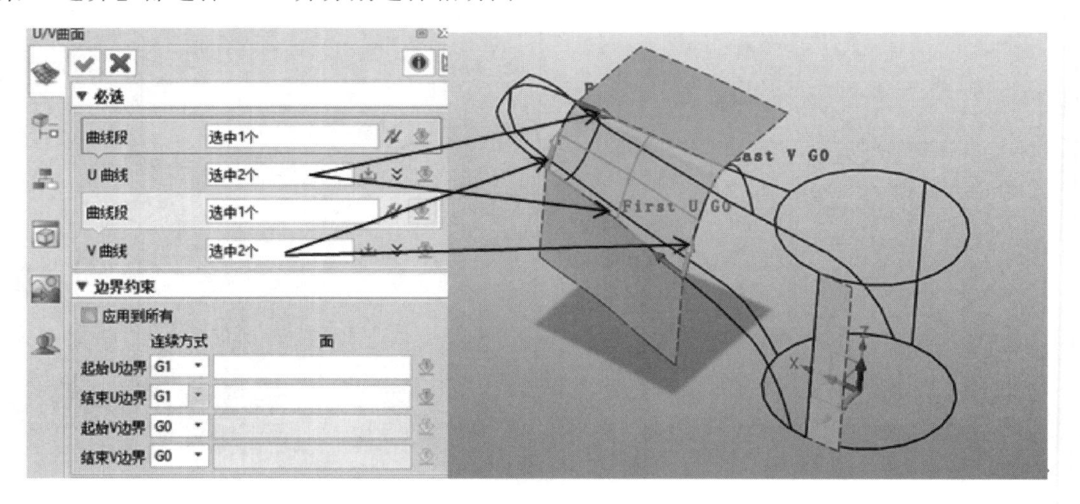

图 3.68

技能提示

曲线段每次选择曲线之后务必单击中键确定，否则指令报错。

3）创建 FEM 面

单击【曲面】选项卡→【基础面】面板→【FEM 面】命令，弹出如图 3.69 所示对话框，【边界】选择 6 条曲线，完成 FEM 面的创建，如图 3.70 所示。用同样的方法创建另一半曲面，如图 3.71 所示。

图 3.69

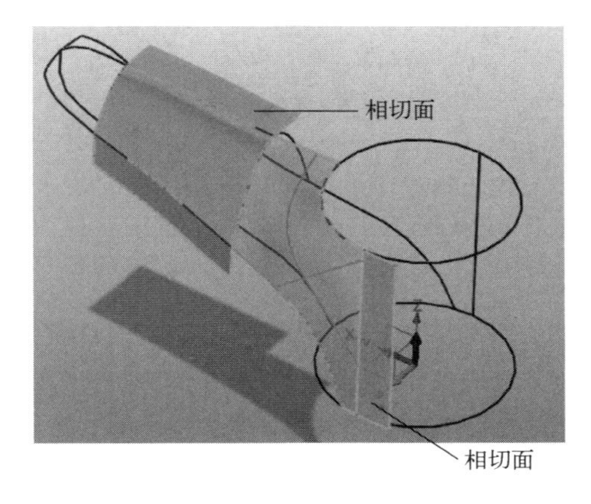

图 3.70

4）创建 U/V 曲面

单击【曲面】选项卡→【基础面】面板→【U/V 曲面】命令，弹出如图 3.72 所示对话框，【U 曲线】、【V 曲线】按照如图 3.73 所示选择；【起始 U 边界】的连续方式改为 G1。最终结果如图 3.74 所示。

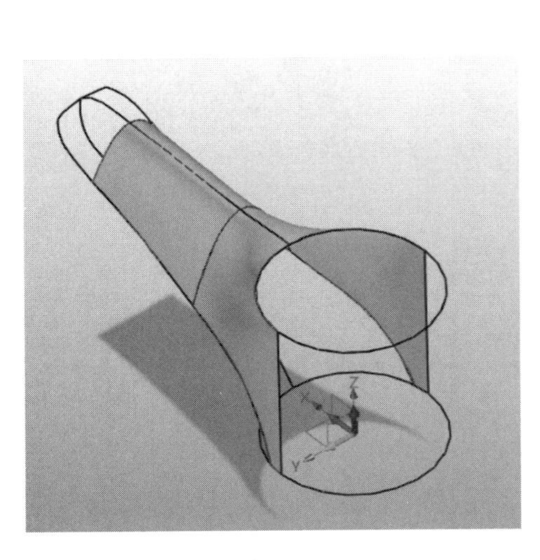

图 3.71

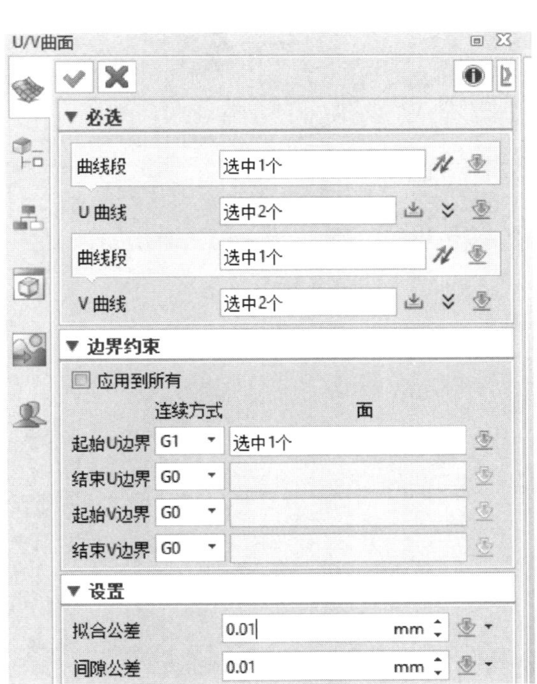

图 3.72

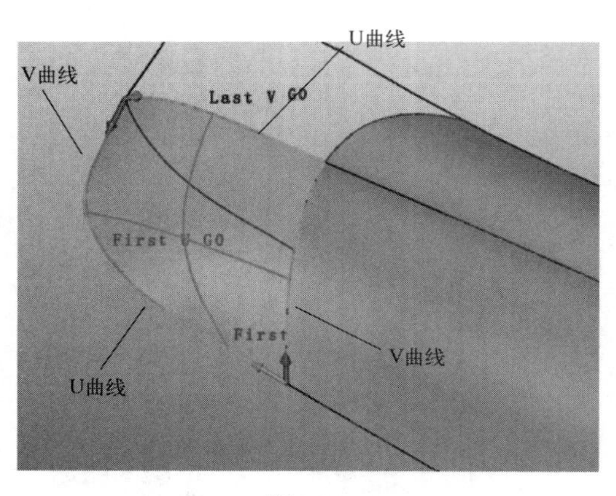

图 3.73

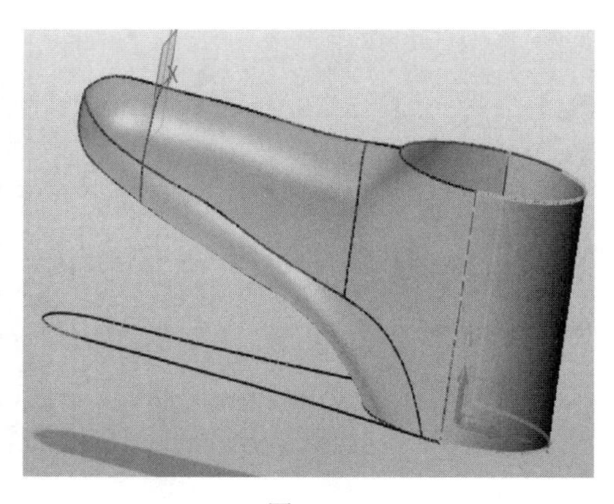

图 3.74

5）设置边界

单击【曲面】选项卡→【基础面】面板→【N 边形曲面】命令，弹出【边界】对话框，【边界】选中上端的圆形边界，再重复上述步骤创建出下端的圆形边界。如图 3.75 所示。

6）缝合面片

单击【修复】选项卡→【面】面板→【缝合】命令，弹出如图 3.76 所示对话框，【造型】选中所有的面片；【公差】输入 0.02mm，该值可以根据模型之间的间隙进行调节。单击【确定】按钮，完成缝合面片的创建，如图 3.77 所示。

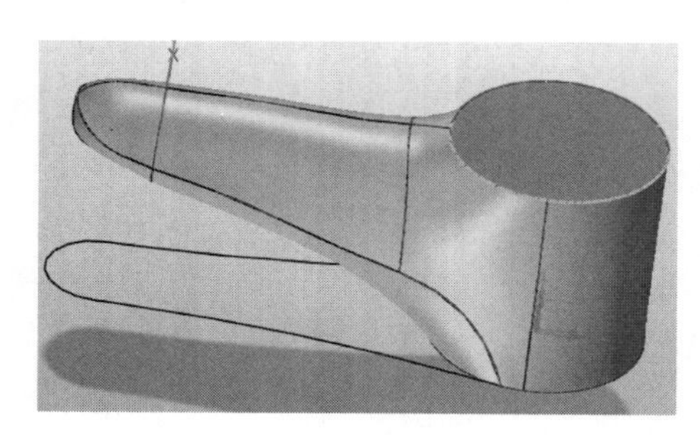

图 3.75

图 3.76

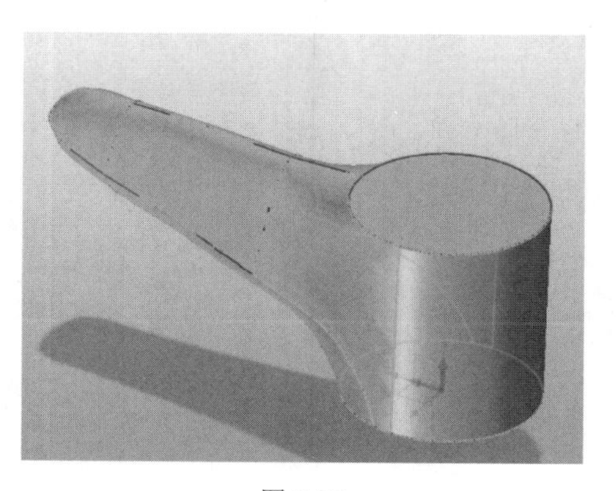

图 3.77

7）实体确认

单击【查询】选项卡→【检查建模】面板→【剖面视图】命令，弹出【剖面视图】对话框，选中 XZ 平面，即可以观察到零件是否为实体状态，如图 3.78 所示。

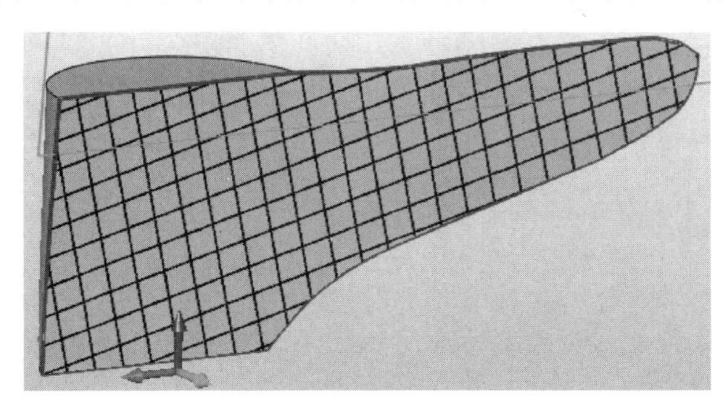

图 3.78

技能提示

缝合面片时，可以根据绘制面片的精度适当调整公差的大小，以缝合成实体。

4. 创建回转体

1）草图绘制

（1）圆形绘制

单击【线框】选项卡→【绘图】面板→【圆】命令，弹出如图 3.79 所示对话框，选择【半径】方式，分别以坐标（0, 40, 0）与（0, -40, 0）为圆心创建两个半径为 20mm 的圆，如图 3.80 所示。

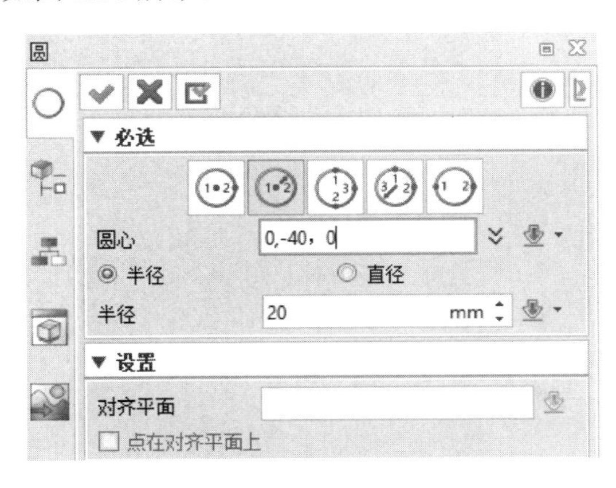

图 3.79

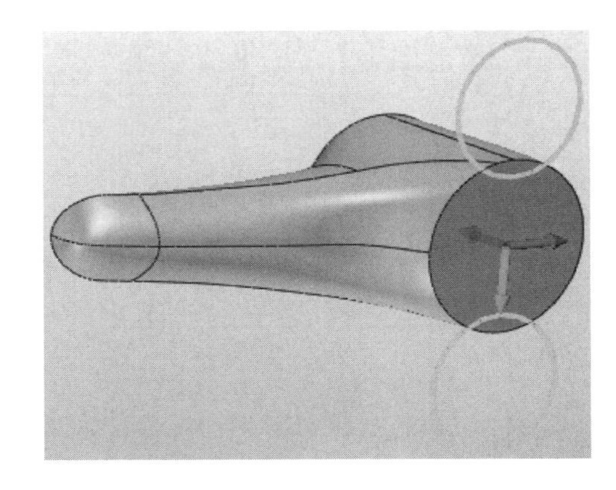

图 3.80

（2）公切圆弧绘制

单击【线框】选项卡→【绘图】面板→【圆角】命令，弹出如图 3.81 所示对话框，【曲线 1】、【曲线 2】分别选择两个圆形；【半径】输入 150mm。单击【确定】按钮，完成公切圆弧的绘制，如图 3.82 所示。

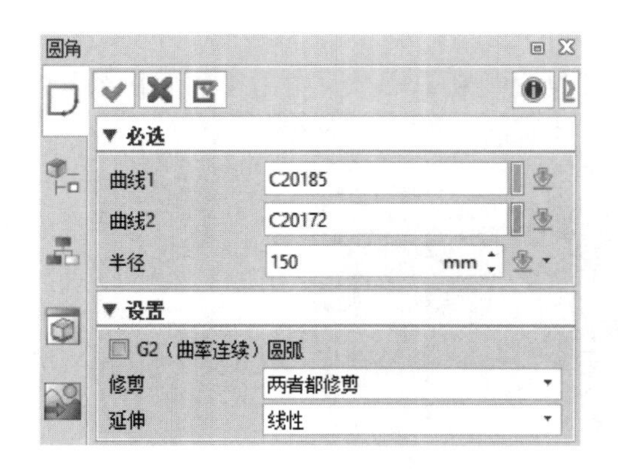

图 3.81

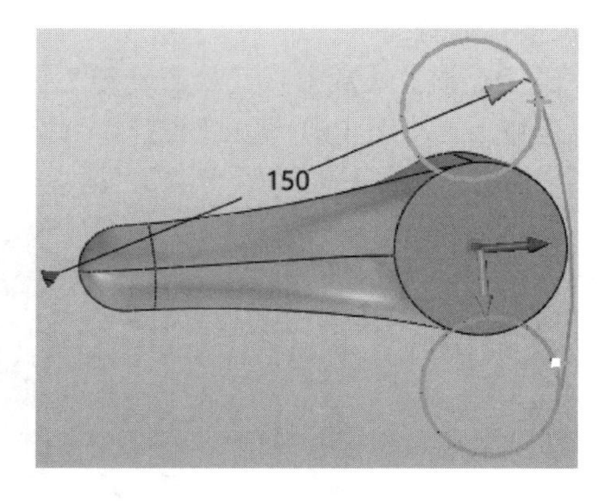

图 3.82

（3）圆弧修剪

单击【线框】选项卡→【编辑曲线】面板→【通过点修剪/打断曲线】命令，弹出【通过点修剪/打断曲线】对话框，【曲线】选择圆弧，【点】选择曲线曲面相交点。依次插入两个交点，如图 3.83 所示；再删除多余的线段，最终结果如图 3.84 所示。

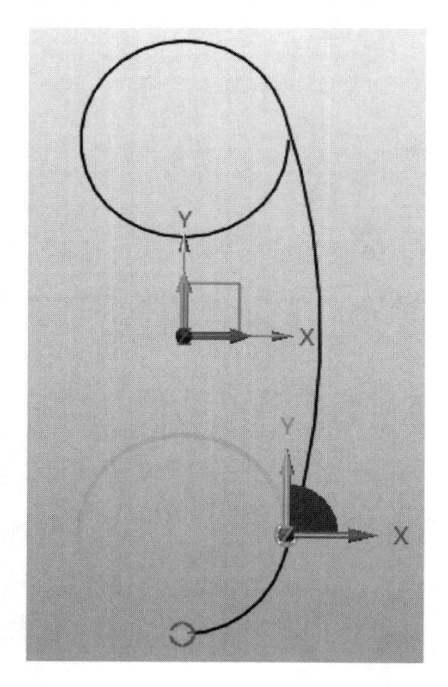

图 3.83

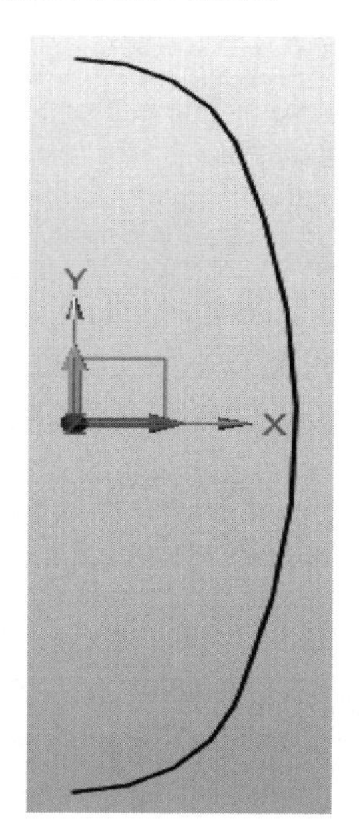

图 3.84

（4）圆弧连接

单击【线框】选项卡→【编辑曲线】面板→【连接】命令，弹出【连接】对话框，【曲线】选择三段圆弧。单击【确定】按钮，将三段圆弧连接为一段曲线。

2）创建旋转特征

单击【造型】选项卡→【基础造型】面板→【旋转】命令，弹出如图 3.85 所示对话框，【轮廓】选择上步操作连接完成的圆弧；【轴】选择 Y 轴（0, 1, 0）；【结束角度】输入 360°。单击【确定】按钮，完成旋转特征的创建，如图 3.86 所示。

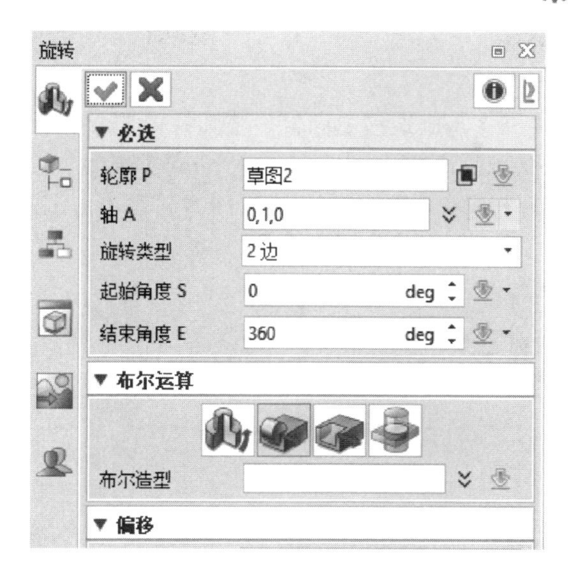

图 3.85

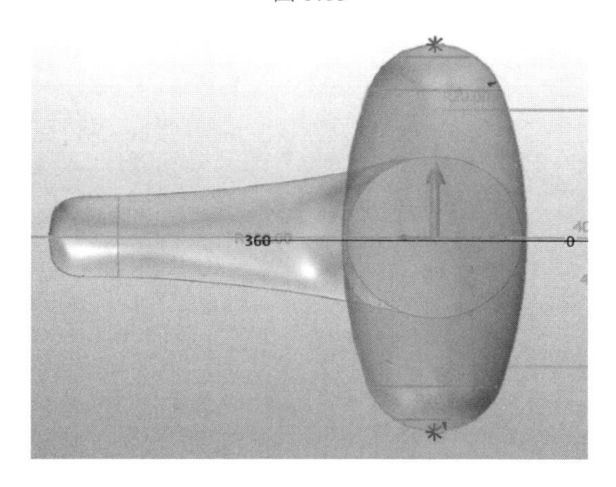

图 3.86

3）实体修剪

单击【造型】选项卡→【编辑模型】面板→【修剪】命令，弹出【修剪】对话框，【基体】选择实体；【修剪面】选择 XY 平面。单击【确定】按钮，完成实体修剪，如图 3.87 所示。

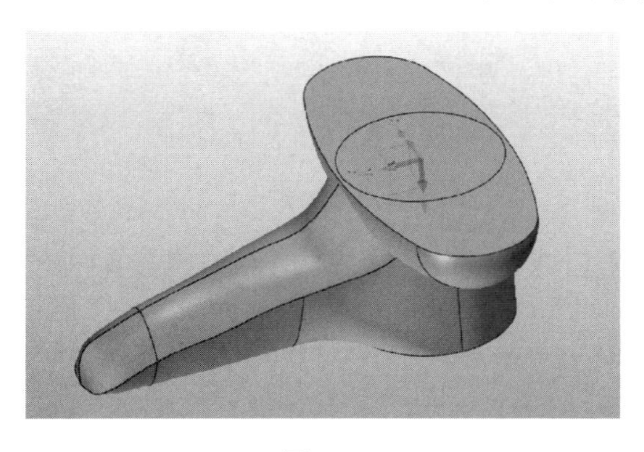

图 3.87

5. 创建进出水口

1）圆柱体创建

单击【造型】选项卡→【基础造型】面板→【圆柱体】命令，弹出如图 3.88 所示对话框，【中心】输入坐标（0, 40, 0）；【半径】输入 15mm；【长度】输入-3mm；【布尔运算】选择加运算。单击【确定】按钮，完成一个圆柱体的创建。再重复上述操作，【中心】输入（0, -40, 0），完成第二个圆柱体的创建，如图 3.89 所示。

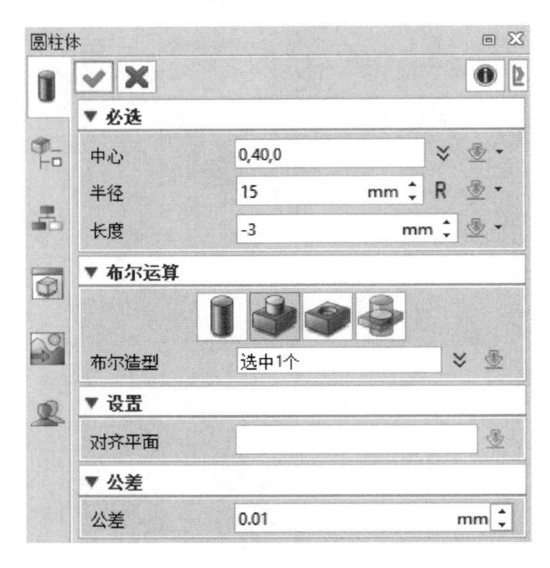

图 3.88

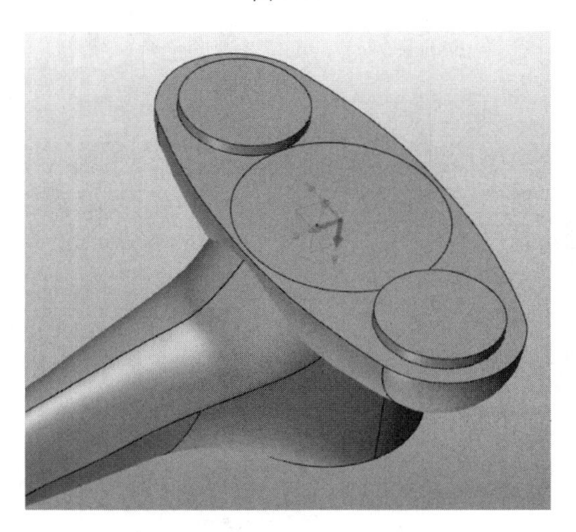

图 3.89

按照上述步骤创建半径为 12.5mm、高度为 12mm 的圆柱，结果如图 3.90 所示。

2）基准面创建

单击【造型】选项卡→【基准面】面板→【基准面】命令，弹出如图 3.91 所示对话框，选择【平面】方式；【几何体】选择“E58”；【X 轴角度】输入 75°；【Y 轴角度】输入 0°；【Z 轴角度】输入 0°。单击【确定】按钮，创建一个绕 X 轴旋转 75° 的基准面，如图 3.92 所示。

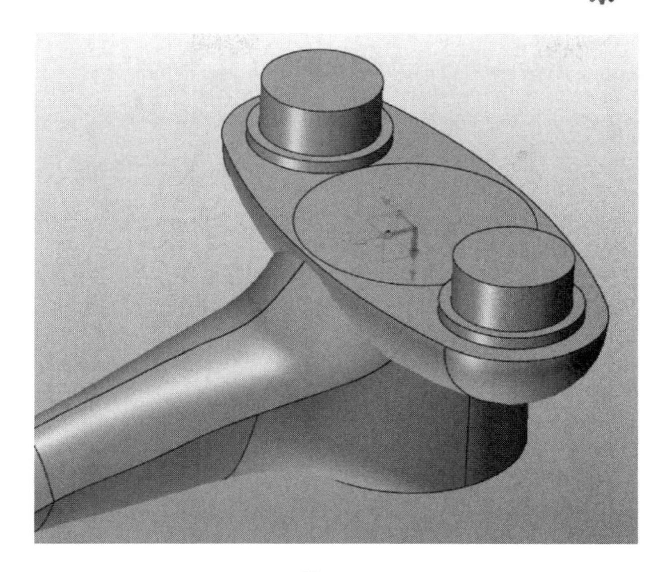

图 3.90

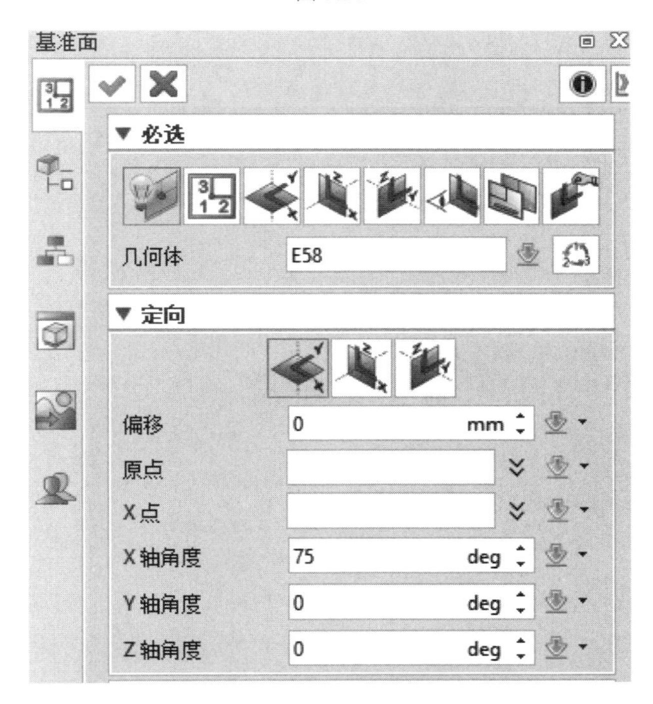

图 3.91

3）圆柱体创建

单击【造型】选项卡→【基础造型】面板→【圆柱体】命令，弹出如图 3.93 所示对话框，创建一个直径为 16mm，长度为 5mm 的圆柱。重复上述操作，输入另一个长度为 5mm 的圆柱，如图 3.94 所示模型。

6.模型渲染

单击【视觉样式】选项卡→【纹理】面板→【金属】命令，弹出【金属】对话框，完成模型渲染，如图 3.95 所示。

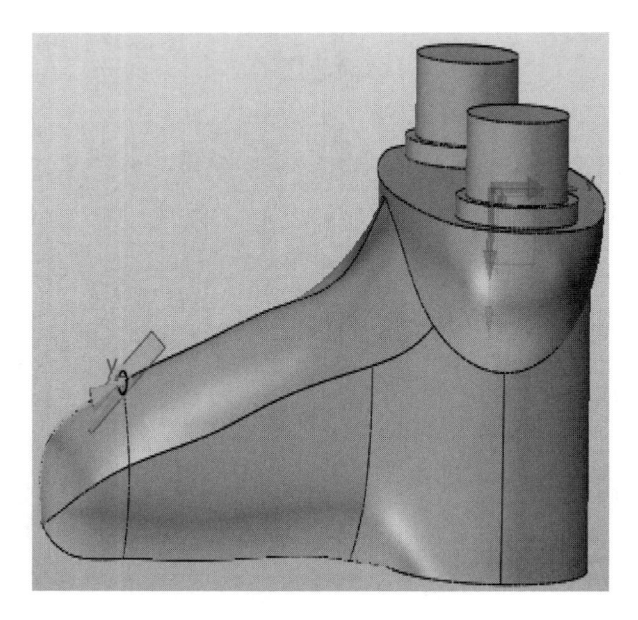

图 3.92

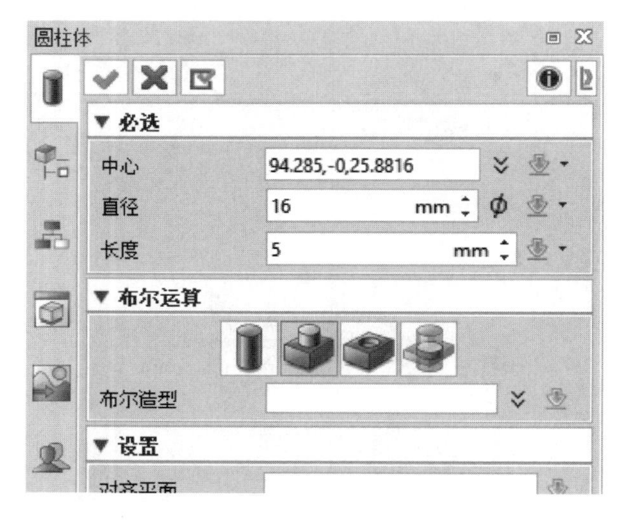

图 3.93

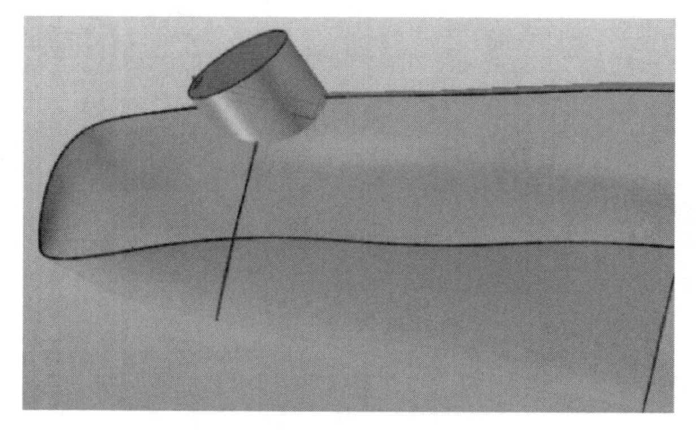

图 3.94

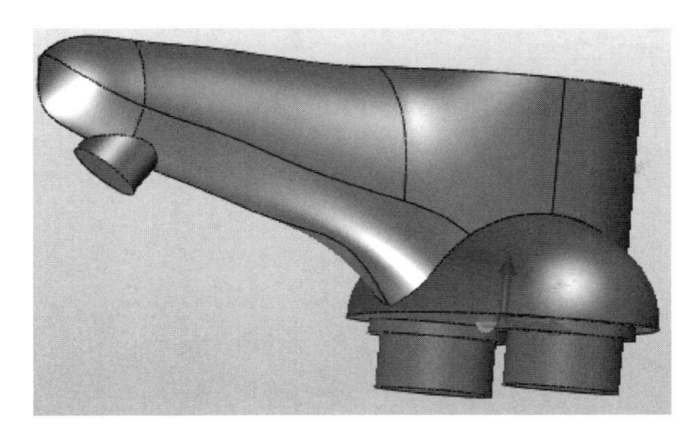

图 3.95

四、任务评价

水龙头曲面建模的评价见表 3.2。

表 3.2

评价内容	评价标准	分值	学生自评	教师评价
绘制主要轮廓曲线	1.轮廓曲线几何关系的准确性 2.曲线尺寸的正确性	20		
绘制辅助轮廓曲线	1.基准面创建 2.曲线几何关系的准确性	10		
创建龙头曲面	1.曲线拉伸 2. U/V 曲面创建 3.FEM 曲面创建 4.缝合曲面	30		
创建底座曲面	1.草图的绘制 2.旋转特征	20		
创建其他曲面	1.圆柱体创建 2.模型渲染	10		
学习积极性	1.曲面绘制的积极性 2.图形绘制的正确性	10		
学习体会：				

五、知识拓展

延伸曲面

1. 延伸曲面

单击【曲面】选项卡→【编辑面】面板→【延伸面】命令，弹出如图 3.96 所示对话框，【面】选择要延伸的面；【边】选择想要延伸的边；【距离】输入 10mm。单击【确定】按钮，完成延展曲面的创建，如图 3.97 所示。

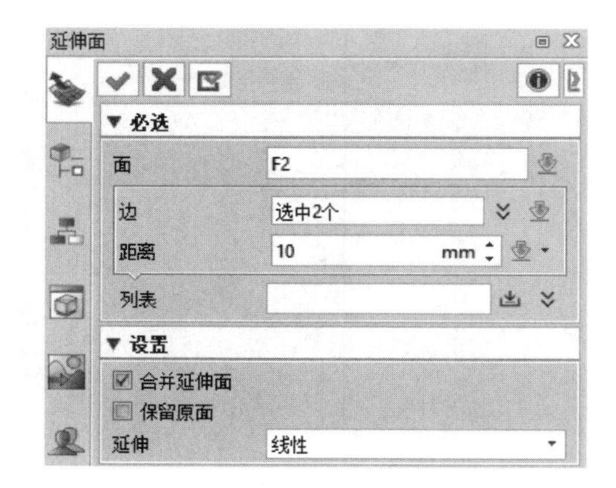

图 3.96

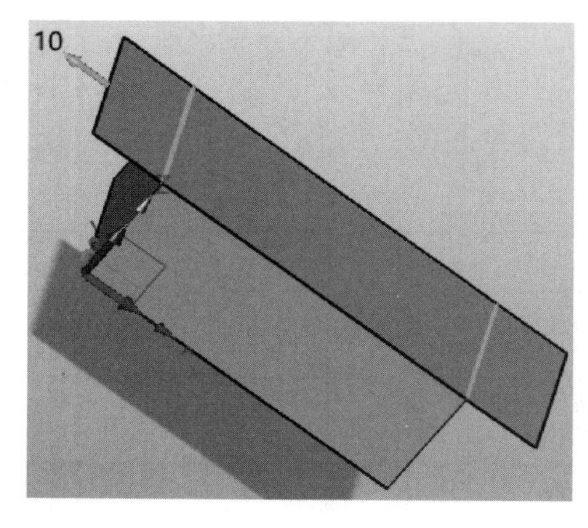

图 3.97

2. 修剪平面

修剪平面

首先创建与 XY 平面平行的基准面，并在此基准面上绘制正六边形。单击【曲面】选项卡→【基础面】面板→【修剪平面】命令，弹出如图 3.98 所示对话框，【曲线】选择正六边形；【平面】选择 XY 平面，即可投影到 XY 平面正六边形的二维平面，如图 3.99 所示。

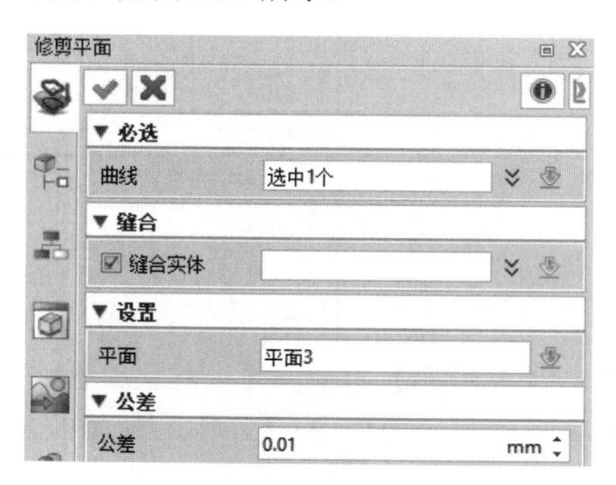

图 3.98

图 3.99

圆角开放面

3. 圆角开放面

单击【曲面】选项卡→【编辑面】面板→【圆角开放面】命令，可以完成圆角开放面的创建，如图 3.100 所示。

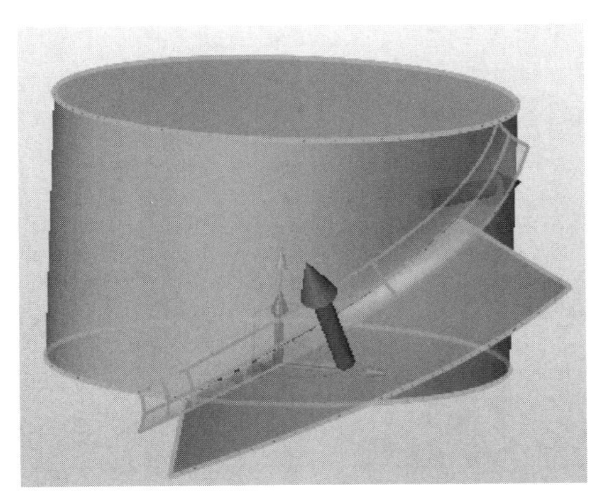

图 3.100

桥接面

4. 桥接面

单击【曲面】选项卡→【编辑面】面板→【桥接面】命令，将两条边线进行连接，生成桥接面，如图 3.101 所示。

偏移面

5. 偏移面

单击【曲面】选项卡→【编辑面】面板→【偏移】命令，弹出如图 3.102 所示对话框，【面】选择要偏移的面；【偏移】输入-20mm，也可以设定进行不等距偏移。单击【确定】按钮，完成偏移面创建，如图 3.103 所示。

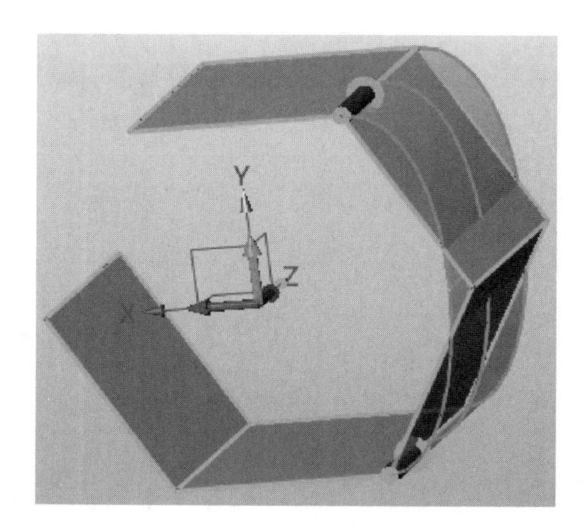

图 3.101

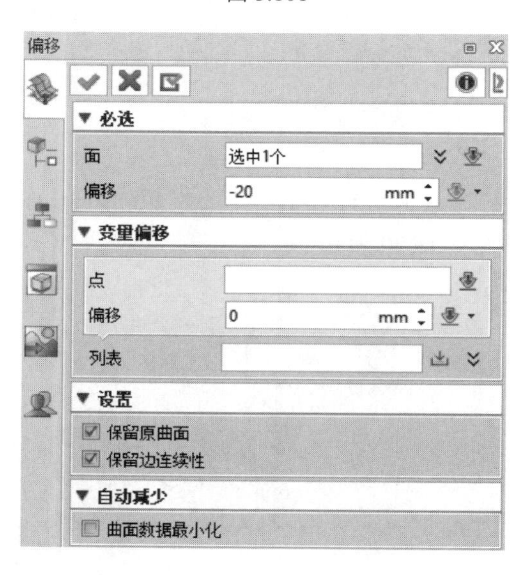

图 3.102

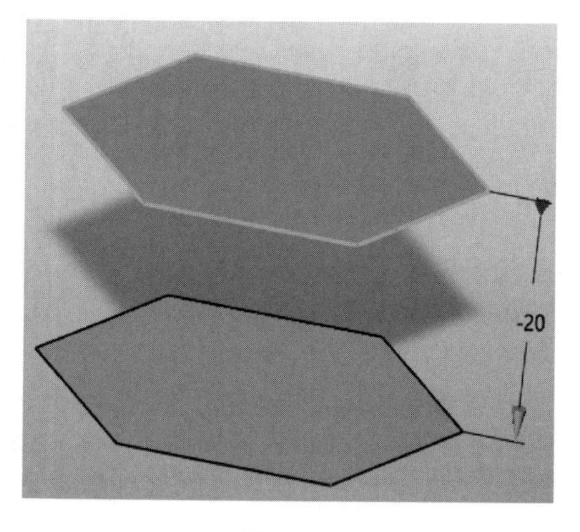

图 3.103

六、练一练

按照图纸要求，创建如图 3.104 所示的不锈钢勺子模型，并进行渲染。

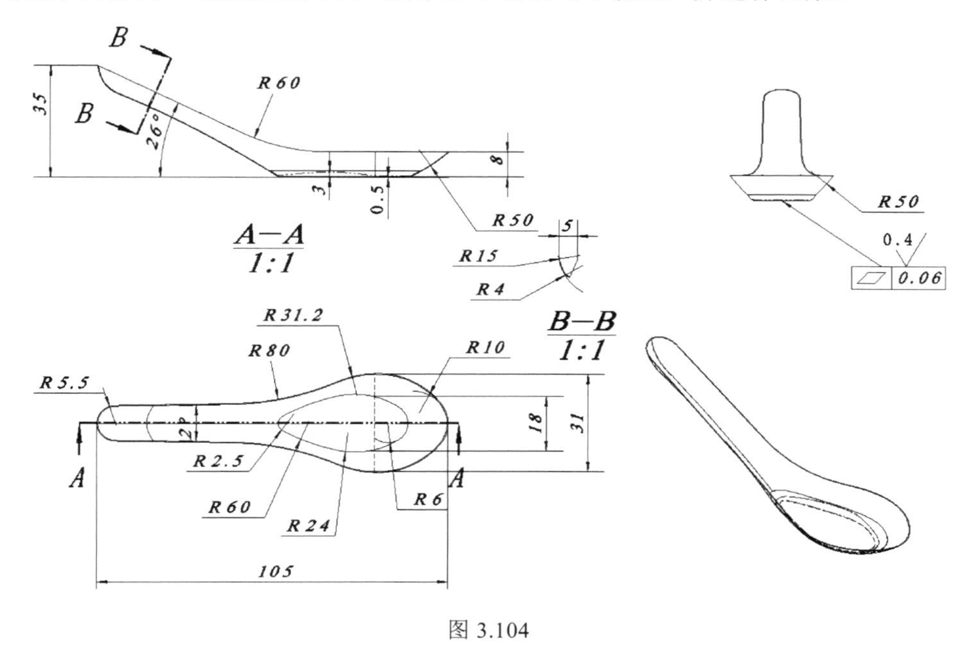

图 3.104

机械装配

教学目标

思政材料 4

1. 掌握机械装配的常用命令。
2. 掌握机械装配约束的概念。
3. 熟悉干涉分析的方法。
4. 了解爆炸视图的创建方法
5. 了解动画制作的方法。

能力要求

1. 学会机械装配常用命令。
2. 能够正确分析装配体的装配关系。
3. 能够正确装配机械零部件。
4. 能够检查装配体的约束状态和干涉情况。
5. 学会制作爆炸视图和动画。

问题导入

在机械设计中，装配体由许多零部件装配而成，如图 4.1 所示。装配建模是一种计算机辅助设计的技术和方法，它可以将零部件装配成装配体，并且可以通过虚拟模型分析装配体的结构、运动和设计。

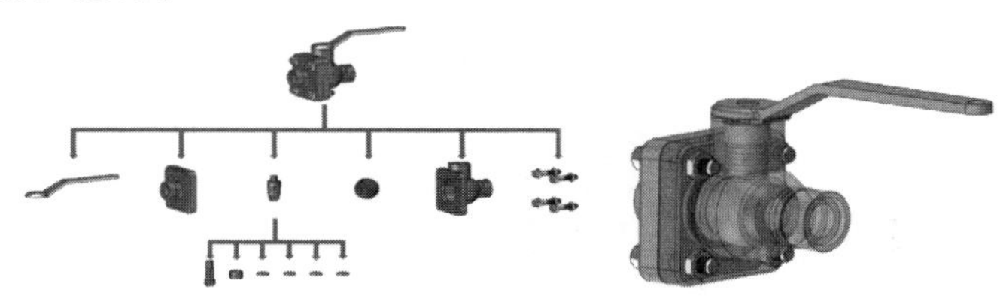

图 4.1

任务 4-1　认识装配流程

组合体装配

一、任务目标

图 4.2 所示装配体由三部分组成，分别为底板、耳板和筋板。通过对该装配体的装配，学会装配零件的调用、装配约束、装配干涉情况检查。

该装配体的装配思路如下：

① 利用【插入多组件】命令，依次插入底板、耳板和筋板等零件。

② 利用【固定】、【约束】命令，完成零件的固定和重合约束。

③ 利用【约束状态】、【干涉检查】命令，检查装配体约束状态和干涉情况。

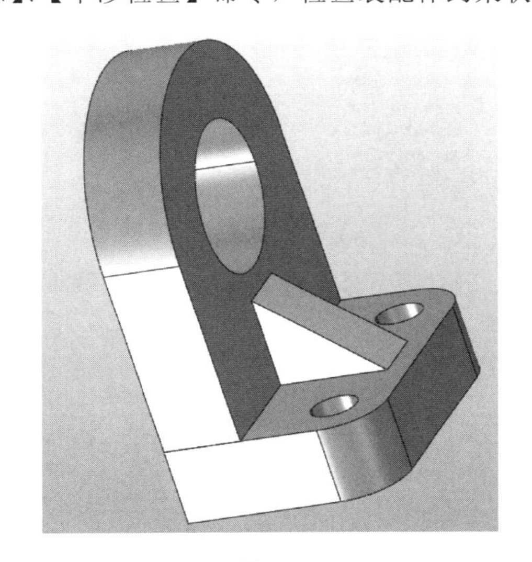

图 4.2

二、相关知识

1. 装配零件的调用

1）插入零件

单击【装配】选项卡→【组件】面板→【插入】命令，弹出如图 4.3 所示对话框，选择要插入的零件，如图 4.4 所示。单击【确定】按钮，完成零件的插入。为了更加方便地在【文件/零件】中选择需要插入的零件，可以单击【预览】选择图像，然后选择插入的位置，通过输入插入点坐标或者在图形区域选择插入点来定义插入的位置。

2）插入多零件

通过【插入多组件】命令可以一次性插入所有需要的零件，与插入命令一样，选择预览图片，找到需要插入的组件，然后选择插入的位置。单击【装配】选项卡→【组件】面板→【插入多个组件】命令，弹出图 4.5 所示对话框，选择底板、耳板和筋板等三个零件。

单击【确定】按钮，完成多个零件的插入，如图 4.6 所示。

图 4.3

图 4.4

图 4.5

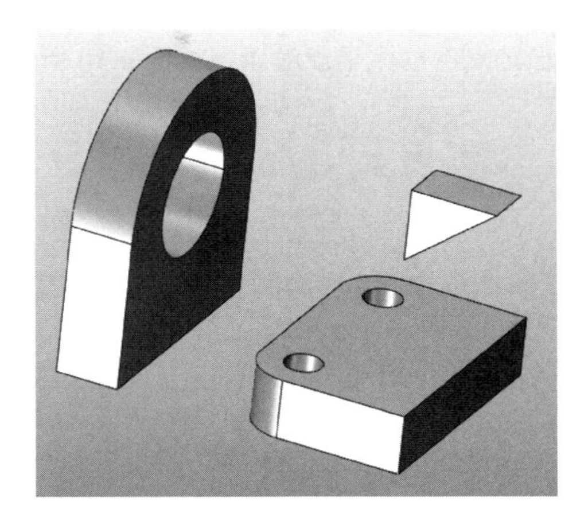

图 4.6

3）移动和旋转零件

单击【装配】选项卡→【基础编辑】面板→【拖拽】命令，弹出如图 4.7 所示对话框，可以对插入的零件进行移动。选择要移动的零件，移动到所需的位置。单击【确定】按钮，完成零件的移动。

单击【装配】选项卡→【基础编辑】面板→【旋转】命令，弹出如图 4.8 所示对话框，可以对插入的零件进行旋转。选择要旋转的组件，旋转到所需的位置。单击【确定】按钮，完成零件的旋转。

图 4.7

图 4.8

2. 装配约束

1）定义约束

在装配环境中，通过【约束】、【机械约束】、【固定】等命令来定义约束，固定零件间的相对位置。

2）编辑约束

单击【装配】选项卡→【约束】面板→【编辑约束】命令，弹出如图 4.9 所示对话框，对已定义的约束重新编辑，如图 4.10 所示。

图 4.9

图 4.10

3. 检查约束状态

通过【管理器】检查各零件是否处于完全约束状态，如图 4.11 所示。在每一个零件名称的左边有一个符号表示零件的约束状态，这些符号分别是“(F)”“(-)”“(+)”。“(F)”：零件处于固定状态；“(-)”：零件处于不完全约束状态，需要给其添加合适的约束；“(+)”：零件处于过约束状态，存在相冲突的多余的约束。没有符号表示该零件处于完全约束的状态。

单击【装配】选项卡→【查询】面板→【约束状态】命令来查询当前零件的约束状态，不同约束状态由不同的颜色表示，如图 4.12 所示。

图 4.11

图 4.12

4. 检查装配干涉情况

1）检查零件的移动状态

通过【拖拽】和【旋转】命令来拖动和旋转零件，检查零件的移动状态。如果只简单地检查零件的移动轨迹，可以直接用鼠标左键在图形区域中选中该零件，对其进行拖拽和旋转。

2）干涉检查

单击【装配】选项卡→【查询】面板→【干涉检查】命令，检查装配体的干涉情况。检查域有两种方式，分别是“仅检查被选组件”和“包括未选组件”，其中“仅检查被选零件”是仅仅检查被选中零件的干涉情况，“包括未选组件”是检查选中零件与未选中零件之间的干涉情况。

三、任务实施

1. 新建文件

打开中望3D软件，新建“装配”类型文件，命名为“装配”，单击【确定】按钮，进入装配体制作界面。

2. 零件装配

1）插入零件

单击【装配】选项卡→【组件】面板→【插入多组件】命令，选择底板、耳板和筋板三个零件。单击【确定】按钮，完成多个零件的插入。

2）固定约束

单击【装配】选项卡→【约束】面板→【固定】命令，选择底板。单击【确定】按钮，完成底板的固定约束。

3）定义底板和耳板的约束

单击【装配】选项卡→【约束】面板→【约束】命令，按照图4.13所示步骤，完成②③两个平面的重合约束。

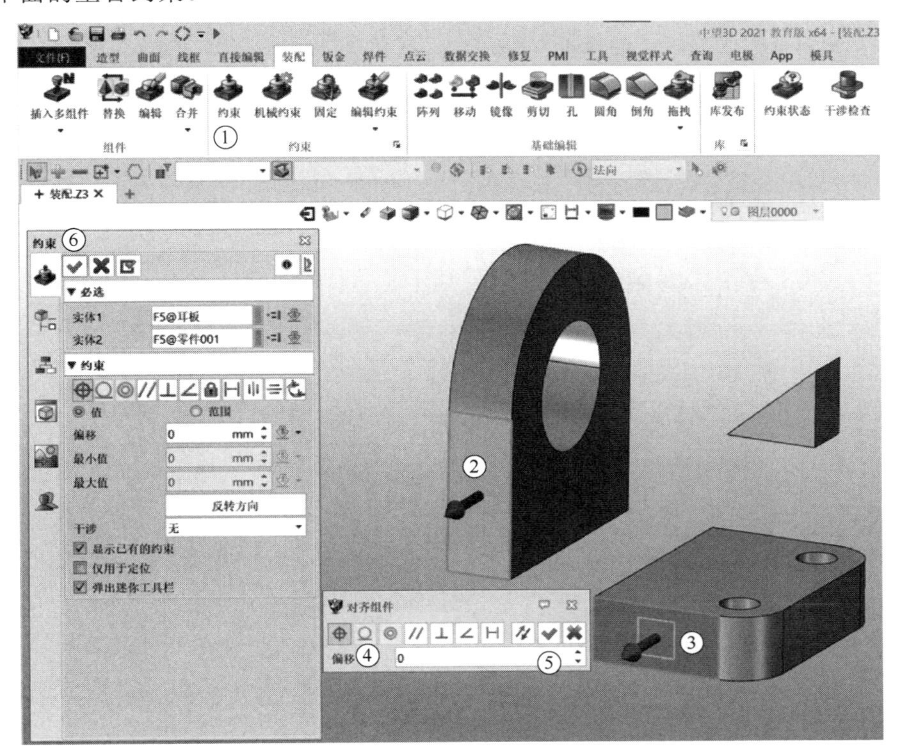

图 4.13

单击【装配】选项卡→【约束】面板→【约束】命令，按照图 4.14 所示步骤，分别完成①②两个面及③④两个面的重合约束。

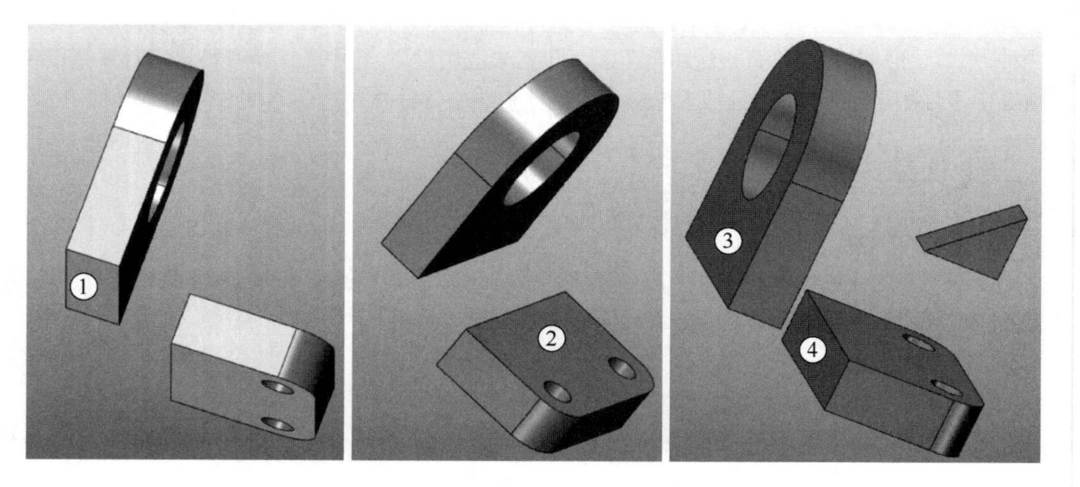

图 4.14

4）定义筋板和耳板、底板的约束

单击【装配】选项卡→【约束】面板→【约束】命令，弹出如图 4.15 所示对话框。【实体 1】选择筋板的 YZ 基准面；【实体 2】选择耳板的 YZ 基准面；【约束】选择重合；其余参数默认。单击【确定】按钮，完成筋板和耳板的重合约束，如图 4.16 所示。

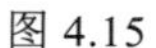
图 4.15

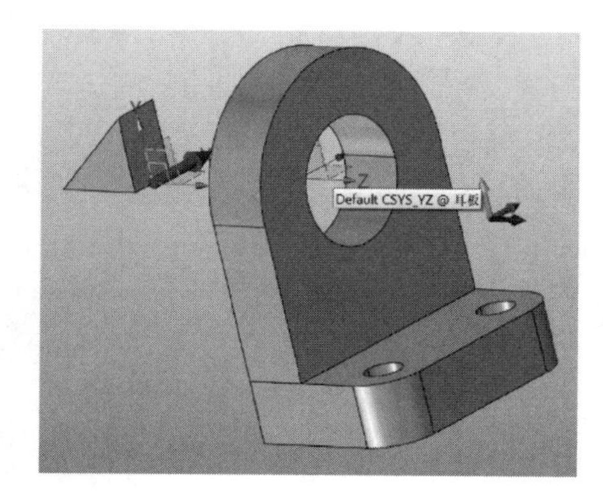

图 4.16

单击【装配】选项卡→【约束】面板→【约束】命令，选择图 4.17 中①②的两个面，定义为重合约束；再选择③④两个面，定义为重合约束。单击【确定】按钮，完成筋板和耳板、底板的约束定义。

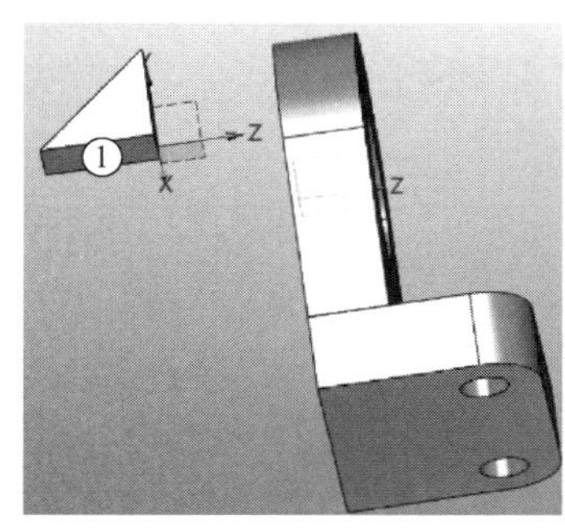

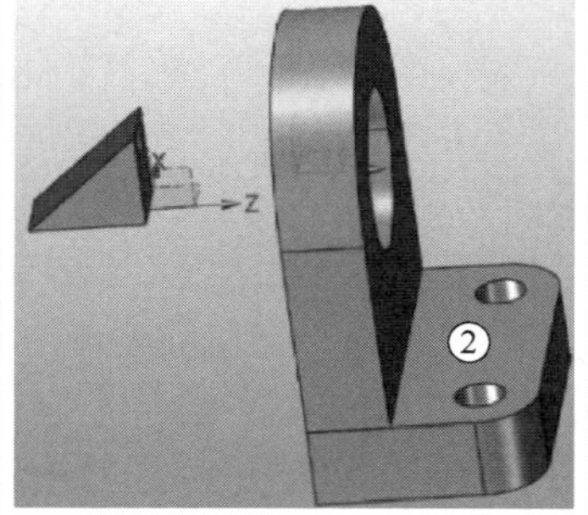

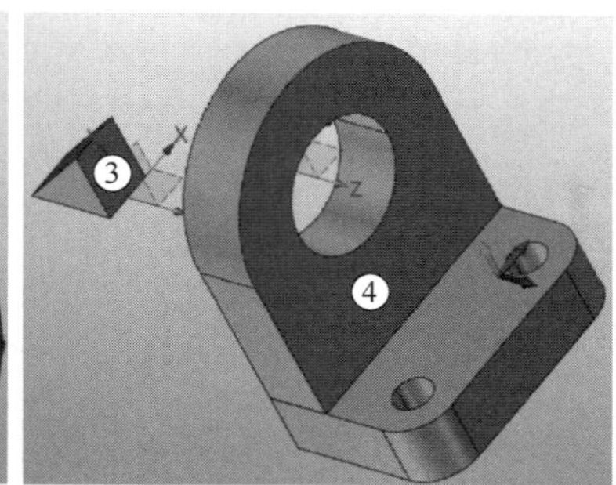

图 4.17

5）装配结果

该装配体装配结果如图 4.18 所示。

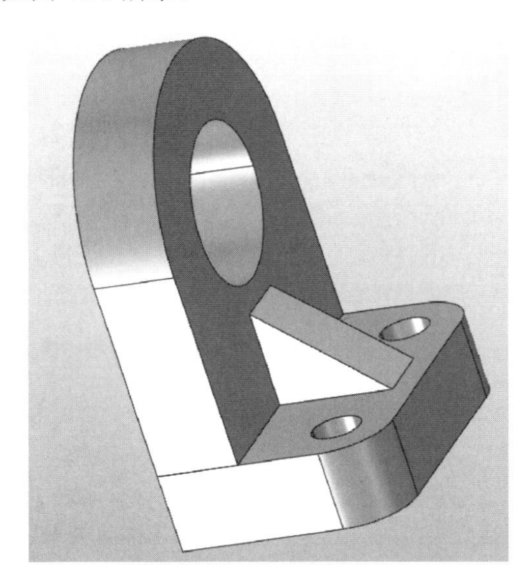

图 4.18

3. 检查约束状态

单击【装配】选项卡→【查询】面板→【约束状态】命令，显示装配体的约束状态，如图 4.19 所示。检查约束状态，该装配体的约束已完成，其中底板已固定，耳板和筋板已经完全约束。

4. 装配干涉情况检查

单击【装配】选项卡→【查询】面板→【干涉检查】命令，弹出如图 4.20 所示对话框，【组件】选择底板、耳板和筋板三个零件；【检查域】选择“仅检查被选组件”；其余参数默认。单击【检查】按钮，显示干涉情况，如图 4.21 所示。通过干涉检查，该装配体无干涉。

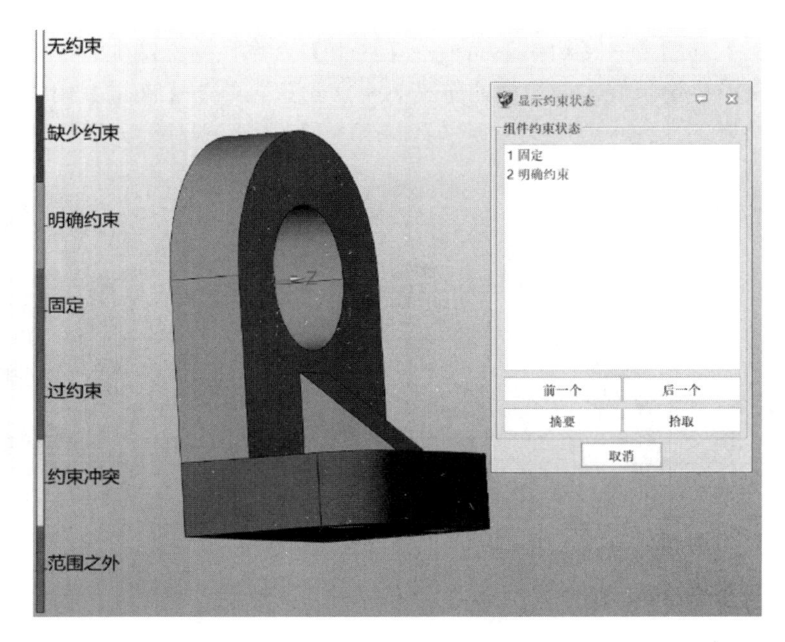

图 4.19

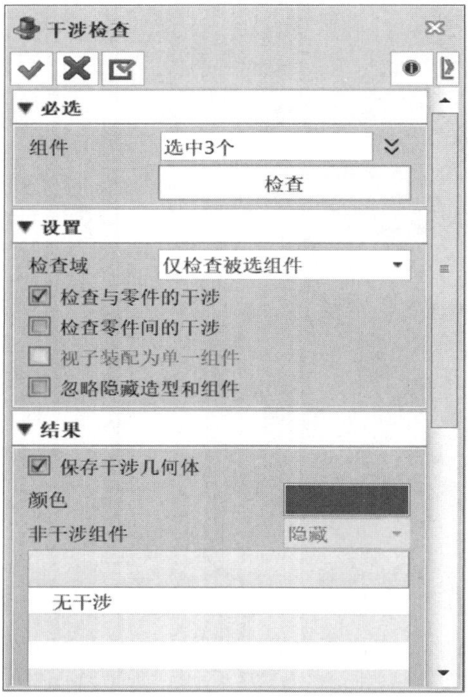

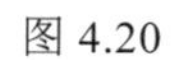

图 4.20

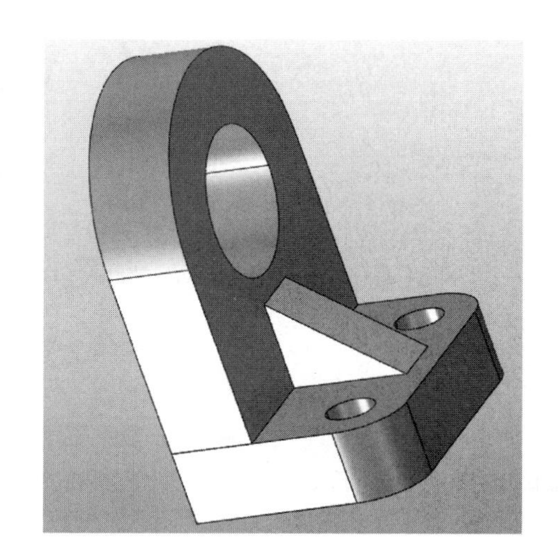

图 4.21

四、任务评价

认识装配流程的评价见表 4.1。

表 4.1

评价内容	评价标准	分值	学生评价	教师评价
新建文件	能够正确创建装配文件	10		
装配零件的调用	1.掌握插入组件命令 2.掌握插入多组件命令 3.能够移动和旋转组件	20		
装配约束	1.能够定义约束 2.能够编辑约束	20		
检查约束状态	1.学会查看装配管理器 2.掌握约束状态命令	20		
装配干涉检查	1.学会检查装配的移动状态 2.掌握干涉检查命令	20		
保存文件	能够正确保存文件	10		

学习体会：

五、知识拓展

1. 显示零件的基准面

在添加约束时，与零件的几何特征相比，建议优先使用零件的基准面进行约束定义，因为当零件发生变化时基准面不会被影响。右键单击【零件】，选择【显示外部基准面】，如图 4.22 所示。该零件显示出外部基准面，如图 4.23 所示。

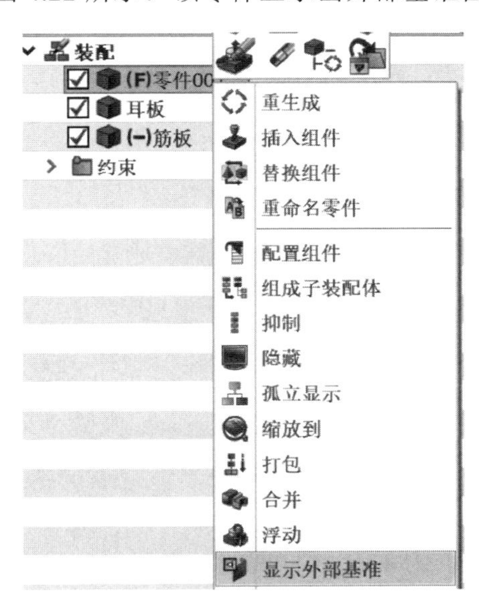

图 4.22

图 4.23

2. 自动缩放基准面

单击【管理器】→【视觉管理】→【基准】,【自动缩放】选择打开，如图 4.24 所示。该零件的基准面尺寸已放大，如图 4.25 所示。

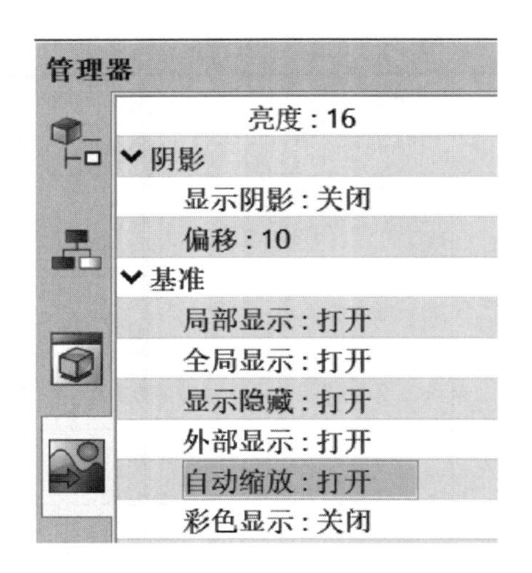

图 4.24

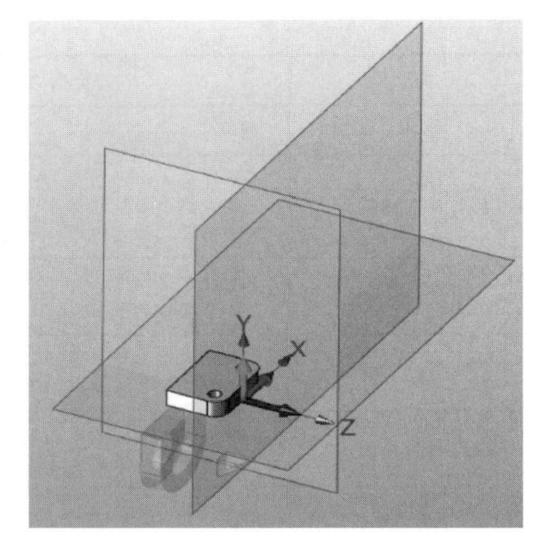

图 4.25

六、练一练

按照提供的零件，装配联轴器，如图 4.26 所示。

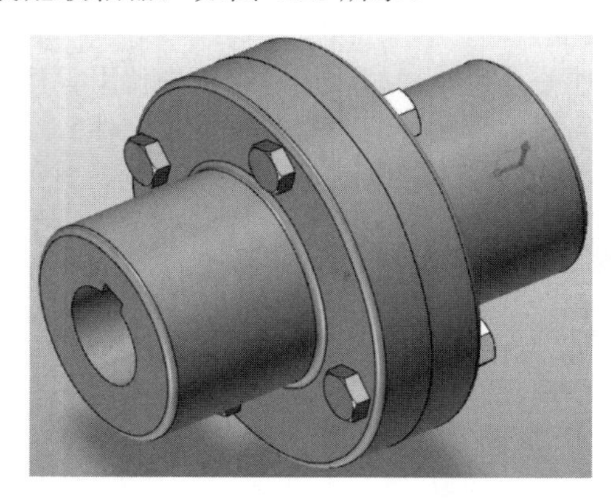

图 4.26

任务 4-2　装配体制作

锥顶座装配

一、任务目标

锥顶座由底座、环套、锥套、锁紧螺杆等零件组成，如图 4.27 所示。本任务以锥顶座为例，完成装配体的制作。通过本任务的练习，掌握机械装配的常用命令和机械装配约束的概念，熟悉干涉分析的方法，并了解爆炸视图、动画的制作方法。

该装配体的装配思路如下：

① 利用【插入】命令，依次插入底座、环套、锥套、锁紧螺杆等零件。

② 利用【约束】命令，完成零件的同心约束和重合约束。

③ 利用【约束状态】、【干涉检查】命令，检查约束状态和干涉情况。

④ 利用【剖面开/关】、【剖面视图】命令，完成动态剖视图的检查。

图 4.27

二、相关知识

1. 装配术语

零件：独立的单个模型。零件由设计变量、几何形状、材料属性和零件属性组成。

组件：组成子装配体的最基本的单元。此外，当组件不在装配体中时其被称作零件。

总装配体：装配建模的最终成品，也可以称为产品，它由具有约束的不同子装配体或零部件组成。

子装配体：第二级或第二级以下的装配件，由具有约束的不同子装配体或组件组成。

约束：在装配件中，可以通过约束定义零件的空间位置和零件之间的相对运动，可以分析零件之间是否存在干涉，以及它们是否正常运动。

装配在不同层级可分为多个子装配体和组件，同时每一个子装配体也由不同的组件组成。在装配树中，每一个分支代表着不同的组件和子装配体，装配树的最高层级是总装配体，如图 4.28 所示。

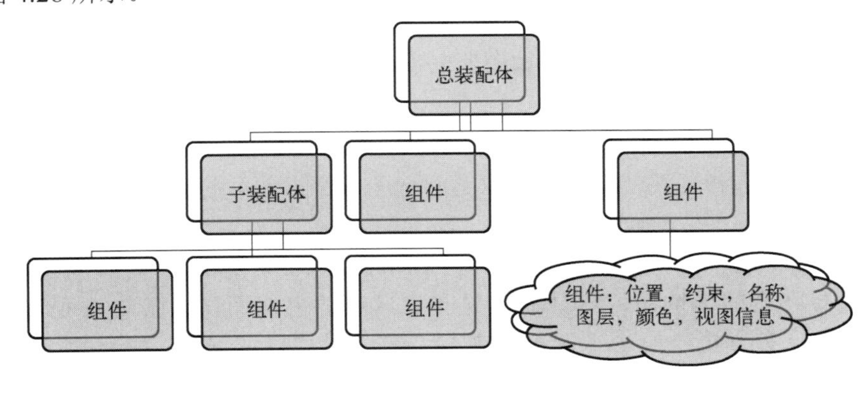

图 4.28

2. 约束方式

1）对齐约束方式

【重合】：使约束要素重合，如面与面、线与线的重合。

【相切】：使约束要素保持相切，多用于外圆和内孔的约束。

【同心】：使约束要素保持圆心或者轴线在同一直线上。

【平行】：使约束要素保持平行关系，如线与线的平行、面与面的平行。

【垂直】：使约束要素保持垂直关系，如线与线的垂直、面与面的垂直、线与面的垂直。

【角度】：使约束要素成一定角度，如线与线的角度关系、面与面的角度关系、线与面的角度关系，可替代平行与垂直对齐方式。

【置中】：通过对称面和对称要素的选择，使零件放置在居中的位置上。

【距离】：用于控制面与面之间的距离。

【对称】：使用效果同置中。

2）机械约束方式

【啮合】：在两个零件之间创建一个啮合约束。实体可以是面也可以是线。

【路径约束】：创建一个路径约束，使零件沿着选定路径方向移动。要注意的是目前路径只能是直线。

【线性耦合】：创建线性耦合约束来对齐两个零件。

【齿轮齿条】：在齿轮和齿条之间创建齿轮齿条约束。

【螺旋】：在两个不同的零件之间创建螺旋约束。

三、任务实施

1. 新建文件

打开中望 3D 软件，新建“装配”类型文件，命名为“装配”，单击【确认】按钮，进入装配体制作界面。

2. 装配零件

1）插入第一个零件（底座）并固定

单击【装配】选项卡→【组件】面板→【插入】命令，弹出如图 4.29 所示对话框，【文件/零件】选择底座；【预览】选择图像；【类型】选择点；【位置】输入（0, 0, 0）；【面/基面】选择 XY 基准面；对首个插入的零件，勾选【固定组件】；其余参数默认。单击【确定】按钮，完成第一个零件的插入，如图 4.30 所示。

2）装配环套零件

单击【装配】选项卡→【组件】面板→【插入】命令，弹出【插入】对话框，【文件/零件】选择环套；选择任意位置插入并取消勾选【固定组件】；其余参数默认。单击【确定】按钮，完成环套零件的插入。

单击【装配】选项卡→【约束】面板→【约束】命令，弹出如图 4.31 所示对话框，【实体 1】选择环套的内侧面；【实体 2】选择底座中的内侧面，如图 4.32 所示；【约束】选择【同心约束】方式；勾选【锁定角度】；其余参数默认。单击【确定】按钮，完成同心约束。

图 4.29

图 4.30

技能提示

建议固定首个插入的组件。固定组件后，该组件不能被移动或者旋转。

单击【装配】选项卡→【约束】面板→【约束】命令，弹出如图 4.33 所示对话，【实体 1】选择环套的底面；【实体 2】选择底座中的平面，如图 4.34 所示；【约束】选择【重合约束】方式；【偏移】输入 0mm；其余参数默认。单击【确定】按钮，完成重合约束。

3）装配锥套零件

单击【装配】选项卡→【组件】面板→【插入】命令，弹出【插入】对话框，【文件/零件】选择锥套；选择任意位置插入并取消勾选【固定组件】；其余参数默认。单击【确定】按钮，完成锥套零件的插入。

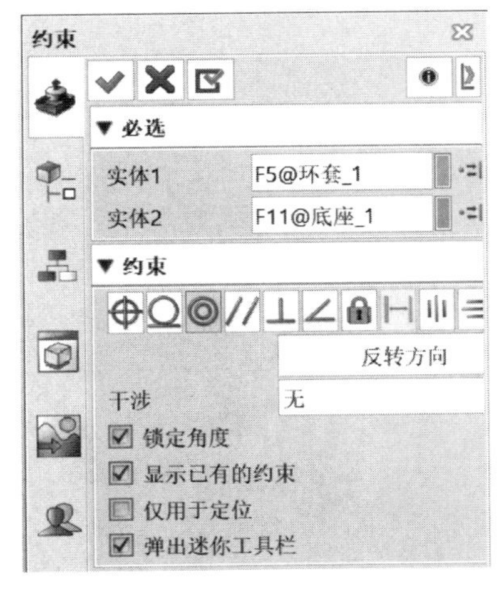

图 4.31

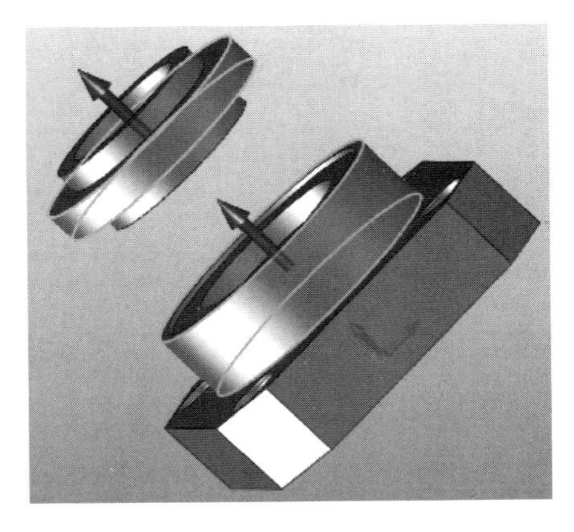

图 4.32

图 4.33

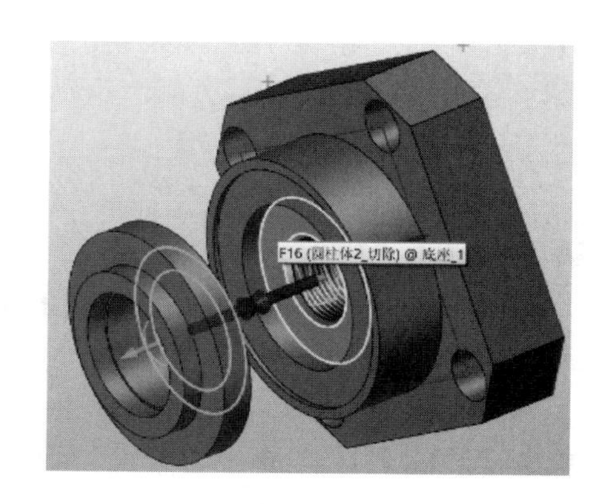

图 4.34

单击【装配】选项卡→【约束】面板→【约束】命令，弹出如图 4.35 所示对话框，【实体 1】选择环套的内侧面；【实体 2】选择锥套中的内侧面，如图 4.36 所示；【约束】选择【同心约束】方式；勾选【锁定角度】；其余参数默认。单击【确定】按钮，完成同心约束。

图 4.35

图 4.36

单击【装配】选项卡→【约束】面板→【约束】命令，弹出如图 4.37 所示对话框，【实体 1】选择环套中的平面；【实体 2】选择锥套中的平面，如图 4.38 所示；约束选择【重合约束】方式；【偏移】输入 0mm；其余参数默认。单击【确定】按钮，完成重合约束。

图 4.37

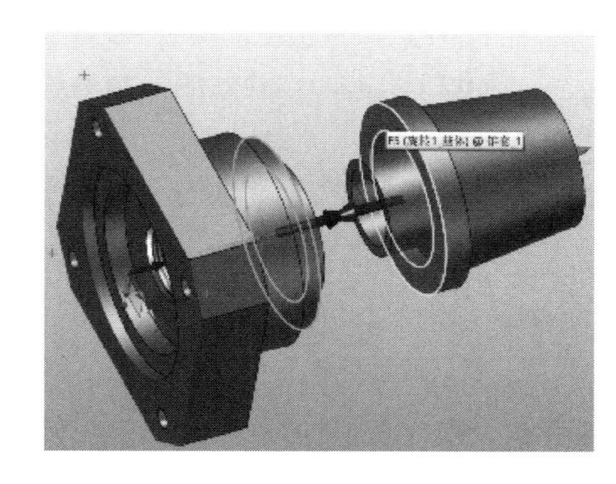

图 4.38

4）装配锁紧螺杆零件

单击【装配】选项卡→【组件】面板→【插入】命令，弹出【插入】对话框，【文件/零件】选择锁紧螺杆；选择任意位置插入并取消勾选【固定组件】；其余参数默认。单击【确定】按钮，完成锁紧螺杆零件的插入。

单击【装配】选项卡→【约束】面板→【约束】命令，弹出如图 4.39 所示对话框，【实体 1】选择锥套的内侧面；【实体 2】选择锁紧螺杆中的内侧面，如图 4.40 所示；【约束】选择【同心约束】方式；勾选【锁定角度】；其余参数默认。单击【确定】按钮，完成同心约束。

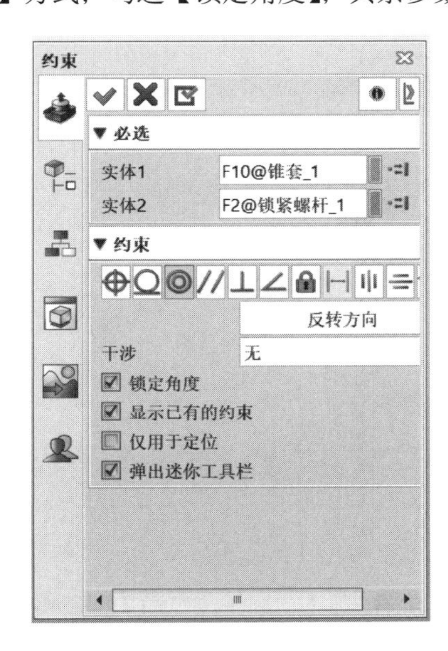

图 4.39

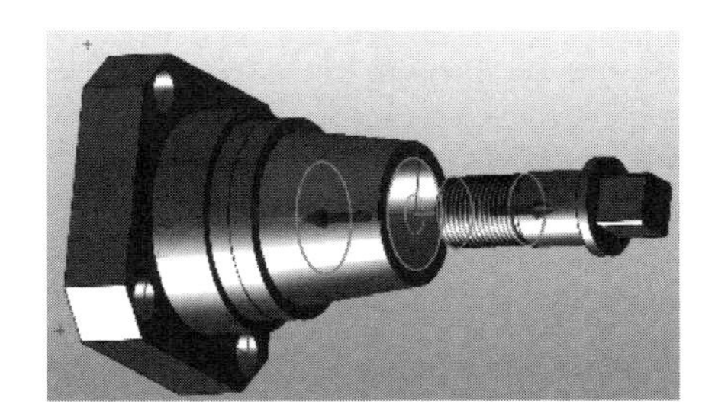

图 4.40

单击【装配】选项卡→【约束】面板→【约束】命令，弹出如图 4.41 所示对话框，【实体 1】选择锁紧螺杆中的平面；【实体 2】选择锥套中的平面，如图 4.42 所示；【约束】选择【重合约束】；【偏移】输入 0mm；其余参数默认。单击【确定】按钮，完成重合约束。

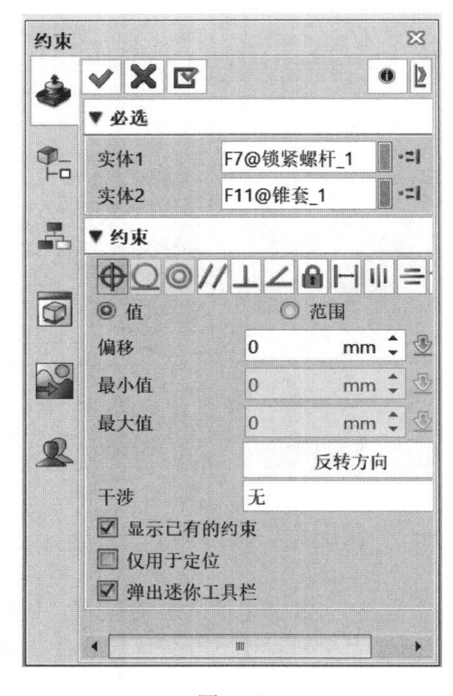

图 4.41

图 4.42

5）装配结果

该锥顶座装配结果如图 4.43 所示。

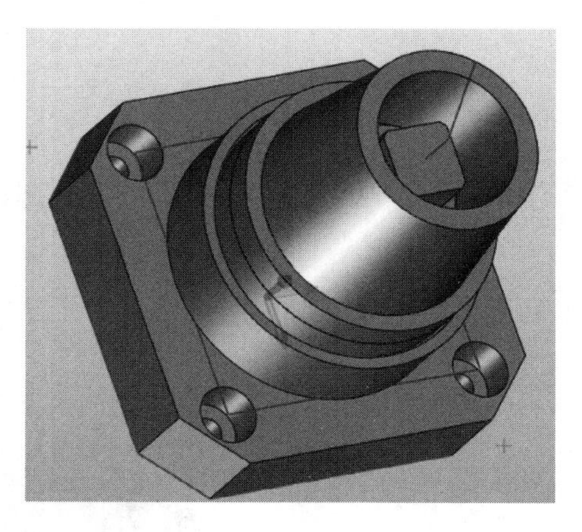

图 4.43

3. 约束状态检查

单击【装配】选项卡→【查询】面板→【约束状态】命令，弹出锥顶座的约束状态，如图 4.44 所示。检查约束状态，该锥顶座的约束已完成，其中底座已固定，环套、锥套和锁紧螺杆已完全约束。

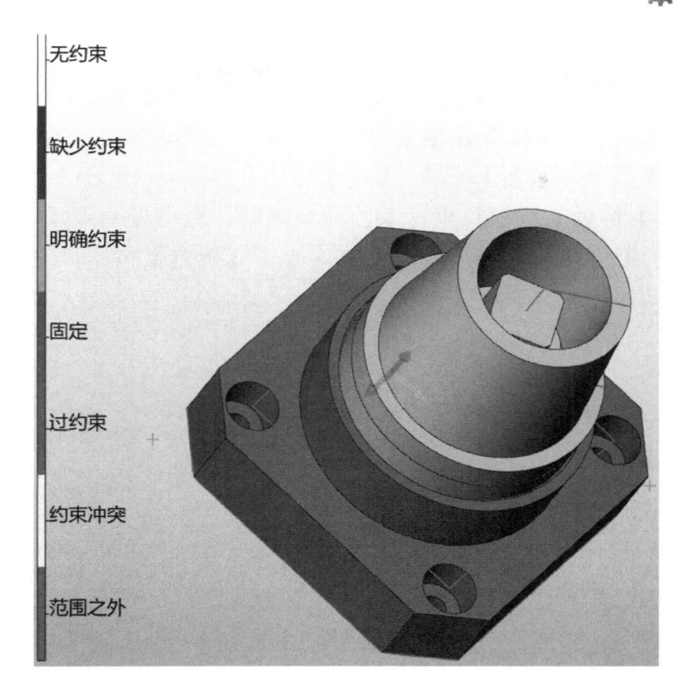

图 4.44

4. 干涉检查

单击【装配】选项卡→【查询】面板→【干涉检查】命令，弹出如图 4.45 所示对话框，【组件】选择锥顶座的四个零件；【检查域】选择仅检查被选组件；其余参数默认。单击【检查】按钮，显示干涉情况，如图 4.46 所示。通过干涉检查，该锥顶座无干涉。

图 4.45

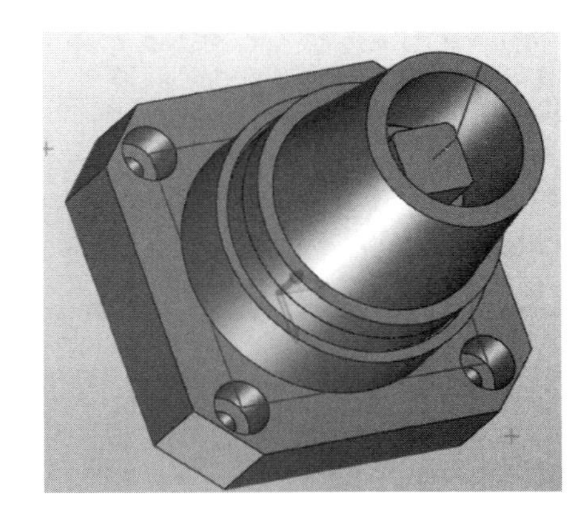

图 4.46

5. 动态剖面视图检查

单击【查询】选项卡→【检查建模】面板→【剖面开/关】命令，打开剖面。

单击【查询】选项卡→【检查建模】面板→【剖面视图】命令，弹出如图 4.47 所示对话框，选择【通过平面显示截面】方式；【视图名称】输入 section1；【剖平面】选择前基准面；【剖平面位置】可以通过拖拉坐标系的箭头拖动，也可以输入【偏移】数值；【剖面造型】选择不可见的截面形状；其余参数默认。单击【确定】按钮，完成动态剖视图的检查，如图 4.48 所示。

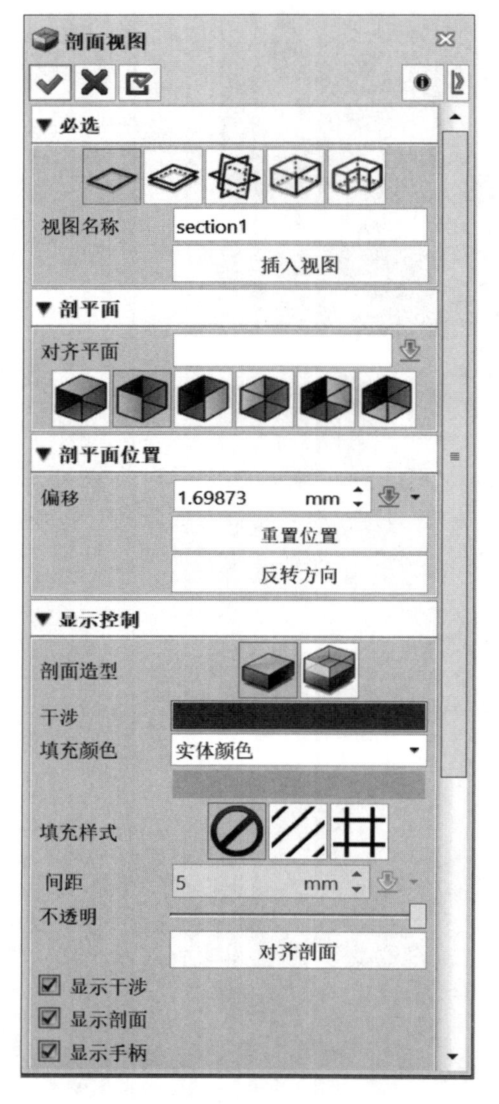

图 4.47

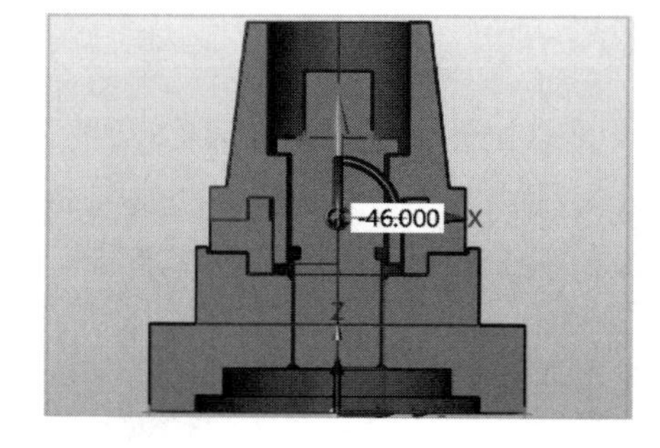

图 4.48

四、任务评价

锥顶座装配的评价见表 4.2。

表 4.2

评价内容	评价标准	分值	学生评价	教师评价
新建文件	能够正确创建装配文件	10		
插入组件	1.掌握插入命令 2.固定首个插入的零件	20		
添加约束	1.了解约束方式 2.掌握同心约束 3.掌握重合约束	20		
干涉检查	1.掌握干涉检查命令 2.了解检查域的概念 3.能够完成干涉检查	20		
动态剖面视图检查	1.掌握剖面开/关命令 2.掌握剖面视图命令 3.学会动态剖面视图检查	20		
保存文件	能够正确保存文件	10		

学习体会：

五、知识拓展

1. 爆炸视图

单击【装配】选项卡→【爆炸视图】面板→【爆炸视图】命令，弹出【爆炸视图】对话框，【名称】输入“爆炸视图 1”。单击【确定】按钮，进入爆炸视图的创建。

单击【爆炸视图】对话框中的【添加步骤】，弹出如图 4.49 所示对话框，选择【动态移动】方式；【实体】选择锥套。拖动锥套沿 X 轴正方向移动，并放置在适当位置。单击【确定】按钮，完成锥套的爆炸视图，如图 4.50 所示。

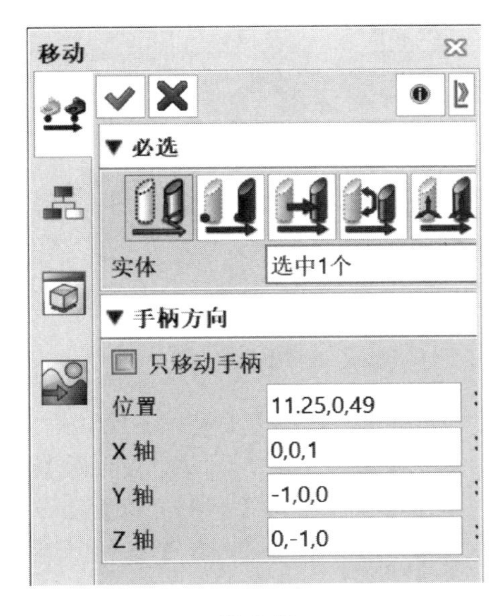

图 4.49

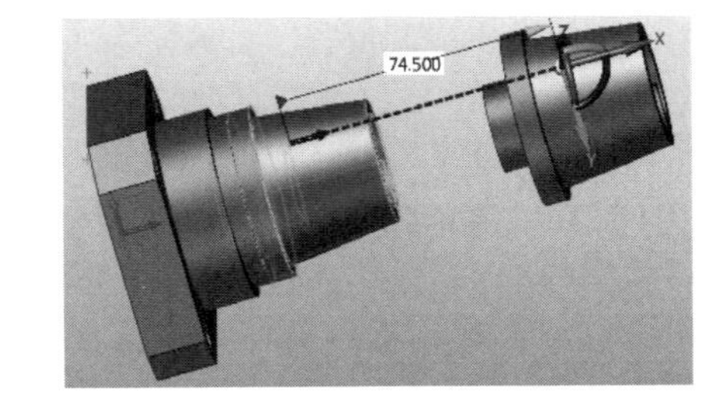

图 4.50

依次创建环套和锁紧螺杆的爆炸视图，最终爆炸视图如图 4.51 所示。

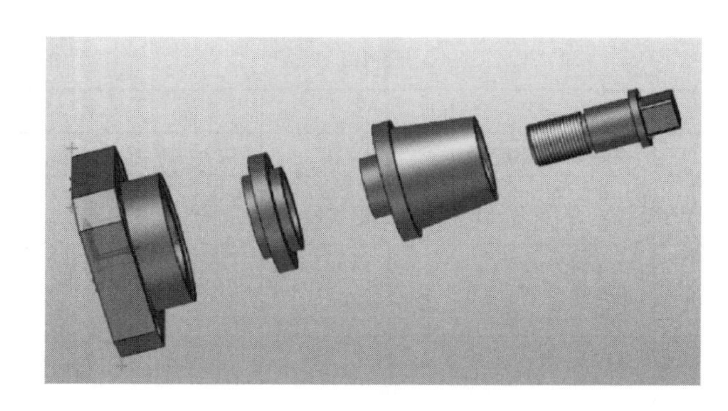

图 4.51

2. 动画制作

1）新建动画

单击【装配】选项卡→【动画】面板→【新建动画】命令，弹出【新建动画】对话框，【时间】输入 1:00；【名称】输入“动画”。单击【确定】按钮，进入动画环境。

2）动画制作

单击【动画】选项卡→【动画】面板→【相机位置】命令，弹出如图 4.52 所示对话框；单击【当前视图】，记录当前位置。单击【确定】按钮，完成相机位置的创建。

单击【动画】选项卡→【动画】面板→【关键帧】命令，弹出图 4.53 所示对话框，【时间】输入 2:00。单击【确定】按钮，完成关键帧的创建。用右键旋转锥顶座 30° 后，单击【相机位置】命令，弹出【相机位置】对话框；单击【当前视图】，记录当前位置。单击【确定】按钮，完成相机位置的创建。

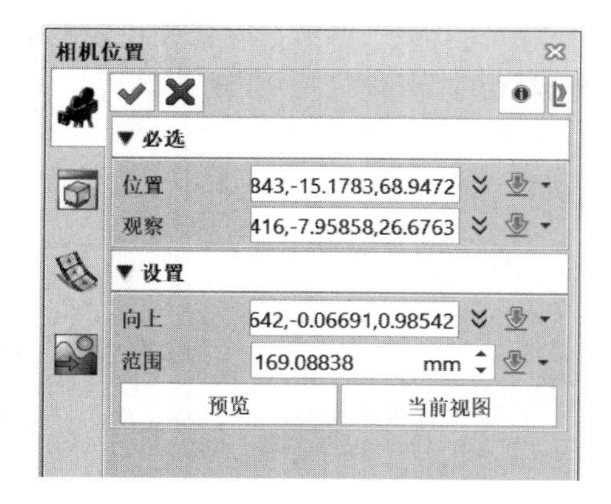

图 4.52

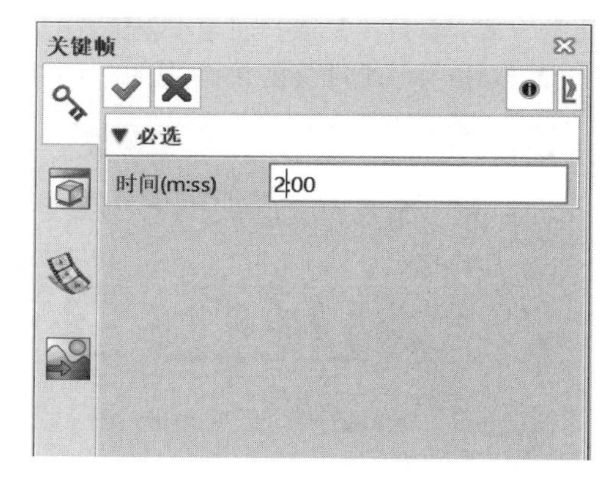

图 4.53

单击【动画】选项卡→【动画】面板→【关键帧】命令，弹出【关键帧】对话框，【时间】输入 3:00。单击【动画】选项卡→【动画】面板→【参数】命令，弹出【参数】对话框，对装配的约束进行改动，使锥顶座变动到另一工作位置。单击【相机位置】命令，弹出【相机位置】对话框；单击【当前视图】，记录当前位置。单击【确定】按钮，完成相机位置的创建。

3）录制动画

单击【动画】选项卡→【动画】面板→【录制动画】命令，弹出录制动画对话框和保存文件对话框，命名文件名为“动画”。单击【保存】，完成动画的录制和保存。

六、练一练

按照提供的零件，装配减速曲柄传动机构，如图 4.54 所示。

图 4.54

工程图样制作

教学目标

思政材料 5

1. 掌握三维模型图转换为二维工程图的方法。
2. 掌握工程图样的视图应用方法。
3. 掌握工程图样的标注方法。
4. 掌握制作零件工程图样的方法。
5. 掌握制作装配工程图样的方法。

能力要求

1. 学会将 3D 模型转换为 2D 工程图的方法。
2. 学会剖视图的应用，如全剖、半剖和局部剖。
3. 学会工程图样的标注方法。
4. 学会零件工程图样的制作方法。
5. 学会装配工程图样的制作方法。

问题导入

工程图用来展示设计对象的工程信息，它包含零件/装配体的视图、尺寸标注、符号注释、文本、表格等，如图 5.1 所示。在产品设计和制造生产过程中，尽管 3D 模型已经足够直观和清晰，但是二维工程图依然是非常重要并且被广泛使用的。如何从已有的 3D 模型转换为 2D 工程图呢？让我们进入模块五的学习。

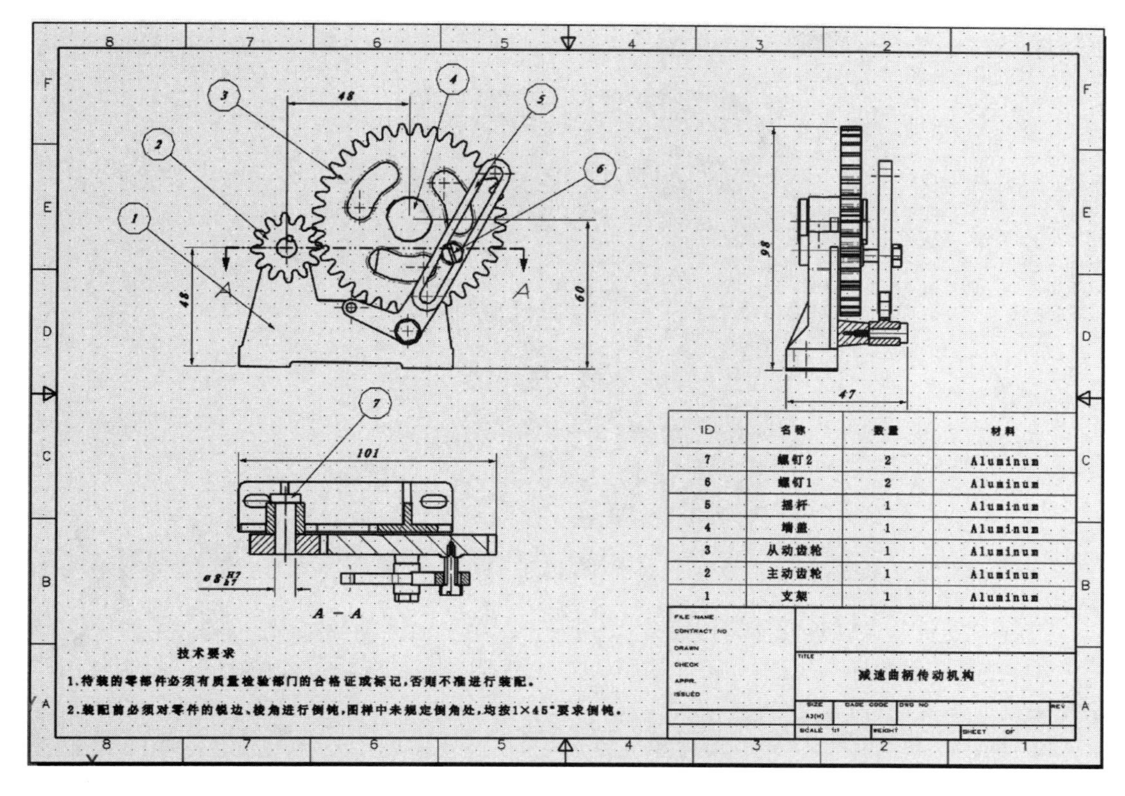

图 5.1

任务 5-1 零件工程图样制作

一、任务目标

本任务以底座为例，介绍通过三维模型图创建二维工程图的方法，并创建零件工程图，如图 5.2 所示。通过底座零件二维工程图的制作过程，掌握视图布置、剖切、尺寸和公差标注、添加技术要求等的基本操作方法。

该零件的工程图样制作思路如下：

① 利用【标准】、【投影】和【全剖视图】等命令，创建零件的视图。

② 利用【标注】、【形位公差】和【标准特征】等命令，添加尺寸和注释。

③ 利用【文字】命令，添加技术要求和标题栏。

二、相关知识

工程图样是工程与产品信息的载体，是工程界表达、交流的语言。工程图样不仅是指导生产的重要技术文件，也是进行技术交流的重要工具，是现代生产中重要的技术文件，所以工程图样有“工程界的语言”之称。图样的绘制和阅读是工程技术人员必须掌握的一项技能。

图 5.2

工程图主要包含以下四部分内容：

① 视图：包含标准视图（俯/仰视图、前/后视图、左/右视图和轴测图）、投影视图、剖视图、局部视图等。

② 标注：包含尺寸（外形尺寸和位置尺寸）、公差（尺寸公差、形位公差）、基准符号、表面粗糙度和文本注释等。

③ 技术要求：包括未注公差、表面处理、热处理等技术要求。

④ 图纸格式：包含图框、标题栏等。

三、任务实施

1. 打开文件

打开中望 3D 软件，选择“5-1 底座”文件，单击【打开】按钮，进入零件建模界面。

2. 进入 2D 工程图

右键单击绘图区空白处，选择 2D 工程图，或者通过工具栏选择 2D 工程图，如图 5.3 所示。选择 A4_H（ANSI）作为模板。

3. 创建视图

1）创建标准视图

单击【布局】选项卡→【视图】面板→【标准】命令，弹出如图 5.4 所示对话框，【视图】选择俯视图；【位置】选择图纸中合适的位置；【X/Y】输入 1∶1；其余参数默认。单击【确定】按钮，完成标准视图的创建。

2）创建投影视图

单击【布局】选项卡→【视图】面板→【投影】命令，弹出如图 5.5 所示对话框，【基准视图】选择已创建好的底座基准视图；【位置】选择绘图区合适的位置；【投影】选择第三视角；【标准类型】选择投影；【X/Y】输入 1∶1；其余参数默认。单击【确定】按钮，完成底座投影视图的创建。

图 5.3

图 5.4

3）创建全剖视图

单击【布局】选项卡→【视图】面板→【全剖视图】命令，弹出图 5.6 所示对话框，【基准视图】选择俯视图；【点】选择 2 个剖面线的端点，如图 5.7 所示；单击鼠标中键确认；【位置】选择剖视图放置的位置；【方式】选择剖面曲线；【视图标签】输入 A；其余参数默认。单击【确定】按钮，完成底座全剖视图的创建。

图 5.5

图 5.6

单击【管理器】→【视图】，打开视图属性，选择通用类型，不选【显示消隐线】，只保留轮廓线，完成全剖视图的创建，如图 5.8 所示。

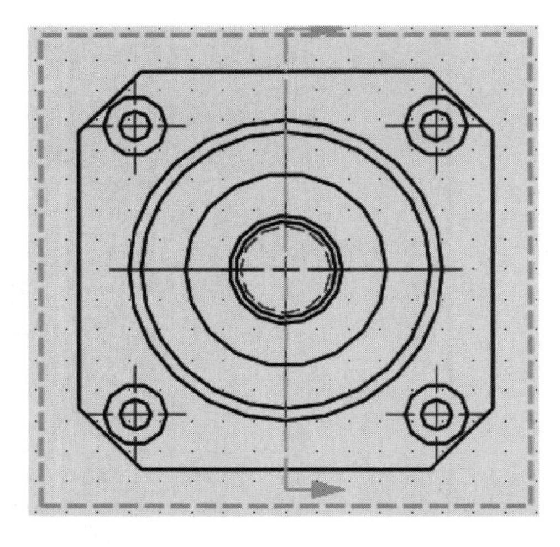

图 5.7

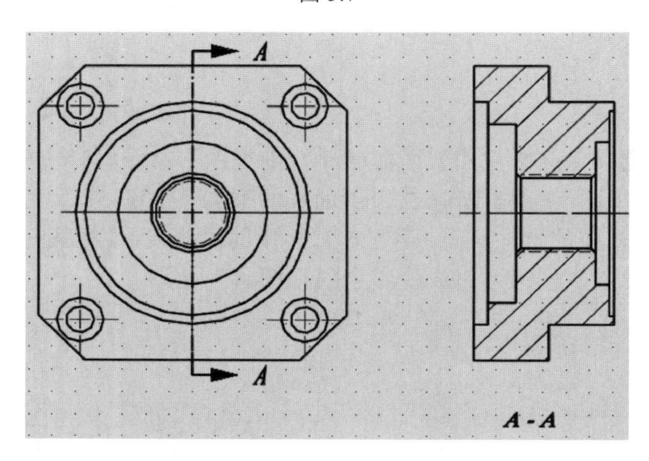

图 5.8

4. 添加尺寸与注释

1）设置样式管理器

单击【工具】→【属性】面板→【样式管理器】，弹出如图 5.9 所示对话框，选择目录的标注位置，并在“通用”“线/箭头”“文字”标签下进行设置。

2）添加尺寸

单击【标注】选项卡→【标注】面板→【线性】命令，弹出图 5.10 所示对话框，选择【水平】方式；【点 1】、【点 2】分别选择底座俯视图两个沉头孔的中心点。单击【确定】按钮，完成两个沉头孔之间尺寸的添加。

3）设置尺寸公差

单击【标注】选项卡→【编辑标注】面板→【修改公差】命令，弹出如图 5.11 所示对话框，【实体】选中 1 个尺寸；【设置】输入 0.1mm。单击【确定】按钮，完成尺寸公差的设置，如图 5.12 所示。

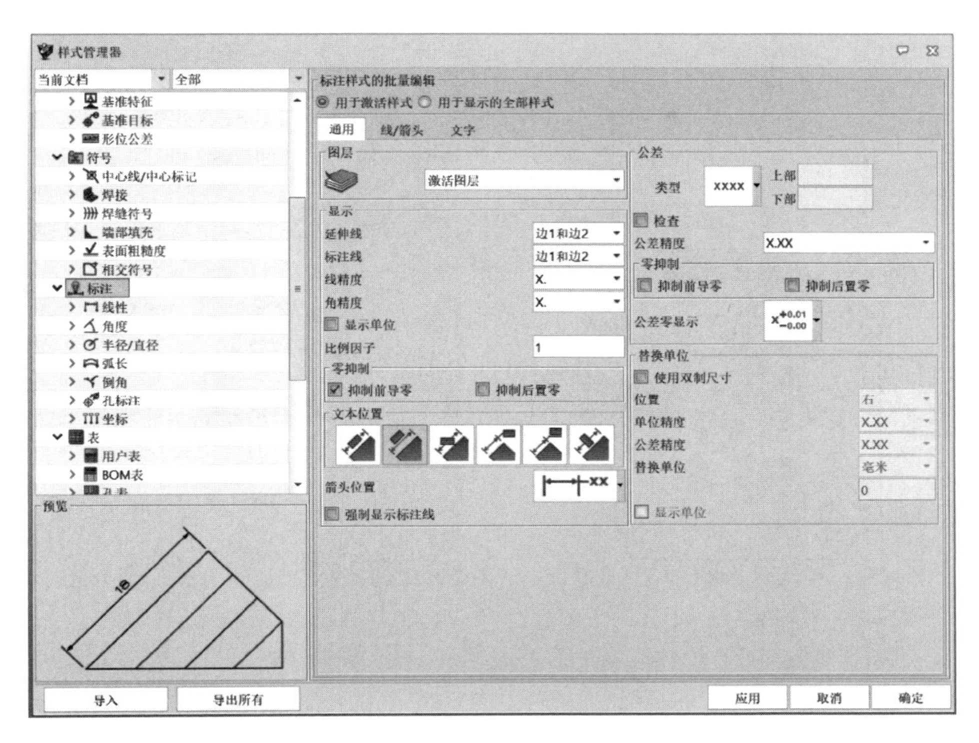

图 5.9

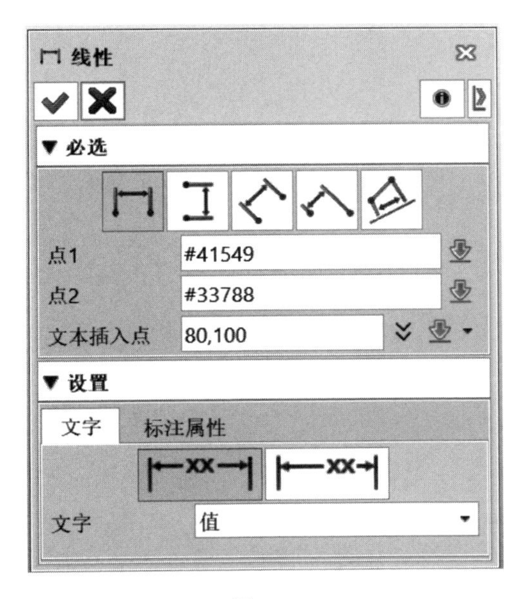

图 5.10

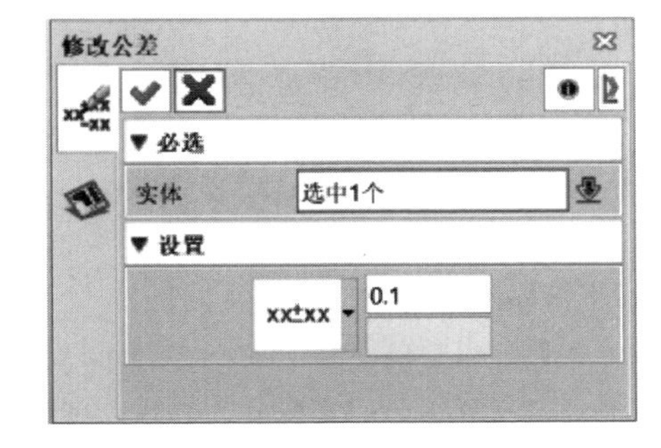

图 5.11

4）添加直径符号

单击【标注】选项卡→【标注】面板→【标注】命令，弹出如图 5.13 所示对话框，在底板投影视图上添加尺寸，在对话框中勾选“直径线性标注”或者双击尺寸弹出标注编辑器，在数值前添加直径符号，如图 5.14 所示。

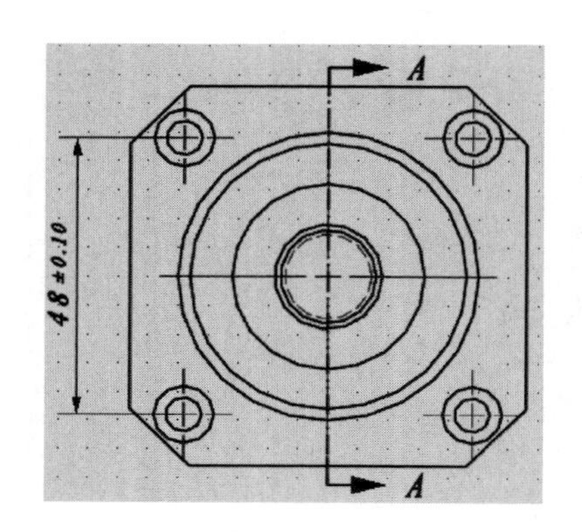

图 5.12

图 5.13

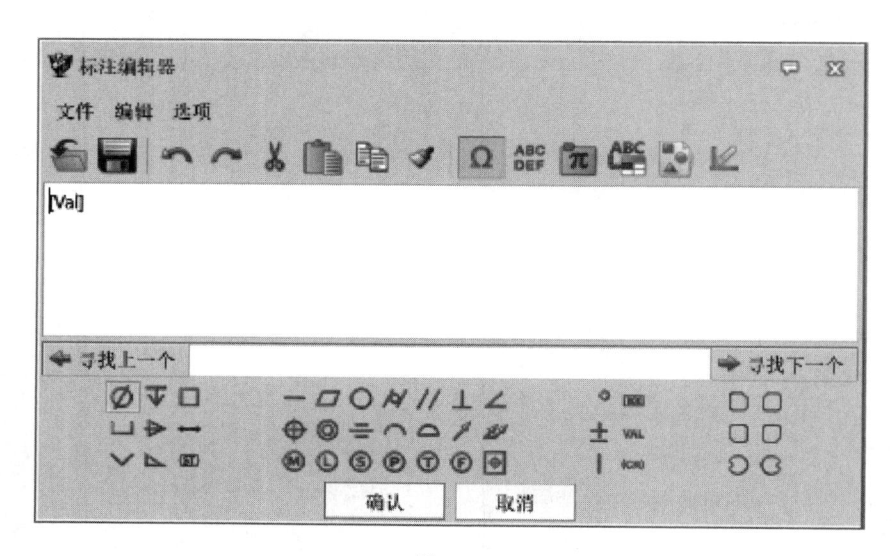

图 5.14

5）添加基准特征

单击【标注】选项卡→【注释】面板→【基准特征】命令，弹出如图 5.15 所示对话框，【标准标签】输入“A”；【实体】选择要标注的实体；【文本插入点】选择合适的位置；其余参数默认。单击【确定】按钮，完成基准特征的添加，如图 5.16 所示。

6）添加形位公差

单击【标注】选项卡→【注释】面板→【形位公差】命令，弹出如图 5.17 所示对话框，【符号】选择平行度；【公差 1】输入 0.02mm；并选择公差位置。单击【确认】按钮，完成形位公差的添加，如图 5.18 所示。

图 5.15

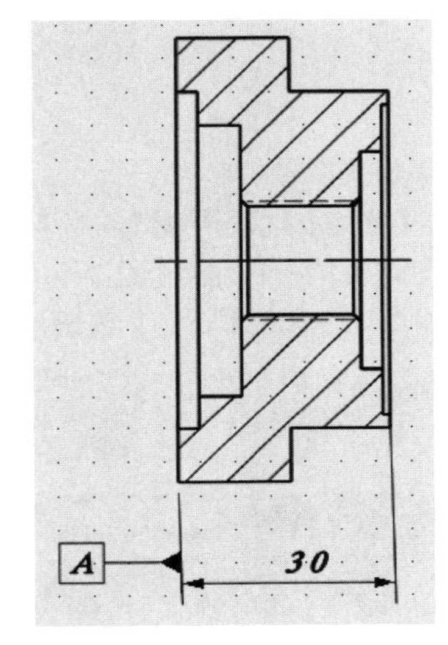

图 5.16

形位公差符号编辑器

符号文本1:

符号 公差1 公差2 基准

// 0.02 F F A

符号文本2:

预览

//|0.02|A

确认 取消

图 5.17

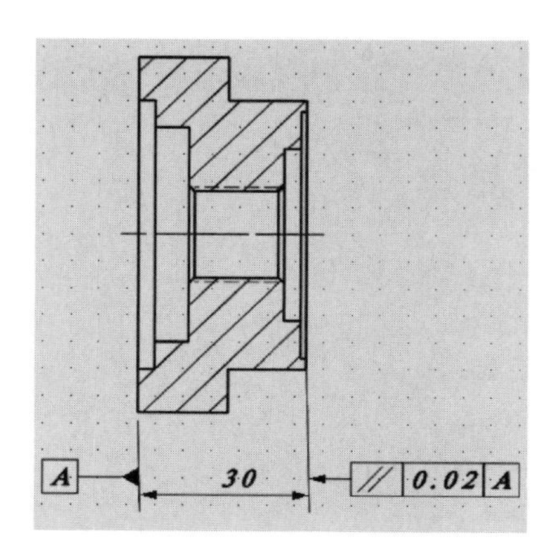

图 5.18

7）添加表面粗糙度

单击【标注】选项卡→【符号】面板→【表面粗糙度】命令，弹出如图 5.19 所示对话框，【参考点】选择标注点；【符号类型】选择“去除材料”；【粗糙度数值】输入 *Ra*2.5；其余参数默认。单击【确定】按钮，完成表面粗糙度的添加，如图 5.20 所示。

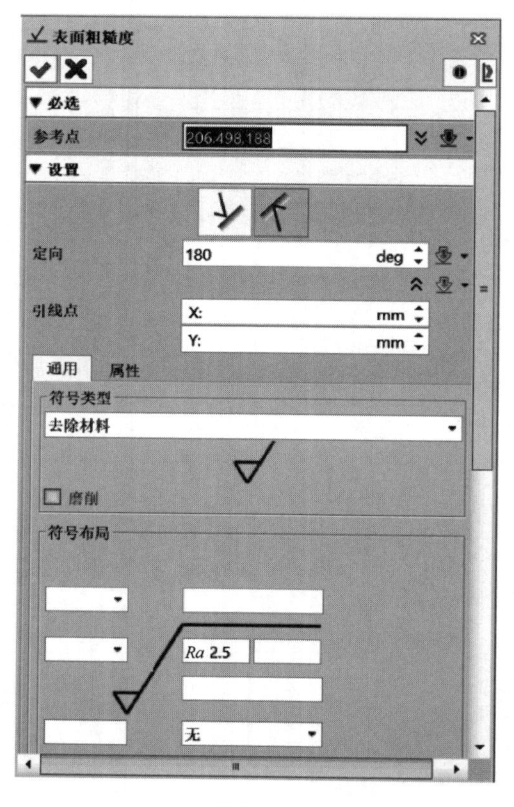

图 5.19

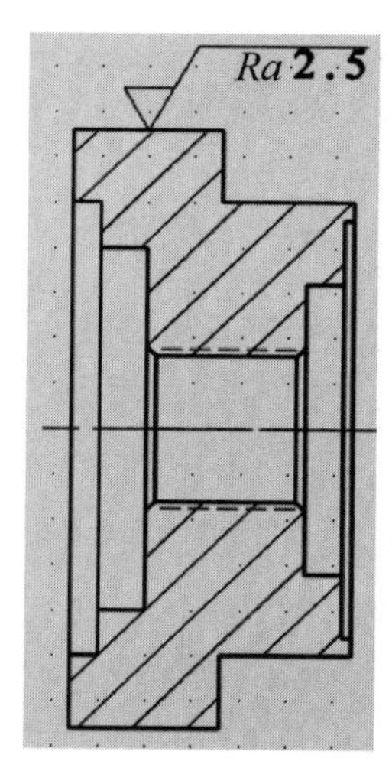

图 5.20

8）添加线性倒角

单击【标注】选项卡→【标注】面板→【线性倒角】命令，弹出如图 5.21 所示对话框，

【直线】选择要标注的直线；【文本插入点】选择要放置的位置；【文字】选择沿建模线模式；其余参数默认。单击【确定】按钮，完成线性倒角的添加，如图 5.22 所示。

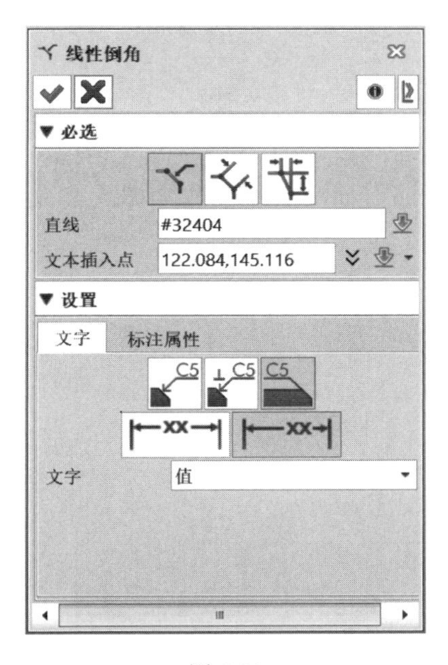

图 5.21

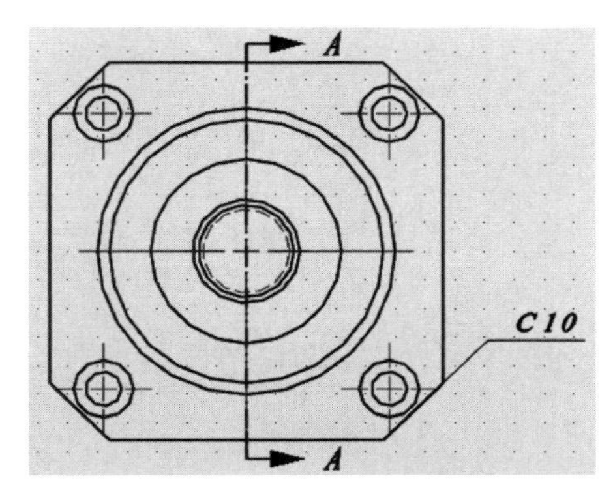

图 5.22

9）添加沉头孔尺寸

单击【标注】选项卡→【标注】面板→【孔标注】命令，弹出如图 5.23 所示对话框，【视图】选择孔所在的视图；【孔】选择要标注的孔；其余参数默认。单击【确定】按钮，完成沉头孔的添加，如图 5.24 所示。

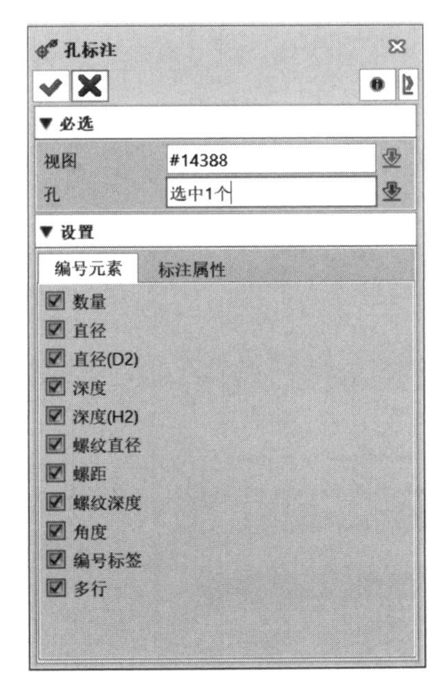

图 5.23

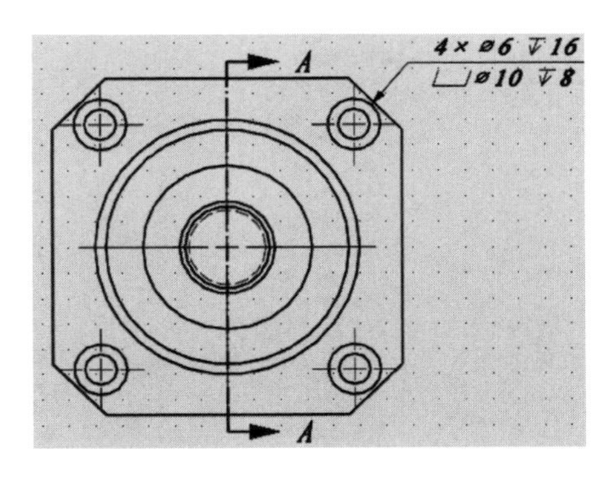

图 5.24

5. 添加技术要求

单击【绘图】选项卡→【绘图】面板→【文字】命令，弹出【文字】对话框，【点 1】选择文字的位置；【文字】输入技术要求。单击【确定】按钮，依次添加技术要求的其他字段，完成技术要求的添加。

6. 标题栏中调用零件属性参数

单击【绘图】选项卡→【绘图】面板→【文字】命令，弹出【文字】对话框，选择插入的位置，单击右键打开文字编辑器，插入 part_name 变量，详细步骤如图 5.25 所示。

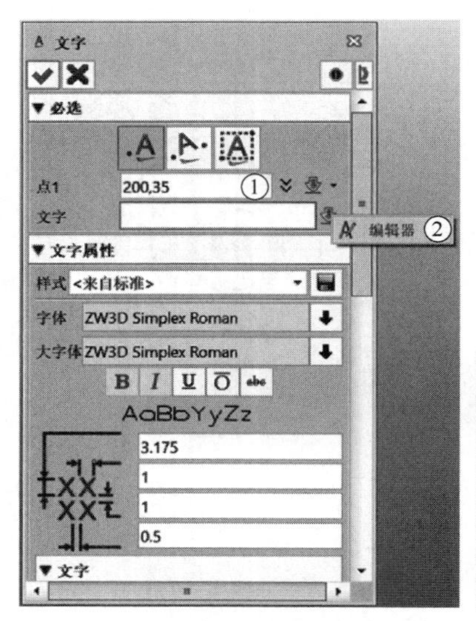

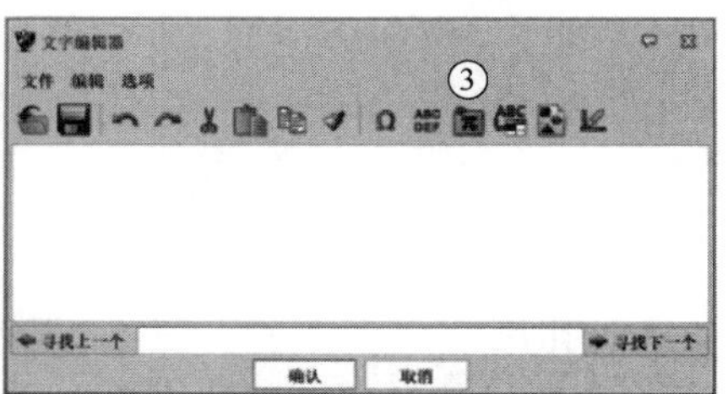

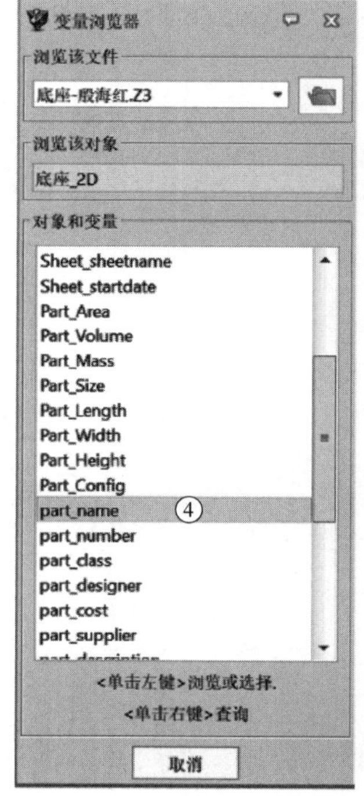

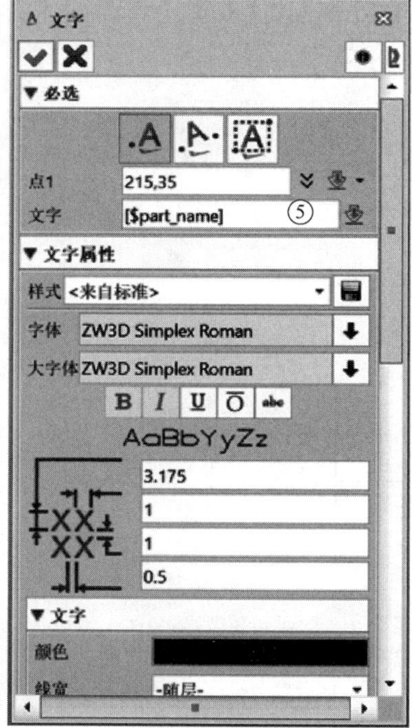

图 5.25

7. 工程图样

该零件工程图样如图 5.26 所示。

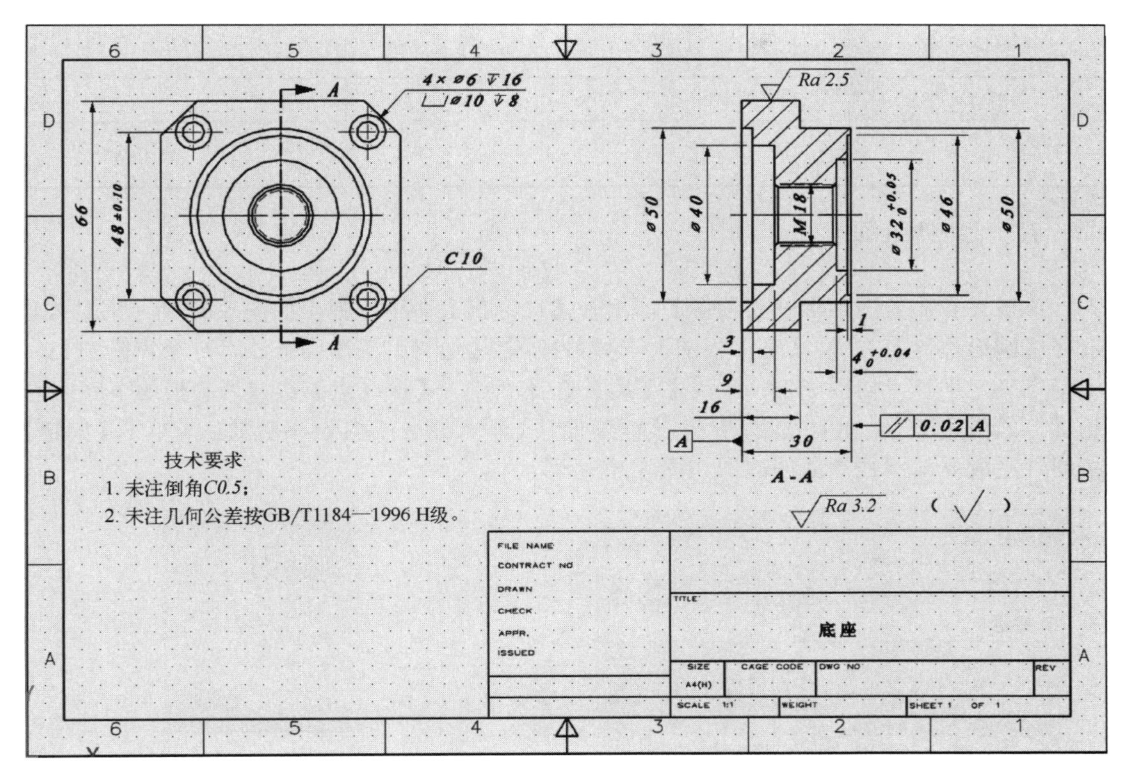

图 5.26

8. 保存文件

工程视图另存为.dwg 格式，建议用中望机械 CAD 对图纸进一步完善。

四、任务评价

工程图样的评价见表 5.1。

表 5.1

评价内容	评价标准	分值	学生评价	教师评价
新建文件	能够正确创建二维工程图	10		
创建视图	1.能够创建合理的三视图 2.能够创建全剖视图 3.能够创建局部剖视图	30		
添加注释和符号	1.能够添加尺寸及公差 2.能够添加基准特征 3.能够添加形位公差 4.能够添加粗糙度 5.能够添加倒角和孔尺寸 6.能够添加技术要求	30		

续表

评价内容	评价标准	分值	学生评价	教师评价
标题栏零件名称	能够在标题栏中用文字命令调用零件属性参数	20		
保存文件	能够正确保存文件	10		
学习体会：				

五、知识拓展

单击【布局】选项卡→【视图】面板→【局部剖】命令，弹出如图 5.27 所示对话框，选择【圆形边界】方式；【基准视图】选择前视图；【边界】采用两点法，一个点为圆心，一个点确定半径，如图 5.28 所示；【深度】选择“点”；【深度点】选择为底板的下底面的轮廓上的任意一点，如图 5.29 所示；【深度偏移】输入 0mm；其余参数默认。单击【确定】按钮，完成局部剖视图的创建，如图 5.30 所示。

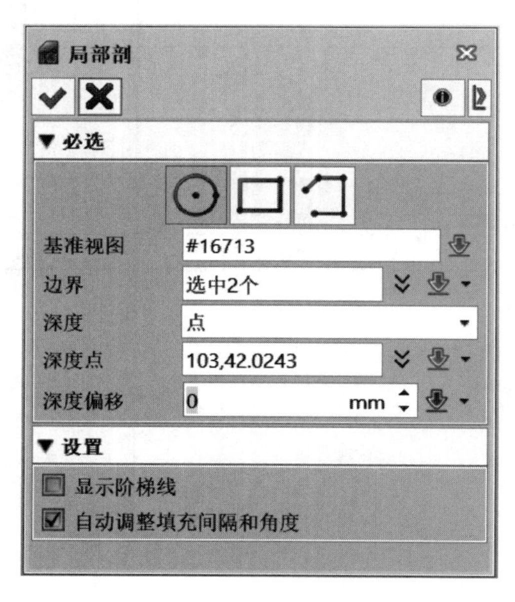

图 5.27

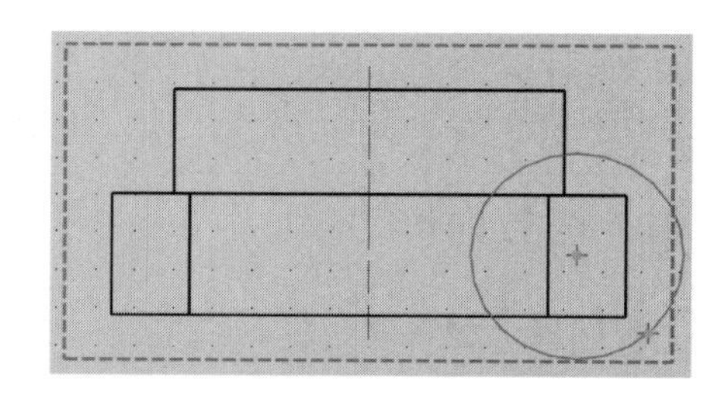

图 5.28

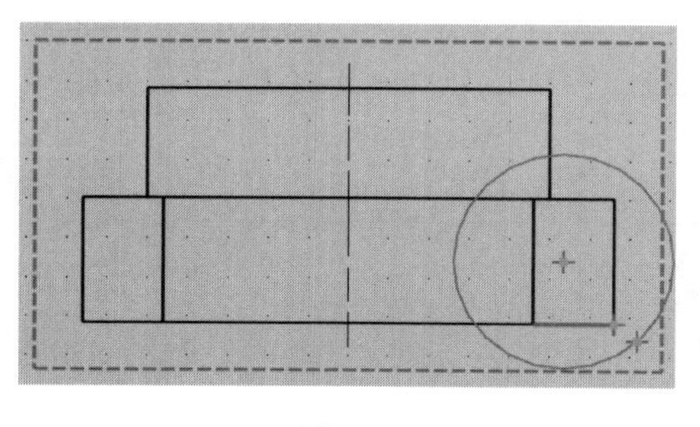

图 5.29

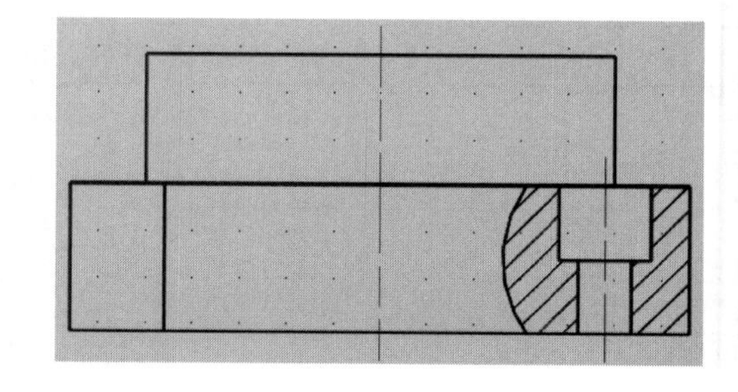

图 5.30

六、练一练

制作端盖零件的工程图样，如图 5.31 所示。

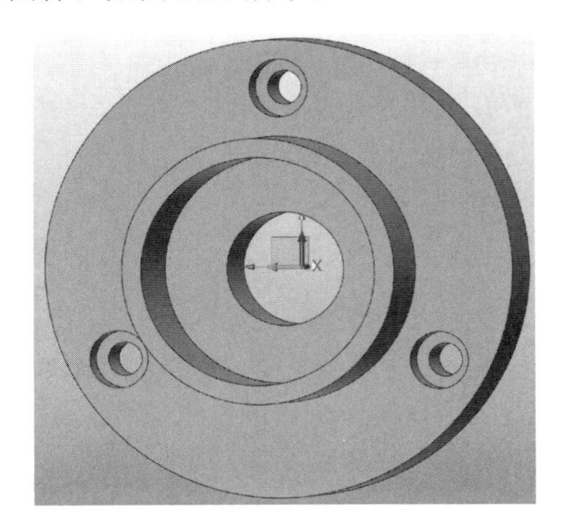

图 5.31

任务 5-2 装配工程图样制作

一、任务目标

本任务以减速曲柄传动机构为例，介绍将三维模型图转换为二维装配工程图的方法，如图 5.32 所示。通过本任务的学习，完成创建视图、添加注释和符号、添加气泡和创建 BOM 表等任务，掌握制作装配工程图的方法。

图 5.32

该装配工程图样制作思路如下：

① 利用【标准】、【投影】、【局部剖视图】和【全剖视图】等命令，创建装配体的视图。

② 利用【标注】命令，添加装配体的必要尺寸和注释。

③ 利用【气泡】命令，完成装配体的气泡图。

④ 利用【BOM 表】命令，创建装配体的 BOM 表。

⑤ 利用【文字】命令，添加技术要求和标题栏。

二、相关知识

装配工程图样是用来表达装配体的图样，通常用于表达机器或装配体的工作原理及零件、部件间的装配关系，是机械设计和生产中的重要技术文件之一。装配工程图样是制定装配工艺规程，进行装配、检验、安装及维修的技术文件。

装配工程图主要包含以下五部分内容：

① 一组视图，如标准视图（俯/仰视图、前/后视图、左/右视图和轴测图）、投影视图、剖视图、局部视图等来表达出装配体的工作原理、各零件的相对位置及装配关系、连接方式和重要零件的形状结果。

② 必要的尺寸，在装配工程图中不需要标注出零件的所有尺寸，只需要标注出部件的性能（规格）尺寸、配合尺寸、安装尺寸、外形尺寸、检验尺寸等。

③ 技术要求，主要为装配体的性能、装配、调整、试验等所必须满足的技术条件。

④ BOM 表，用于说明每个零件的名称、代码、数量和材料等。

⑤ 图纸格式，包含图框、标题栏等。

三、任务实施

1. 打开文件

打开中望 3D 软件，选择“5-2 减速曲柄传动机构”文件，单击【打开】按钮，进入零件建模界面。

2. 进入 2D 工程图

右键单击绘图区空白处，选择 2D 工程图，或者在工具栏选择 2D 工程图，选择 A4_H（ANSI）作为模板。

3. 创建视图

1）创建标准视图

单击【布局】选项卡→【视图】面板→【标准】命令，弹出如图 5.33 所示对话，【视图】选择仰视图。在图 5.34 所示对话框中，【X/Y】比例设置 1∶1，其余参数默认。单击【确定】按钮，完成标准视图的创建。

2）创建投影视图

单击【布局】选项卡→【视图】面板→【投影】命令，弹出图 5.35 所示对话框，【基准视图】选择仰视图；【位置】选择合适的位置；【投影】选择“第一视角”；【标注类型】选择“投影”；其余参数默认。单击【确定】按钮，完成投影视图的创建，如图 5.36 所示。

图 5.33

图 5.34

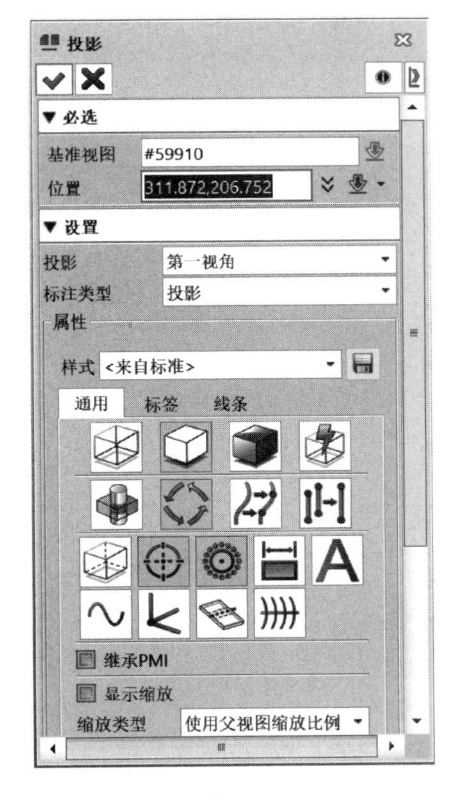

图 5.35

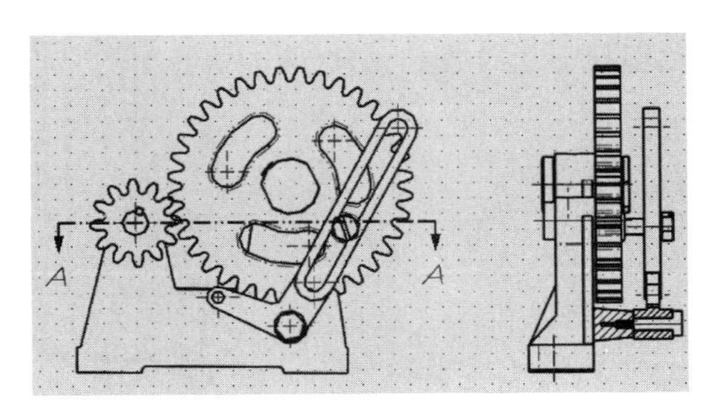

图 5.36

3）创建局部剖视图

单击【布局】选项卡→【视图】面板→【局部剖视图】命令，弹出【局部剖】对话框，选择【矩形边界】方式；【基准视图】选择投影视图；【深度偏移】输入 65mm；【深度】选择“点”；【边界】和【深度点】如图 5.37 所示；其余参数默认。单击【确定】按钮，完成局部剖视图的创建，如图 5.38 所示。

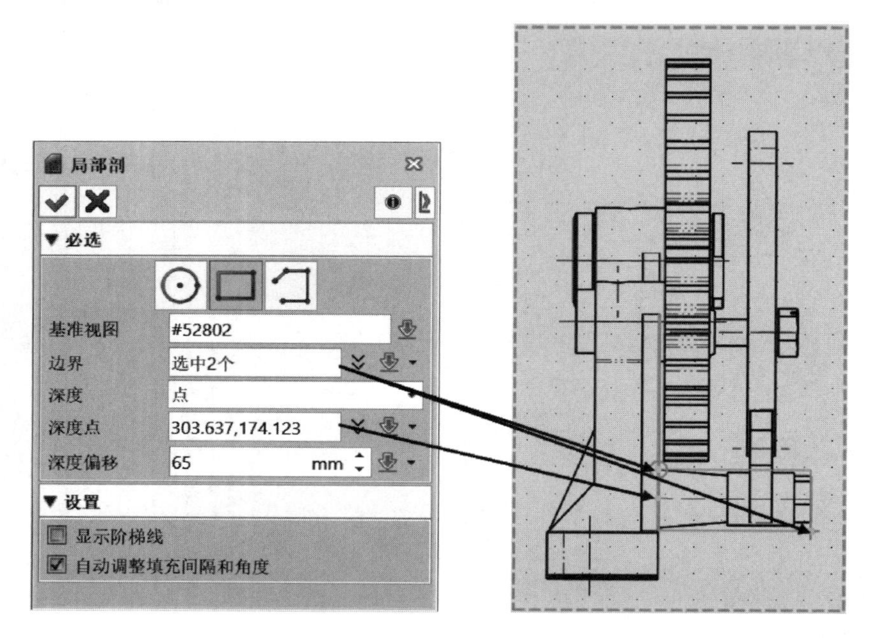

图 5.37

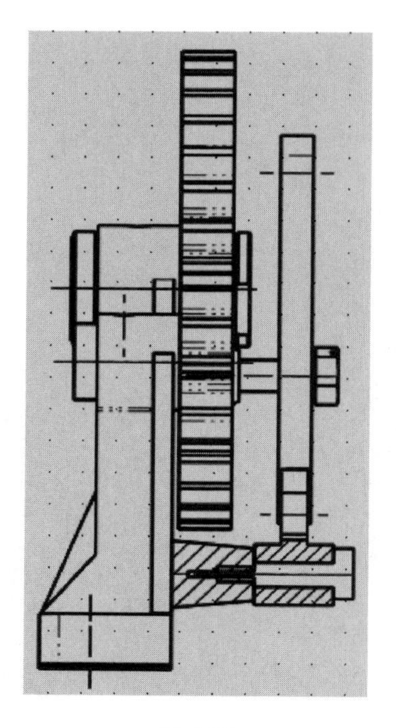

图 5.38

4）创建全剖视图

单击【布局】选项卡→【视图】面板→【全剖视图】命令，弹出如图 5.39 所示对话框，【基准视图】选择前视图；【点】选择左右两点；【位置】选择合适的位置；【方式】选择“修剪零件”；【位置】选择“正交”；【标注类型】选择“投影”；【剖面深度】输入 0mm；其余参数默认。单击【确定】按钮，完成全剖视图的创建，如图 5.40 所示。

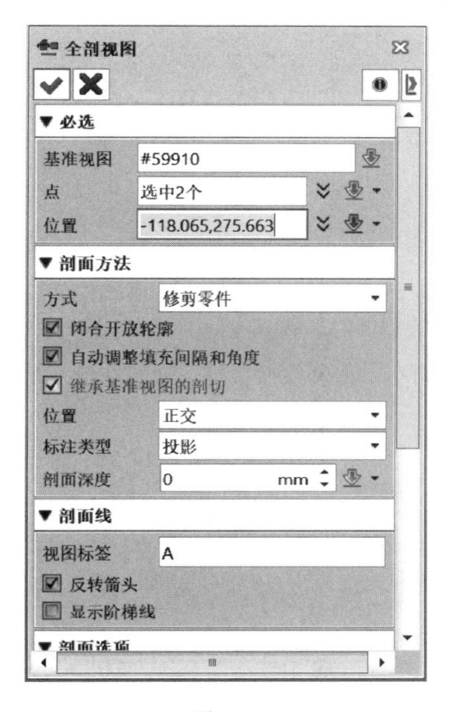

图 5.39

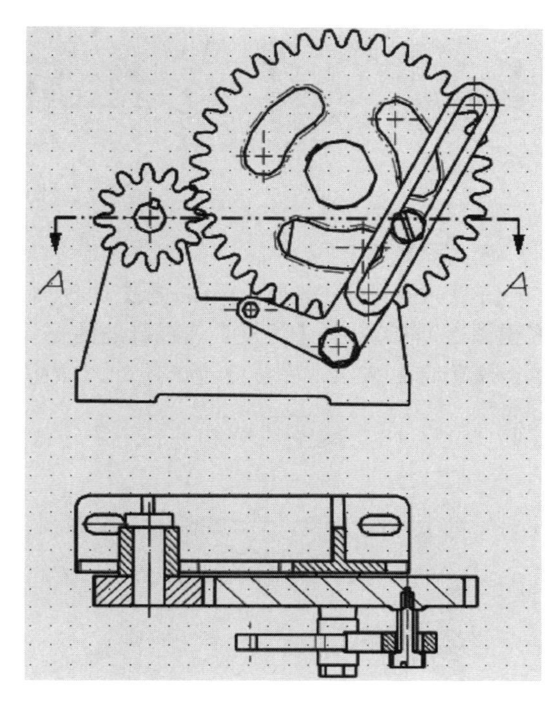

图 5.40

4. 添加尺寸和注释

单击【标注】选项卡→【标注】面板→【标注】命令，在全剖视图的螺栓上添加直径尺寸，从标注工具条中添加直径符号并设置尺寸精度，最后使用【修改公差】命令设置尺寸公差，结果如图 5.41 所示。

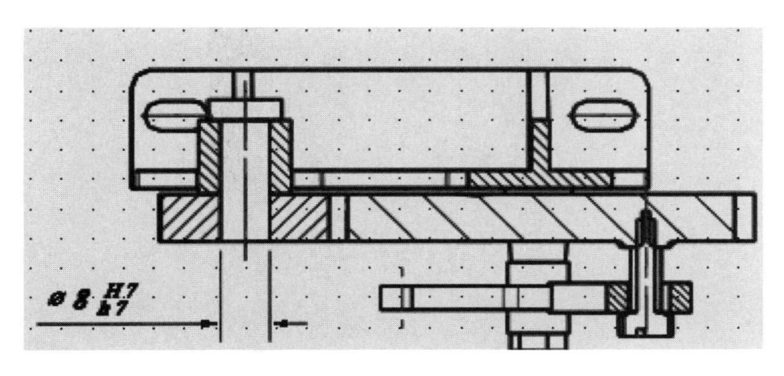

图 5.41

用同样的方法标注其他主要尺寸，并添加相应的符号及设置要求的精度，如图 5.42 所示。

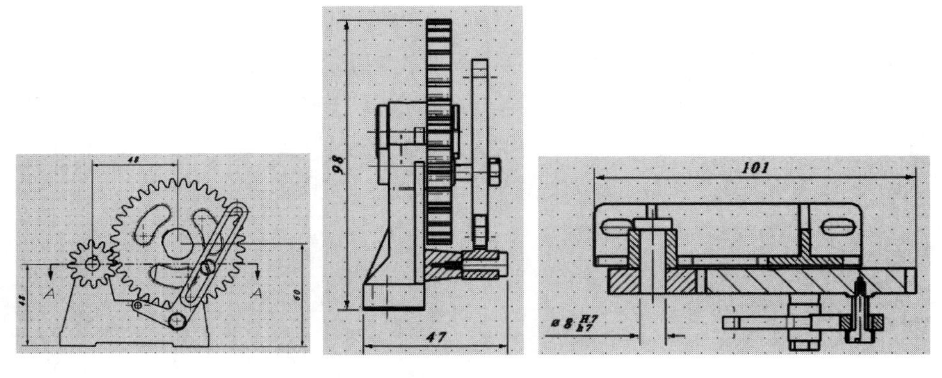

图 5.42

5. 添加气泡

单击【标注】选项卡→【注释】面板→【气泡】命令，弹出如图 5.43 所示对话框，在仰视图上添加气泡；【位置】选择合适的位置；【文字】输入“ID”和“1”；其余参数默认。单击【确定】按钮，完成气泡的添加，如图 5.44 所示。依次添加气泡，如图 5.45 所示。

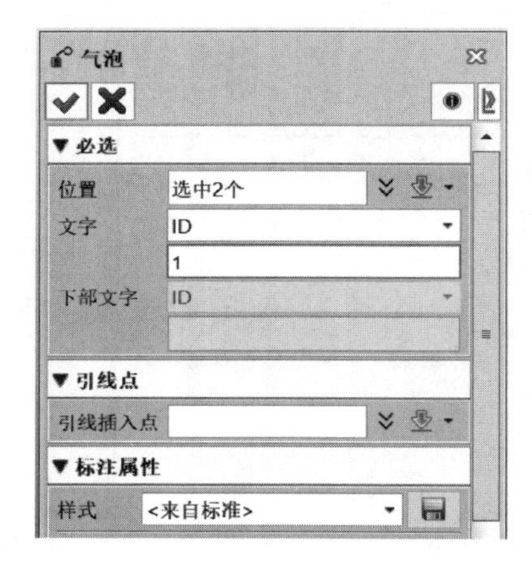

图 5.43

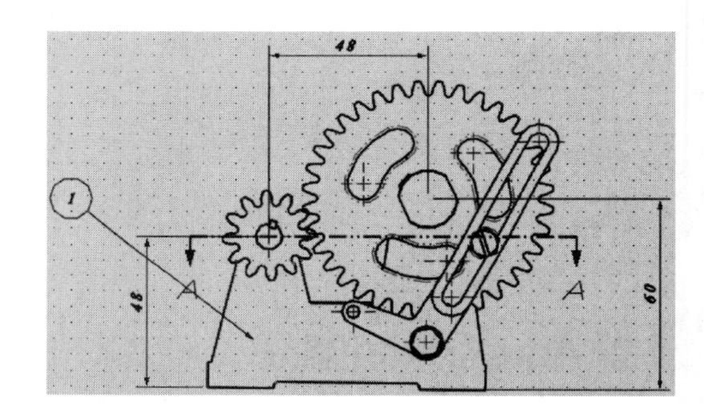

图 5.44

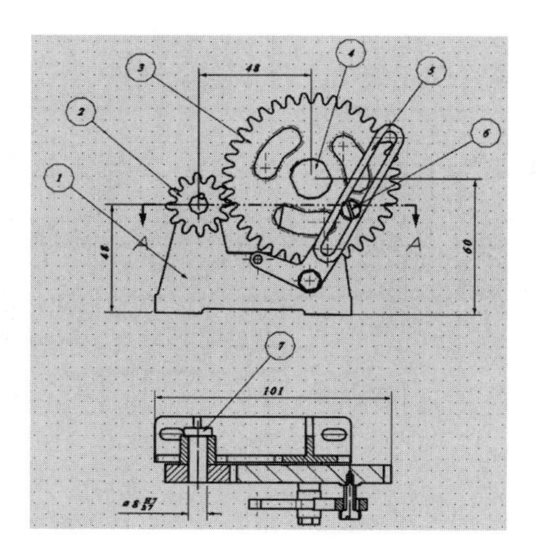

图 5.45

6. 创建 BOM 表

单击【布局】选项卡→【表】面板→【BOM 表】命令，弹出如图 5.46 所示对话框，【视图】选择仰视图；【名称】输入“BOM”；【层级设置】选择“仅气泡”；其余参数默认。单击【确定】按钮，完成 BOM 表的创建，如图 5.47 所示。

7. 添加技术要求

单击【绘图】选项卡→【绘图】面板→【文字】命令，弹出【文字】对话框，【点 1】选择文字的位置；【文字】输入技术要求。单击【确定】按钮，依次添加技术要求的其他字段，完成技术要求的添加。

8. 装配工程图样

该装配体二维装配工程图样如图 5.48 所示。

图 5.46

ID	名称	数量	材料
7	螺钉 2	2	Aluminum
6	螺钉 1	2	Aluminum
5	摇杆	1	Aluminum
4	端盖	1	Aluminum
3	从动齿轮	1	Aluminum
2	主动齿轮	1	Aluminum
1	支架	1	Aluminum

图 5.47

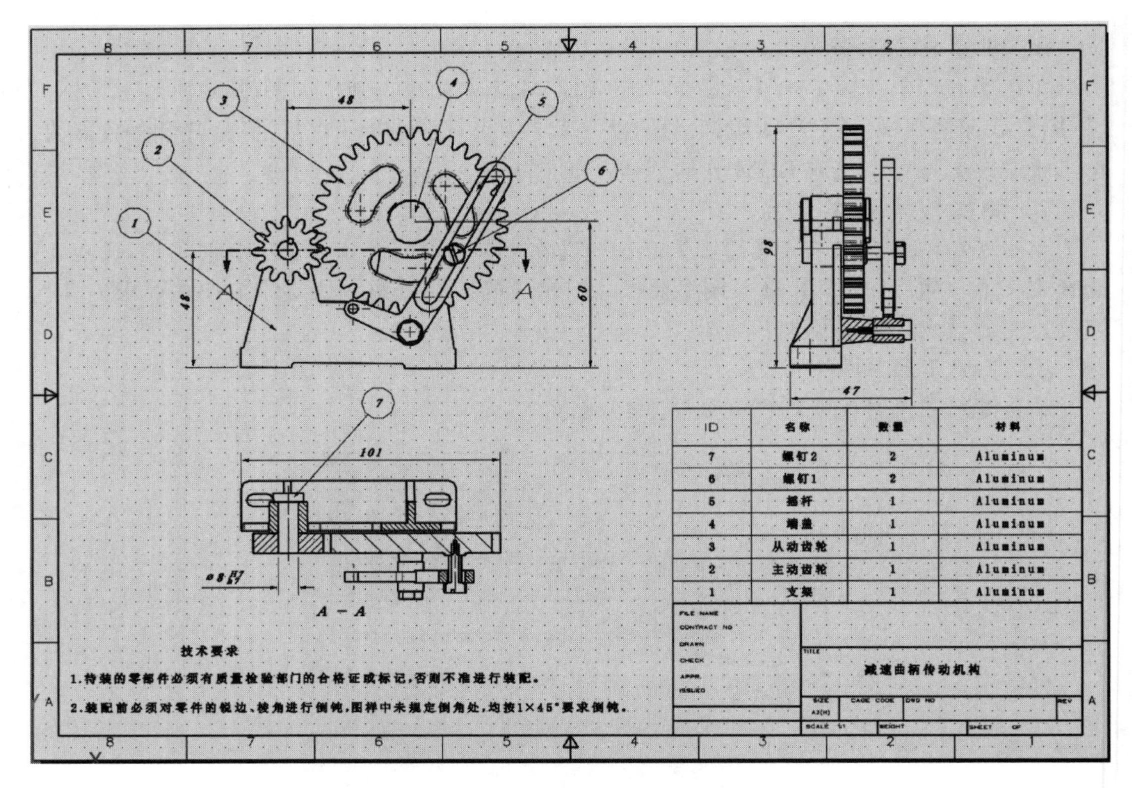

图 5.48

9. 保存文件

工程视图另存为.dwg 格式，建议用中望机械 CAD 继续对图纸进行完善。

四、任务评价

装配工程图样的评价见表 5.2。

表 5.2

评价内容	评价标准	分值	学生评价	教师评价
新建文件	能够正确创建二维装配工程图	10		
创建视图	1.能够创建合理的三视图 2.能够创建全剖视图 3.能够创建局部剖视图	20		
添加注释和符号	1.能够添加尺寸及公差 2.能够添加技术要求	20		
添加气泡	掌握气泡命令	20		
创建 BOM 表	掌握 BOM 表命令	20		
保存文件	能够正确保存文件	10		

学习体会：

五、练一练

按照提供的零件，完成平口虎钳的装配工程图，如图 5.49 所示。

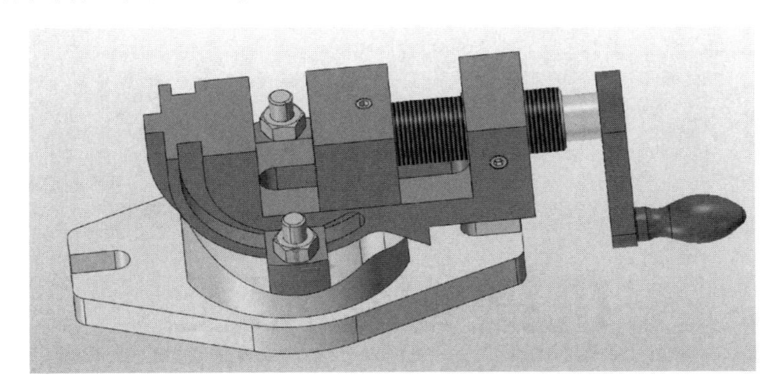

图 5.49

机械零件加工

思政材料 6

教学目标

1. 掌握零件的加工工艺流程。
2. 掌握零件加工仿真的一般流程。
3. 掌握零件的 2 轴、3 轴数控加工模拟仿真流程。

能力要求

1. 能够准确分析零件的加工工艺。
2. 能够正确运用加工模块的命令进行加工模拟仿真。
3. 根据模拟仿真结果进行参数的调整。

问题导入

在机床的加工过程中，有时会因编程不准确等问题导致加工过程出现问题，造成坯料的浪费。若在机床实际加工之前进行零件的加工仿真，如图 6.1 所示，将问题反馈在仿真阶段，并及时进行修改，会大大减少不必要的成本浪费。如何用中望 3D 软件完成加工仿真？让我们进入模块六的学习。

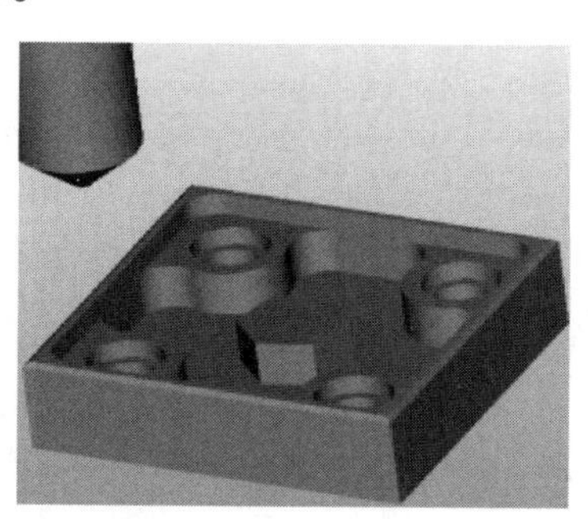

图 6.1

任务 6-1　认识加工流程

加工流程

一、任务目标

通过本任务的学习，了解机床加工，熟悉中望 3D 的加工环境、工作流程及策略，了解简单零件的加工流程。为了更直观地了解中望 3D 的加工流程，我们以简单零件为例讲解加工流程，如图 6.2 所示。

该加工件的加工方案思路如下：

① 利用【打开】命令，进入零件建模界面。

② 利用【移动】命令，调整加工坐标。

③ 创建坯料。

④ 新建工序，进行刀具设置、加工特征设置，利用【螺旋】命令完成内腔加工。

⑤ 加工仿真，完成工件的实体仿真和刀轨仿真。

⑥ 程序输出，完成该工序的 NC 输出。

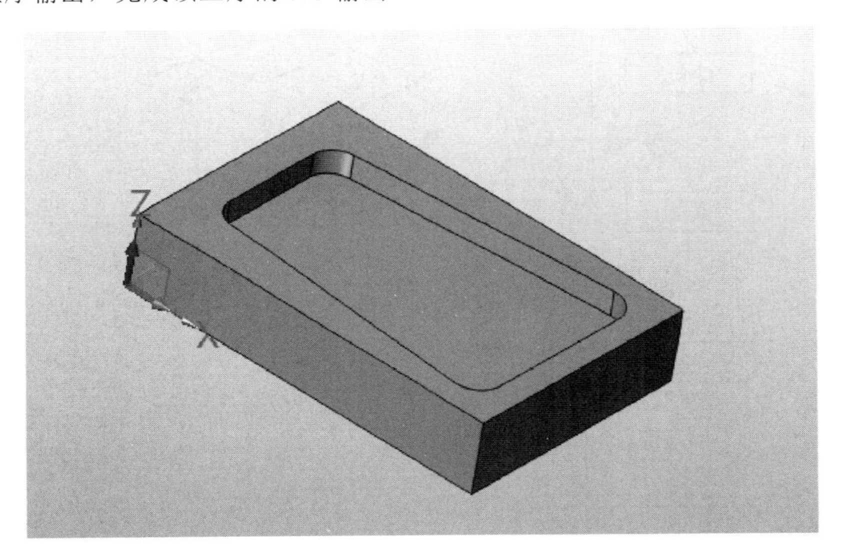

图 6.2

二、相关知识

1. 机床加工

当操作工人使用机床加工零件时，通常都需要对机床的各种动作进行控制，一是控制动作的先后顺序，二是控制机床各运动部件的位移量。采用普通机床加工时，开车、走刀、换向、变速和开关切削液等操作都是由人工直接控制的。在传统的金属切削机床上，操作者在加工零件时，根据图样的要求，需要不断地改变刀具的运动轨迹和运动速度等参数，使刀具对工件进行切削加工，最终加工出合格零件。

① 首先阅读零件图纸，充分了解图纸的技术要求，如尺寸精度、形位公差、表面粗糙度、工件的材料、硬度、加工性能以及工件数量等。

② 根据零件图纸的要求进行工艺分析，其中包括零件的结构工艺性分析、材料和设计精度合理性分析、大致工艺步骤等。

③ 根据工艺分析制定出加工工艺路线、工艺要求、刀具的运动轨迹、位移量、切削用量（主轴转速、进给量、吃刀深度），以及辅助功能（换刀、主轴正转或反转、切削液开或关）等，并填写加工工序卡和工艺过程卡。

④ 根据零件图和制定的工艺内容，按照所用数控系统规定的指令代码及程序格式进行数控编程。

⑤ 将编写好的程序通过传输接口输入数控机床的数控装置中。调整好机床并调用该程序，加工出符合图纸要求的零件。

在用机床进行零件加工之前可通过中望 3D 仿真加工验证程序的合理性，然后将加工代码导入到机床中进行后处理，最终完成零件加工过程，其程序如图 6.3 所示。

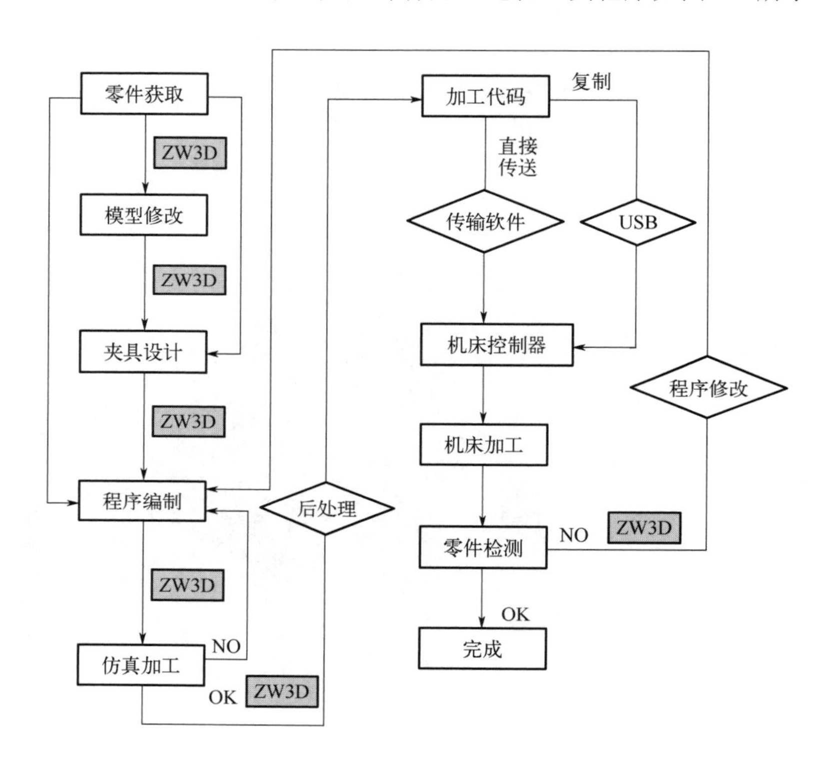

图 6.3

2. 中望 3D 加工基本操作

打开中望 3D 软件，进入加工模块有两种方式：一是通过【新建文件】选择加工方案，直接进入加工模块，如图 6.4 所示；二是在当前零件对话框下单击右键，弹出如图 6.5 所示对话框，选择加工方案，进入加工模块。

1）认识管理器

管理器用来管理零件加工过程中的加工工序，如图 6.6 所示。

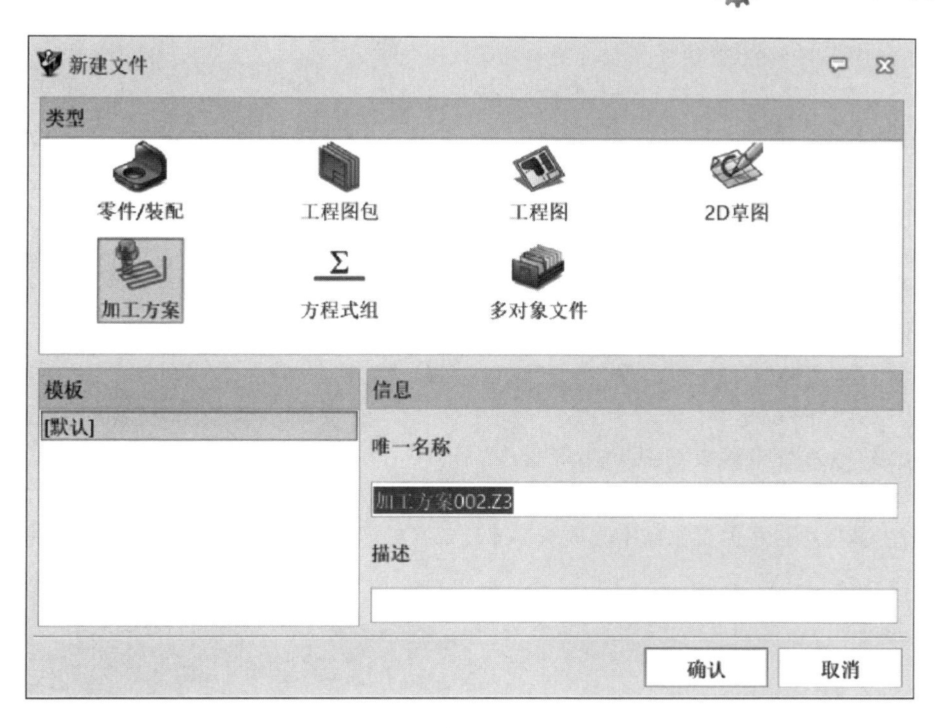
新建文件
类型
零件/装配
工程图包
工程图
2D草图
加工方案
方程式组
多对象文件
模板
[默认]
信息
唯一名称
加工方案002.Z3
描述
确认
取消

图 6.4

设置旋转中心
整图缩放
隐藏实体
插入基准面
草图
3D草图
配置表
曲线列表
插入组件
插入子零件
约束
ZW3D管理器...
变量浏览器...
2D工程图
加工方案
自定义菜单

图 6.5

管理器中各项目的主要作用如下：

【几何体】管理要加工的 CAM 组件与特征。如加工零件、毛坯、轮廓等。

【加工安全高度】定义缺省加工系统 XY 坐标的默认安全高度、进刀退刀距离。

【坐标系】建立局部加工坐标系。

【策略】创建智能加工程序。

【工序】管理加工系统的所有刀路工序。

【设备】定义数控机床的信息，包括机器选择、后处理选择、刀具号码定义等。

【输出】将刀路输出成 G 代码指令程序。

图 6.6

2）认识设备管理器

单击工具栏中的【加工系统】选项卡→【设备管理器】命令进行相关设置，如图 6.7 所示。

图 6.7

【后置处理器配置】可进行后置处理器的参数设置，中望 3D 提供了 Fanuc、GSK、KND 等的后置处理器。

XY、YZ、XZ 平面弧线运动选项用来定义该平面内是否有圆弧输出。

【多轴联动】定义是否多轴联动输出。如果输出的程序是 4 轴以上的程序时，选择“是”，其余可选择“否”。

【刀具变换器】定义刀具输出号码。

3）认识刀具管理器

单击工具栏中的【加工系统】选项卡→【刀具】命令，对加工过程中用到的刀具进行相关参数的设置，如图 6.8 所示。

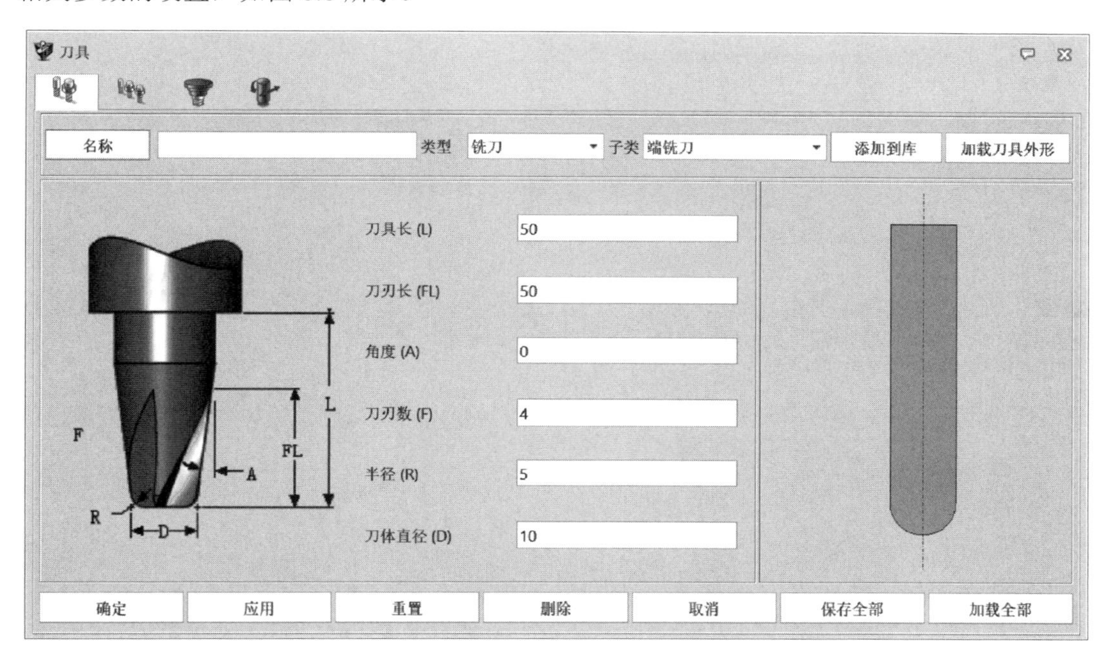

图 6.8

三、任务实施

1. 打开文件

打开中望 3D 软件，选择“6-1 模型”文件，单击【打开】按钮，进入零件建模界面。

2. 调整加工坐标

单击【造型】选项卡→【基础编辑】面板→【移动】命令，弹出如图 6.9 所示对话框，选择【点到点移动】方式；【实体】选择全部实体；【起始点】选择该零件最高面的中心点；【目标点】输入“0, 0, 0”。单击【确定】按钮，完成加工坐标的调整，如图 6.10 所示。

3. 进入加工系统并创建坯料

1）进入加工系统

在绘图区空白区域单击右键，选择【加工方案】，进入加工系统，如图 6.11 所示。

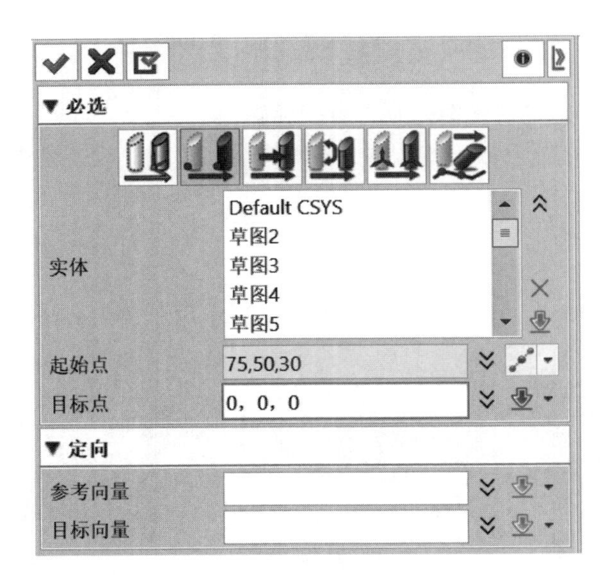

图 6.9

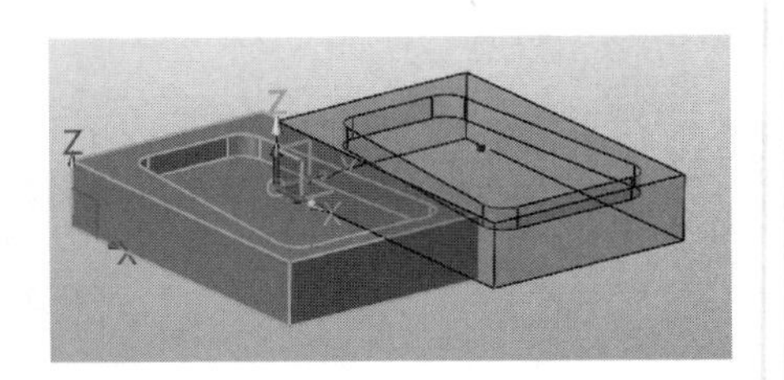

图 6.10

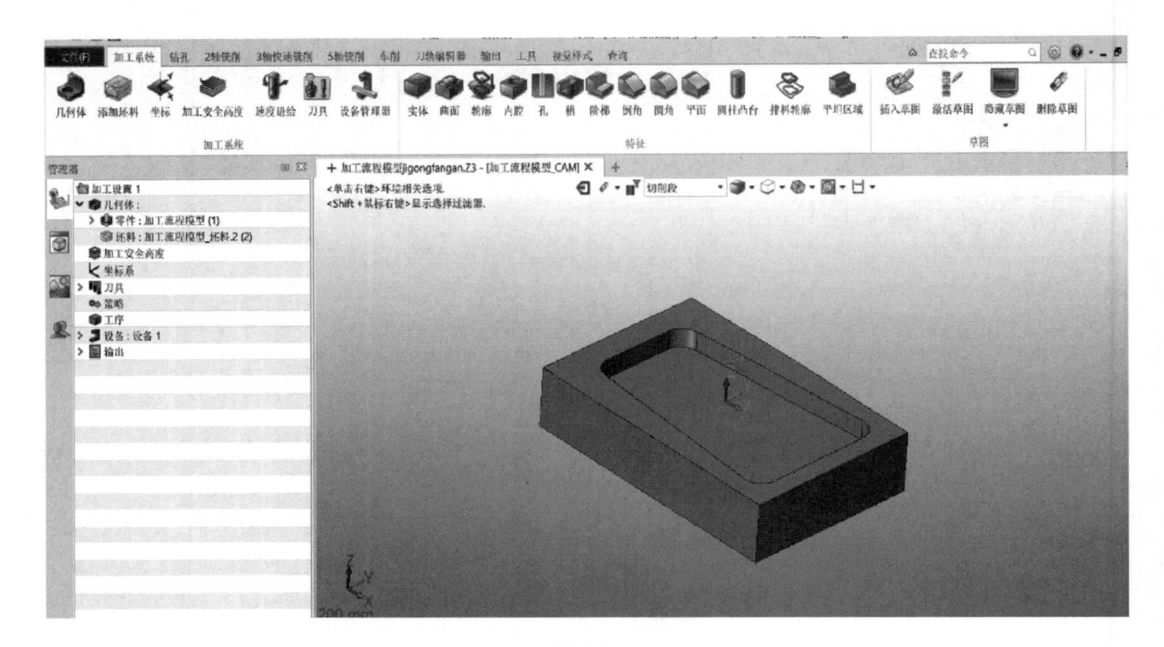

图 6.11

2）添加坯料

单击【加工系统】选项卡→【添加坯料】命令，弹出如图 6.12 所示对话框，坯料类型可以是六面体、圆柱体或者是外部的 STL 造型，此处选择六面体方式；【造型】选择 1 个实体；其余参数默认。单击【确定】按钮，完成长方形坯料的添加。

4. 新建工序

1）调整加工高度

双击【管理器】→【加工安全高度】，弹出如图 6.13 所示对话框，【安全高度】输入

20；【自动防碰】高度输入 2。单击【确认】按钮，完成加工高度的调整。

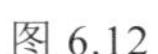
图 6.12

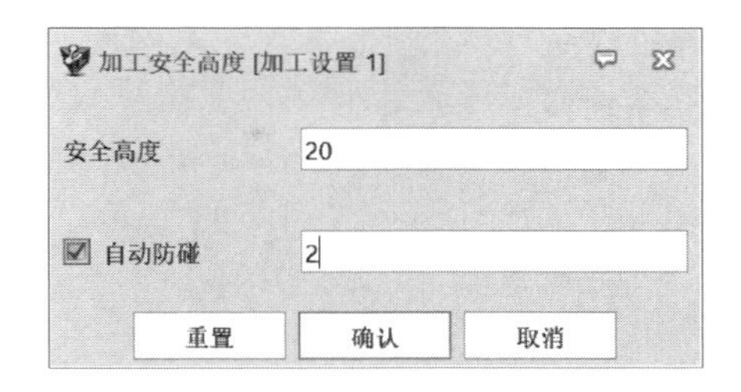

图 6.13

2）定义加工特征

单击【2 轴铣削】选项卡→【二维内腔】面板→【螺旋】命令，弹出【选择特征】对话框，单击【新建】，选择【轮廓】，单击【确定】按钮，弹出【轮廓】对话框，【输入类型】选择曲线；【轮廓】选中要加工的轮廓，按住 Shift 键可以全部选中所需要的轮廓线，如图 6.14 所示。单击【确定】按钮，弹出如图 6.15 所示对话框，【开放/闭合】选择“闭合”；其余参数默认。单击【确认】按钮，完成加工特征的定义。

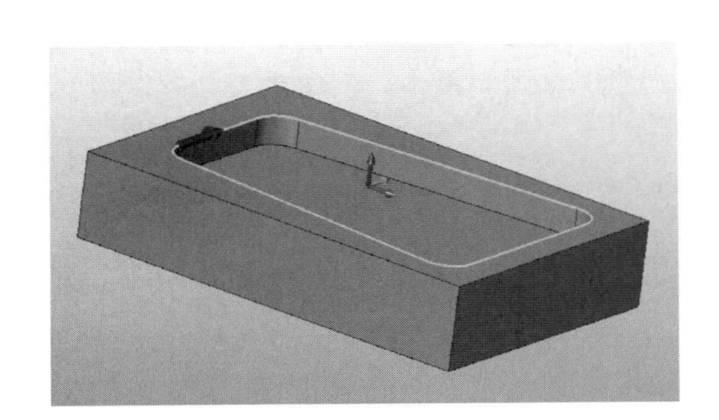
图 6.14

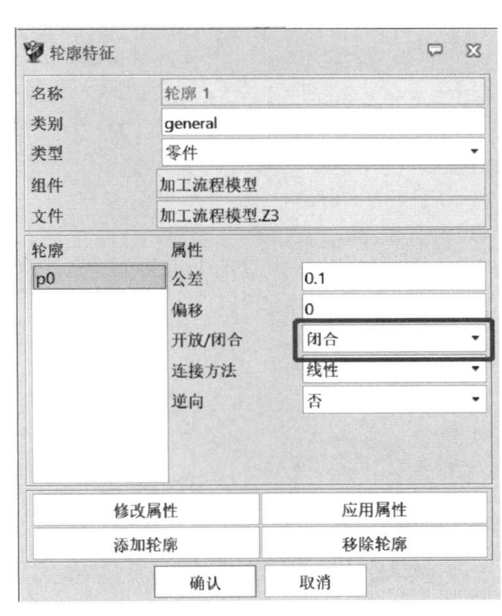

图 6.15

3）定义刀具

双击【管理器】→【刀具】，进入刀具管理器，设置刀具相关参数，如图 6.16 所示；【名称】输入“d10”；【半径】输入 0；【刀体直径】输入 8mm；其余参数默认。

单击【刀具】→【速度/进给】，弹出如图 6.17 所示对话框，【主轴速度】设定为 1500r/min；【进给速度】设定为 1000mm/min；其余参数默认。单击【确定】按钮，完成刀具的【速度/进给】设置。

4）设置加工参数

单击【管理器】→【螺旋切削 1】，进入到加工参数设置界面，进行加工参数的设置，如图 6.18 所示。单击【边界】,【刀具位置】选择“边界相切”;【类型】选择“绝对”;【顶部】默认为零件最高点;【底部】选择加工的最低点，如图 6.19 所示。如果想要进刀次数多一些，可通过【公差和步距】选项设置。

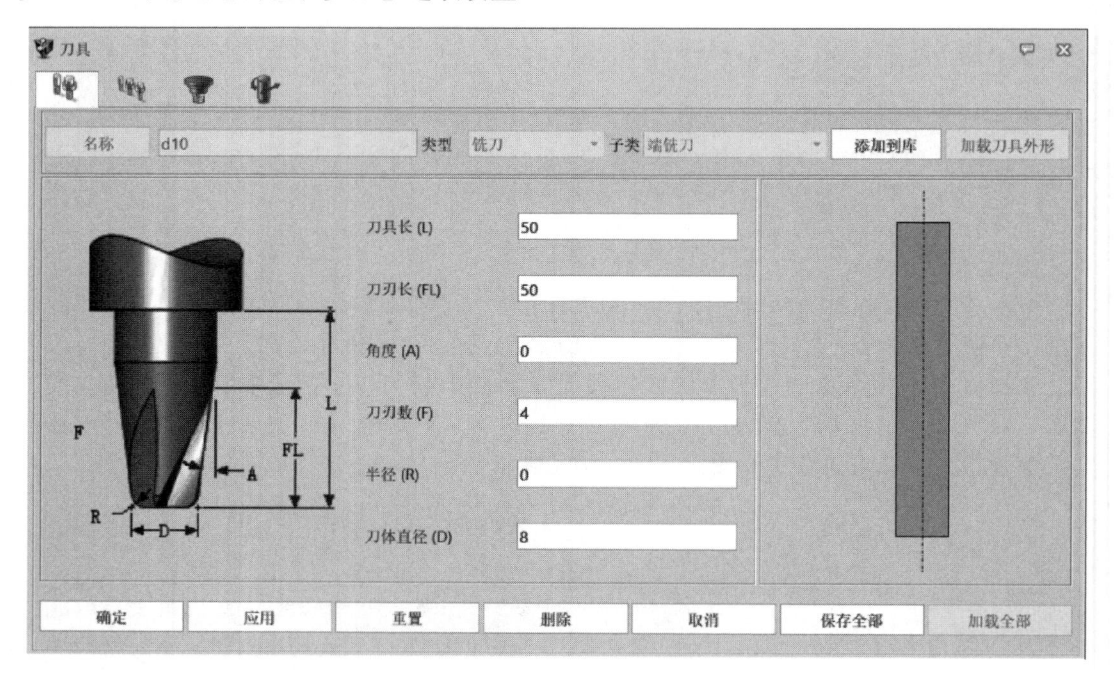

图 6.16

刀具

名称 d10　　加载速度进给表

主轴速度			进给速度		
单位	转/分钟		单位	毫米/分钟	
主轴速度	1500		进给	1000	
快速	百分比	100.0	快速	Rapid	
步进	百分比	100.0	步进	百分比	100.0
插削	百分比	100.0	插削	百分比	20.0
慢进刀	百分比	100.0	慢进刀	百分比	60.0
退刀	百分比	100.0	退刀	百分比	300.0
穿越	百分比	100.0	穿越	百分比	100.0
槽切削	百分比	100.0	槽切削	百分比	40.0
减速	百分比	100.0	减速	百分比	60.0

确定　应用　重置　保存全部　取消

图 6.17

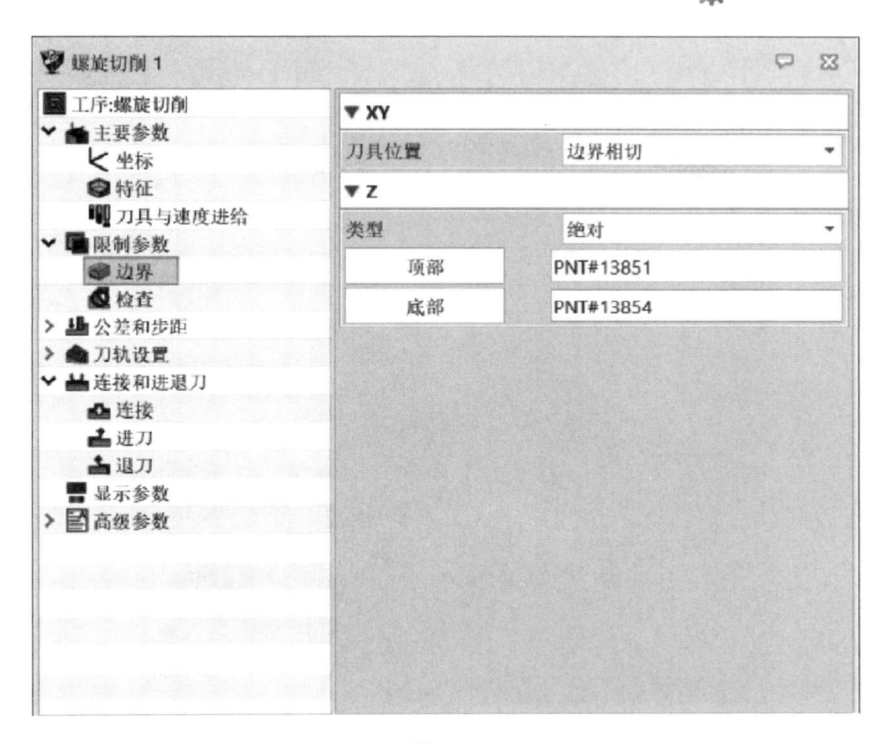
螺旋切削 1
工序:螺旋切削
主要参数
坐标
特征
刀具与速度进给
限制参数
边界
检查
公差和步距
刀轨设置
连接和进退刀
连接
进刀
退刀
显示参数
高级参数
XY
刀具位置
边界相切
Z
类型
绝对
顶部
PNT#13851
底部
PNT#13854

图 6.18

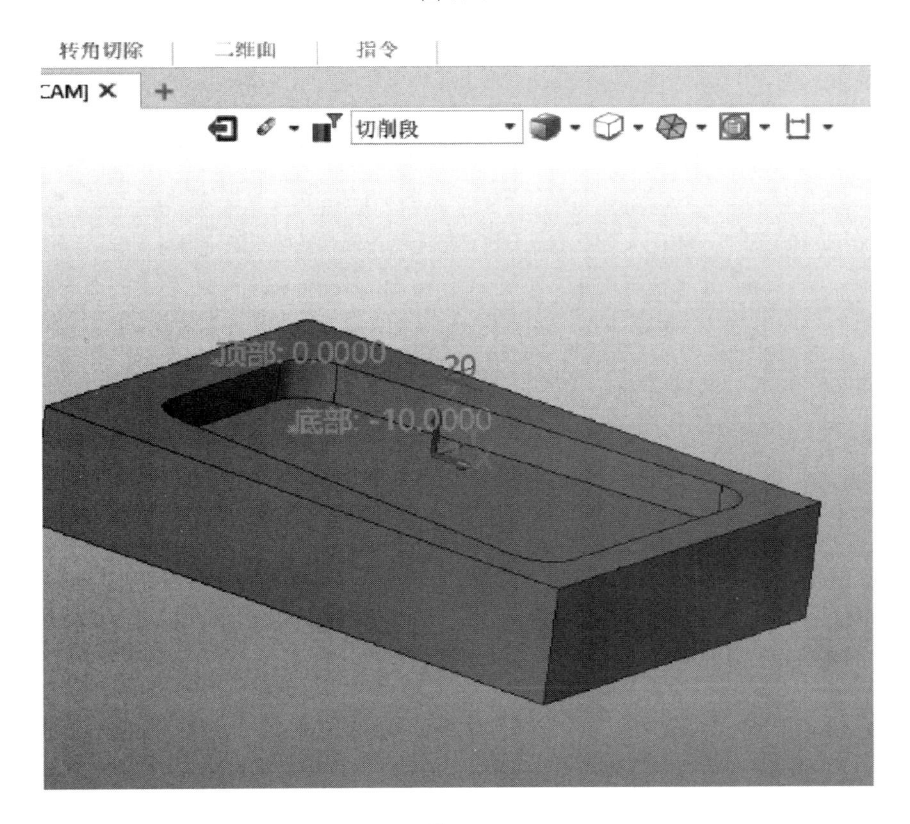
转角切除
二维面
指令
CAM]
切削段
顶部: 0.0000
底部: -10.0000

图 6.19

5）计算刀具路径

单击【螺旋切削 1】→【计算】，进行刀具路径计算。单击【确定】按钮，完成刀具路径的计算，结果如图 6.20 所示。

5. 加工仿真

中望 3D 中的仿真包含刀轨仿真和实体仿真。刀轨仿真用于检查刀具如何沿刀轨移动。实体仿真模拟坯料变成零件的过程。如果仿真所有工序，右键单击【工序】，选择“实体仿真”。如果仿真单条工序，右键单击具体工序名称，选择“实体仿真”。

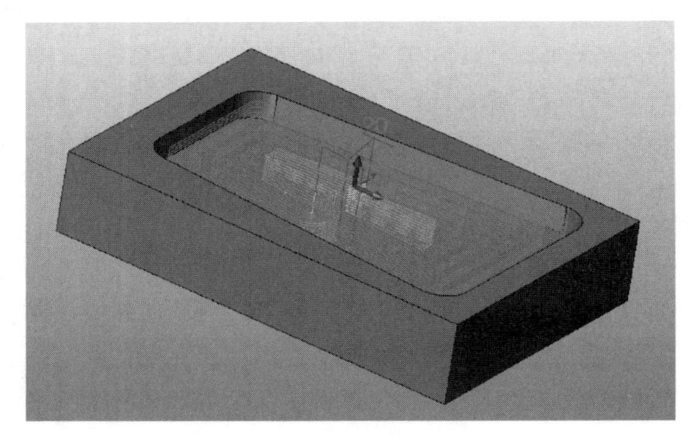

图 6.20

右键单击【螺旋切削 1】，选择“仿真”，进行刀轨仿真，如图 6.21 所示。图 6.22 所示为实体仿真加工图。

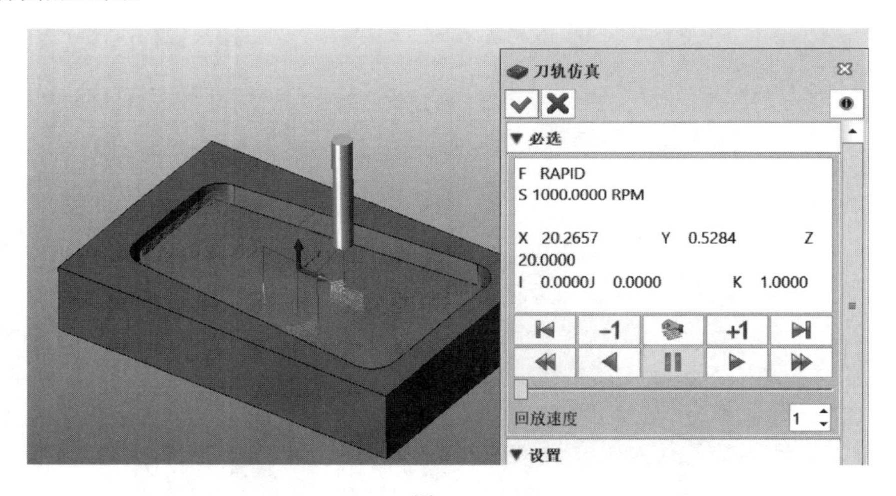

图 6.21

6. 程序输出

1）设置加工设备

单击【管理器】→【设备】，弹出设备列表，单击【设备 1】进入到设备管理器，【后置处理器配置】选择 ZW_Fanuc_3X，实际选择时根据实际情况进行确定；其余参数默认。

2）更改输出文件路径

为方便寻找输出的程序代码，可以提前进行输出文件路径的设置。单击【管理器】→

【输出】→【螺旋切削 1】→【设置】，进行输出文件路径的设置。

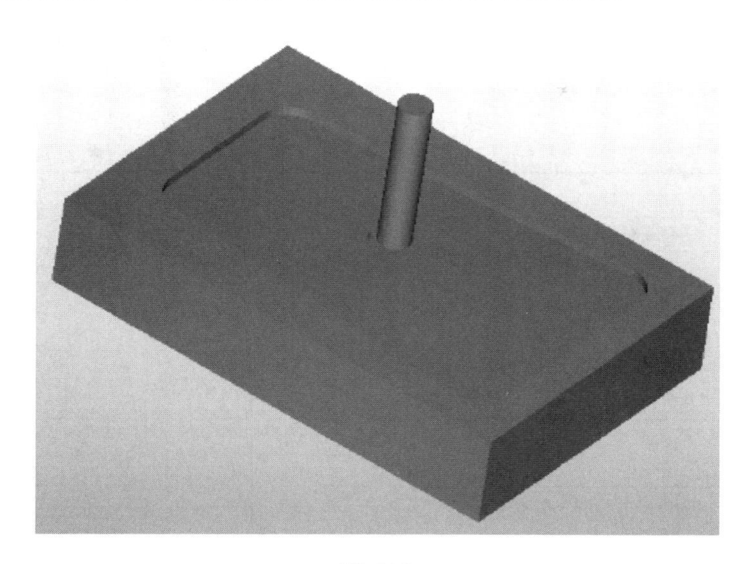

图 6.22

3）创建输出

单击【管理器】→【螺旋切削 1】→【创建输出】，生成加工程序；单击【输出】→【螺旋切削 1】→【输出 NC】，输出该加工程序。加工程序如图 6.23 所示。

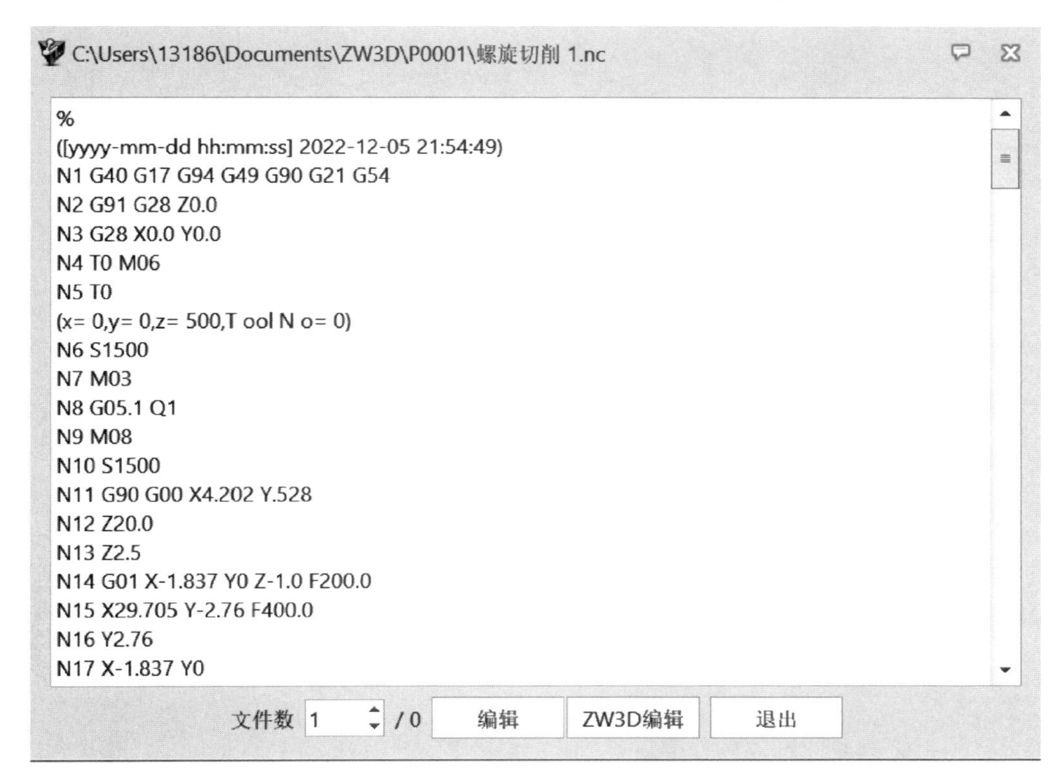

图 6.23

四、任务评价

认识加工流程评价见表 6.1 所示。

表 6.1

评价内容	评价标准	分值	学生自评	教师评价
进入加工系统	1.能够正确进入加工系统 2.能够正确创建规定尺寸形状的毛坯	10		
内腔的加工	1.掌握简单的 2 轴铣削命令 2.掌握螺旋切削命令的使用	40		
模拟仿真	1.能够正确创建刀轨仿真及实体仿真 2.能够观察刀轨路径的优劣	30		
输出程序	1.能够正确建立文件的输出路径 2.能够正确输出工序的 NC 文件	10		
学习积极性	创建加工工序的积极性	10		
学习体会：				

五、练一练

完成零件的加工，如图 6.24 所示。

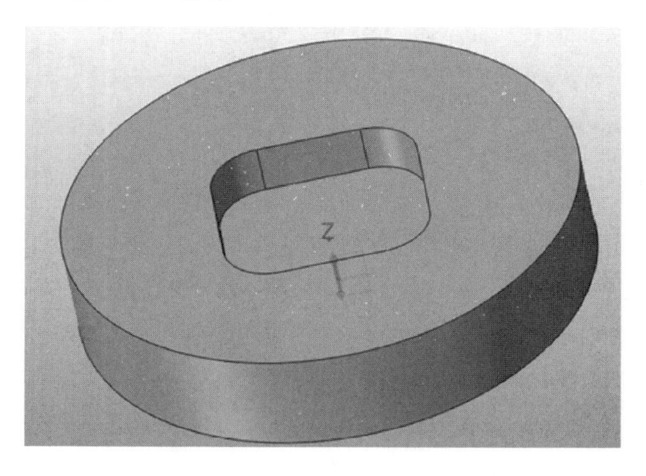

图 6.24

任务 6-2　2 轴铣削加工

二轴铣削加工实例

一、任务目标

本任务完成图 6.25 所示零件的加工。通过本任务的学习，掌握 2 轴铣削加工流程，能够熟练运用 2 轴铣削中的命令设置各种切削参数和非切削参数。

该零件的加工思路如下：

① 利用【螺旋】命令，完成内腔的加工。

② 利用【中心转】、【普通钻】命令，完成通孔的加工。

③ 利用【轮廓】命令，完成台阶孔的加工。

④ 利用【倒角】命令，完成倒角的加工。

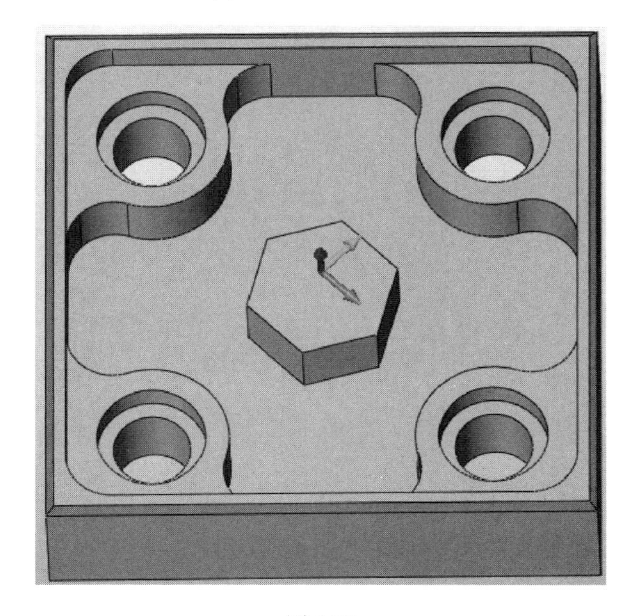

图 6.25

相关知识案例

二、相关知识

1. Z 字型铣削

1）选择铣削轮廓

单击【2 轴铣削】选项卡→【二维内腔】面板→【Z 字型】命令，弹出【选择特征】对话框，单击【新建】，选择【轮廓】，单击【确定】，弹出【轮廓】对话框，【输入类型】选择“曲线”；【轮廓】选中内腔的所有轮廓线，如图 6.26 所示。单击【确定】，弹出【轮廓特征】对话框，【开放/闭合】选择“闭合”，其余参数默认。单击【确认】按钮，完成铣削轮廓的选择。

2）定义刀具

单击【管理器】→【刀具】，进入刀具管理器，设置刀具相关参数，可以选用之前创建的刀具，也可以创建新的刀具。

3）定义 Z 字型切削工序参数

单击【工序】→【Z 字型平行切削 1】，弹出对应工序的参数设置对话框，对刀具转速、进给速度、限制参数、步距、进退刀等参数进行设置。

4）计算刀路

单击【计算】按钮，进行 Z 字型切削刀路的计算，结果如图 6.27 所示。

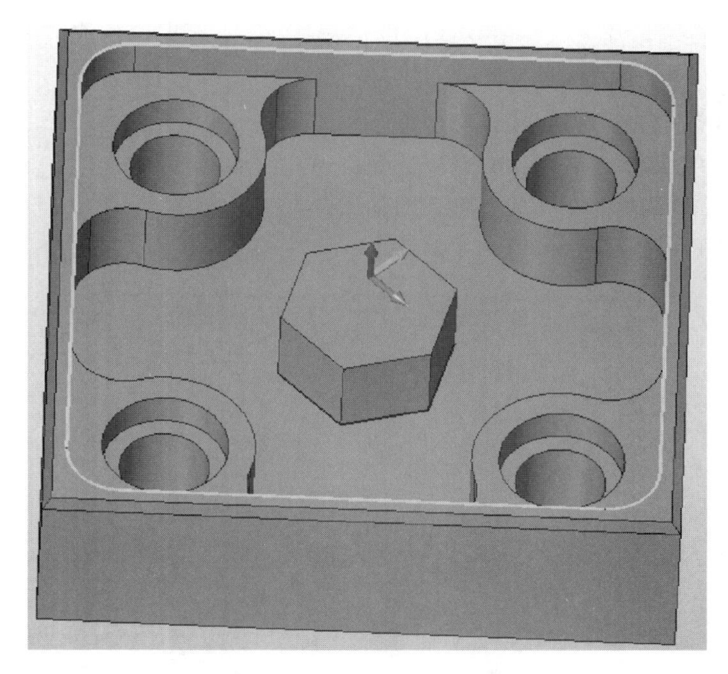

图 6.26

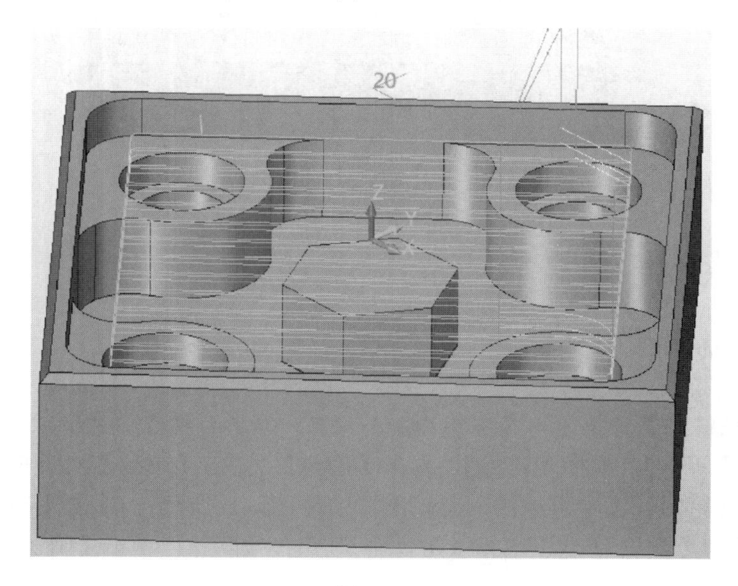

图 6.27

2. 单向平行铣削

1）选择铣削轮廓

单击【2 轴铣削】选项卡→【单向平行】命令，弹出【选择特征】对话框，单击【新建】，选择【轮廓】，单击【确定】，弹出【轮廓】对话框，【输入类型】选择“曲线”；【轮廓】选中内腔的所有轮廓线，如图 6.28 所示。单击【确定】，弹出【轮廓特征】对话框，【开放/闭合】选择“闭合”，其余参数默认。单击【确认】按钮，完成铣削轮廓的选择。

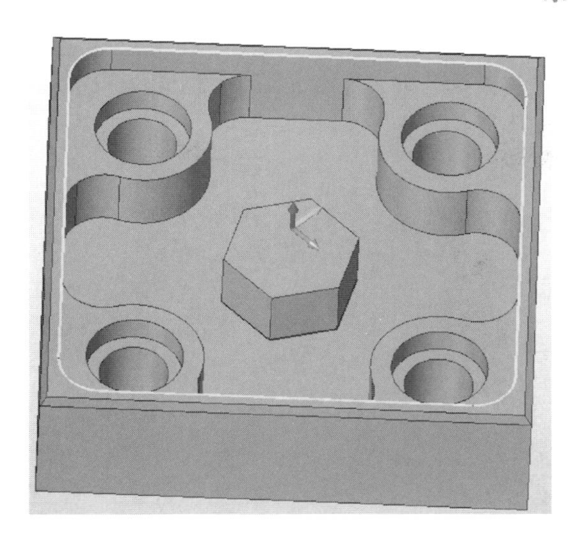

图 6.28

2）定义刀具

单击【管理器】→【刀具】，设置刀具相关参数，可以选用已经创建的刀具，也可以单击【管理】创建新的刀具。

3）定义单向平行切削工序参数

单击【工序】→【单向平行切削 1】，弹出参数设置对话框，对刀具转速、进给速度、限制参数、步距、进退刀等参数进行设置。

4）计算刀路

单击【计算】按钮，进行单向平行切削刀路的计算，如图 6.29 所示。

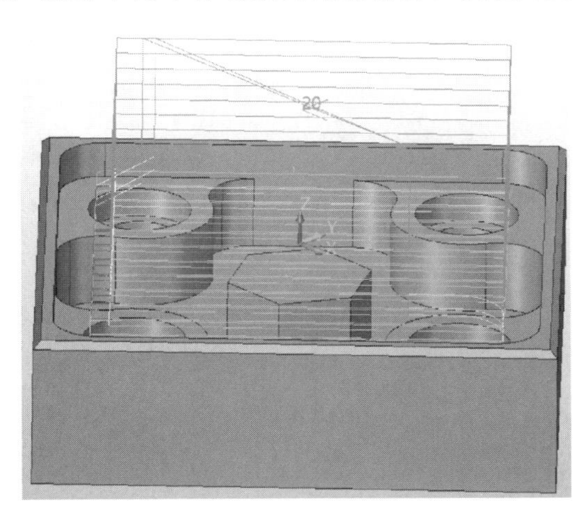

图 6.29

三、任务实施

1. 打开文件

打开中望 3D 软件，选择“6-2 模型”文件，单击【打开】按钮，进入零件建模界面。

2. 调整坐标

将模型与合适的坐标系对齐。通过【线框】选项卡中的【移动】命令，将坐标原点移动至加工件模型的上表面中心，如图 6.30 所示。

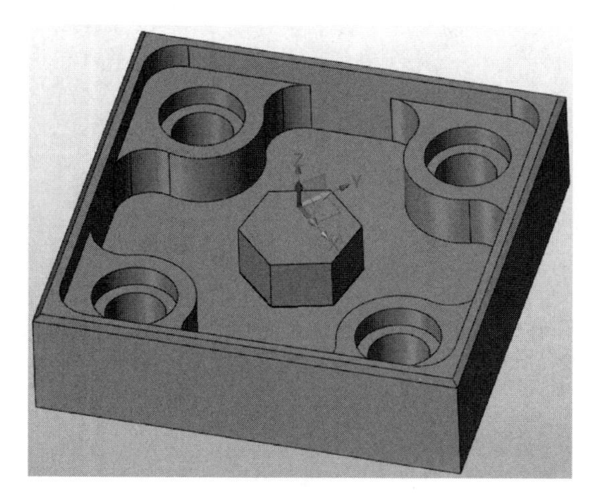

图 6.30

3. 进入加工模块

在绘图区空白区域单击右键，选择【加工方案】，进入加工模块。

4. 添加坯料

单击【加工系统】选项卡→【添加坯料】命令，弹出【添加坯料】对话框，【坯料类型】选择“六面体”，选择一个参考平面确定坯料的方向；其余参数默认。单击【确定】按钮，完成坯料的添加。

添加完成坯料后，弹出如图 6.31 所示对话框，单击【是】，完成坯料的隐藏。

图 6.31

5. 设置加工安全高度

单击【管理器】→【加工安全高度】，弹出如图 6.32 对话框，【安全高度】输入 20；【自动防碰】高度输入 10。单击【确认】按钮，完成加工安全高度的设置。

6. 加工内腔 1

1）选择铣削轮廓

单击【2 轴铣削】选项卡→【螺旋】命令，弹出【选择特征】对话框，单击【新建】，选择【轮廓】，单击【确定】，弹出【轮廓】对话框，【输入类型】选择“曲线”；【轮廓】

选中内腔 1 的所有轮廓线，结果如图 6.33 所示。单击【确定】，弹出【轮廓特征】对话框，【开放/闭合】选择“闭合”，其余参数默认。单击【确认】按钮，完成铣削轮廓的选择。

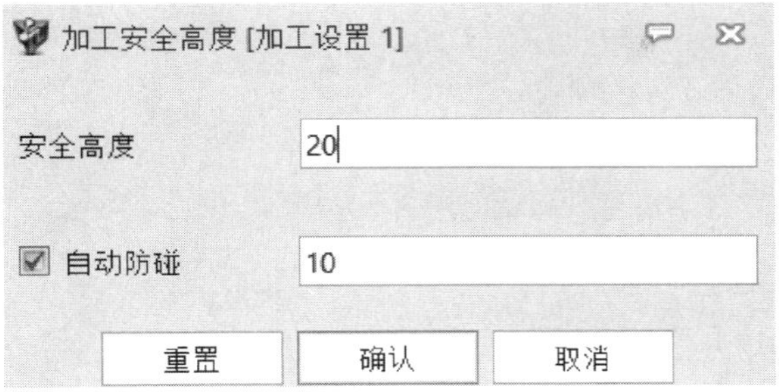

加工安全高度 [加工设置 1]

安全高度　20

自动防碰　10

重置　确认　取消

图 6.32

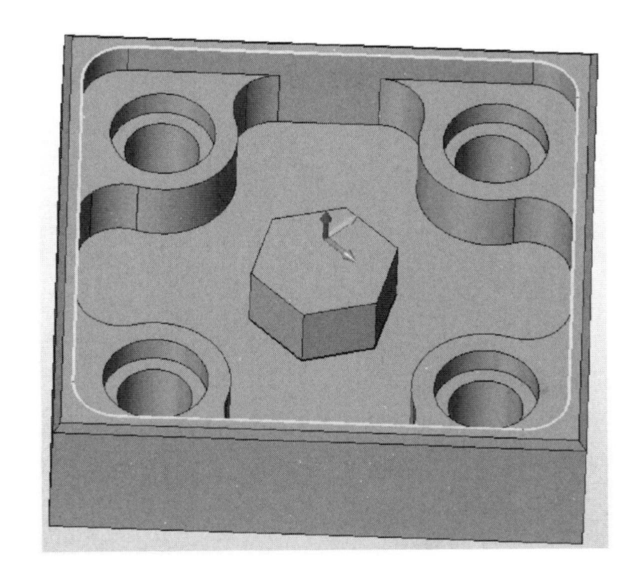

图 6.33

2）定义刀具

单击【管理器】→【刀具】，进入刀具管理器，设置刀具相关参数，如图 6.34 所示，【名称】输入“D10R0”；【半径】输入 0；【刀体直径】输入 10；其余参数默认。单击【确定】按钮，完成刀具的定义。

定义刀具之后，弹出如图 6.35 所示对话框，单击【否】，现在不进行计算。

3）定义螺旋切削工序参数

双击【管理器】中的【螺旋切削 1】，进入到加工参数设置界面。

单击【刀具与速度进给】，【主轴速度】输入 1500r/min，【进给】输入 1000mm/min。

单击【限制参数】进行加工限制参数的设置，【刀具】位置选择边界相切；【类型】选择绝对；【顶部】选择此次铣削内腔的上表面中任意一点；【底部】选择此次铣削内腔的下表面中任意一点，如图 6.36 所示。

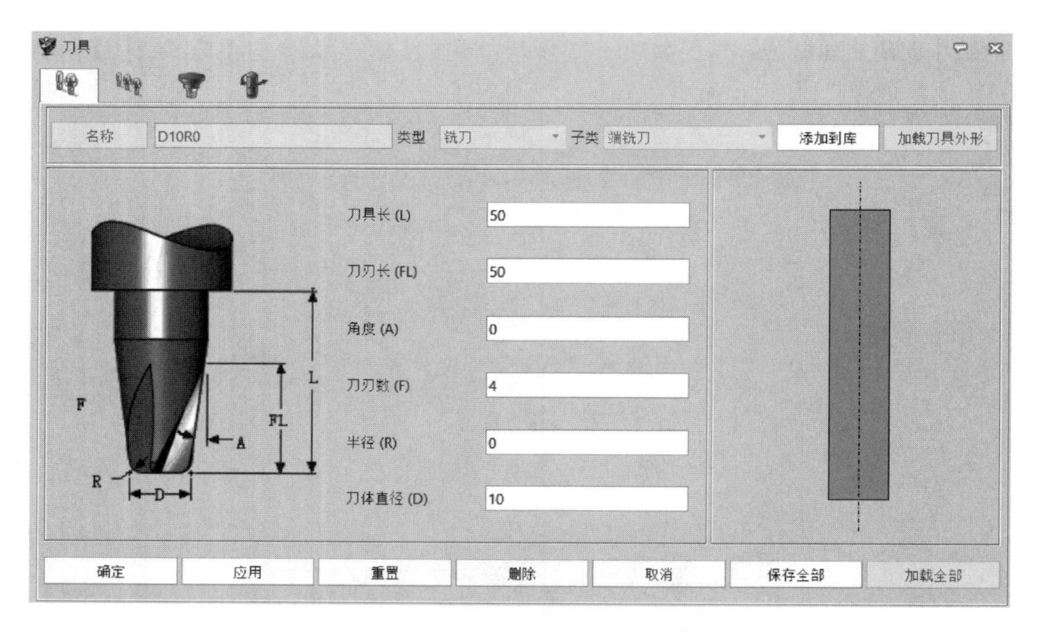

图 6.34

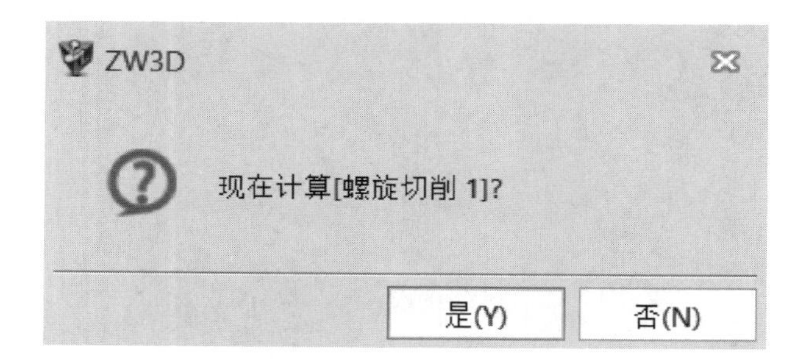

图 6.35

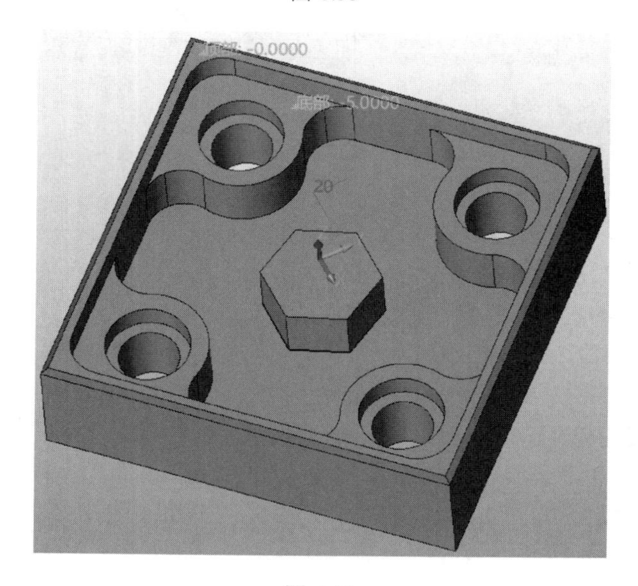

图 6.36

单击【公差和步距】，定义公差、余量和步距。【侧面余量】和【底面余量】均设置为0.1mm；【步进】输入“40%”；【下切类型】选择“均匀深度”；【下切步距】为1mm。

单击【计算】按钮，进行螺旋切削刀路的计算。单击【确定】按钮，完成螺旋切削工序的设置，结果如图6.37所示。

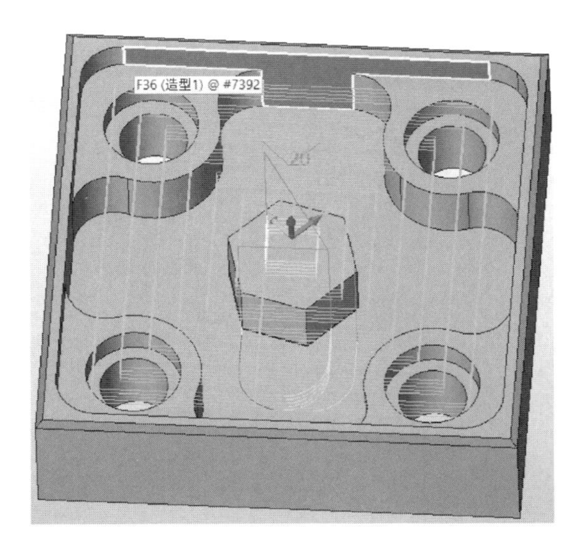

图 6.37

7. 加工内腔 2

1）选择铣削轮廓

单击【2 轴铣削】选项卡→【螺旋】命令，弹出【选择特征】对话框，单击【新建】，选择【轮廓】，单击【确定】，弹出【轮廓】对话框，【输入类型】选择“曲线”；【轮廓】选中内腔2的所有轮廓线，如图6.38所示。单击【确定】，弹出【轮廓特征】对话框，【开放/闭合】选择“闭合”，其余参数默认。单击【确认】按钮，完成铣削轮廓的选择。

图 6.38

2）定义刀具

在弹出的刀具列表对话框中，单击之前创建的刀具 D10R0 即可，如图 6.39 所示。

图 6.39

3）定义螺旋切削工序参数

单击【管理器】→【螺旋切削 2】，进入加工参数设置界面。

单击【刀具与速度进给】，【主轴速度】输入 1500r/min，【进给】输入 1000mm/min。

单击【限制参数】进行加工限制参数的设置，【刀具】位置选择“边界相切”；【类型】选择“绝对”；【顶部】选择此次铣削内腔的上表面中任意一点；【底部】选择此次铣削内腔的下表面中任意一点，如图 6.40 所示。

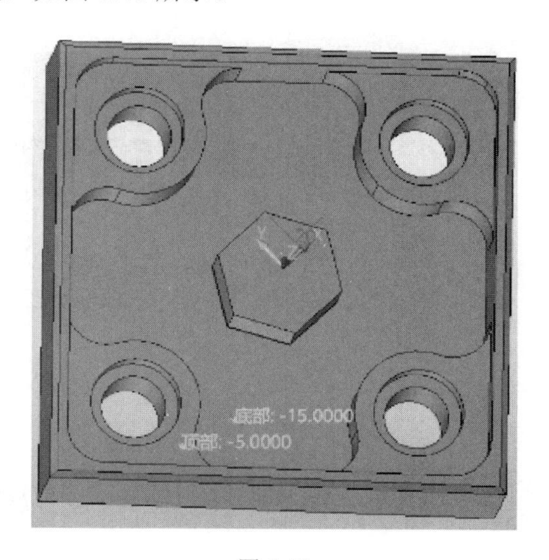

图 6.40

单击【公差和步距】，定义公差、余量和步距。【侧面余量】和【底面余量】均设置为0.1mm；【步进】输入“30%”；【下切类型】选择“均匀深度”；【下切步距】为1mm。

单击【刀轨设置】，【清边方式】选择“按加工层切削”；【清边数】输入1；【清边距离】选择“绝对”，数值输入0mm。

单击【计算】按钮，进行螺旋切削刀路的计算。单击【确定】按钮，完成螺旋切削刀路的计算，如图6.41所示。

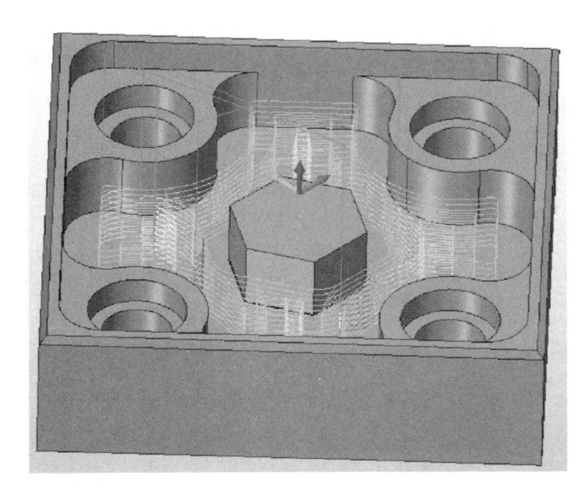

图 6.41

8. 中心钻加工定位孔

1）选择定位孔特征

单击【钻孔】选项卡→【中心钻】命令，弹出【选择特征】对话框，单击【新建】，选择【孔】，单击【确定】，弹出【孔】对话框，【输入类型】选择“圆”；【孔】选中模型四个通孔上表面的圆，如图6.42所示。单击【确定】，弹出【孔特征】对话框，保持默认选项，单击【确认】按钮，完成孔特征的定义。

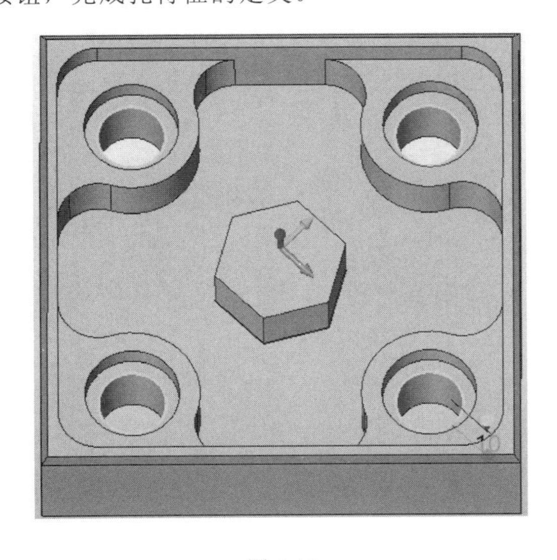

图 6.42

2）定义刀具

单击【管理器】→【刀具】，设置刀具相关参数，如图 6.43 所示；【名称】输入“中心钻”；【类型】选择“中心钻”；【引导直径】输入为 5；其余参数默认。单击【确定】按钮，完成刀具的定义。

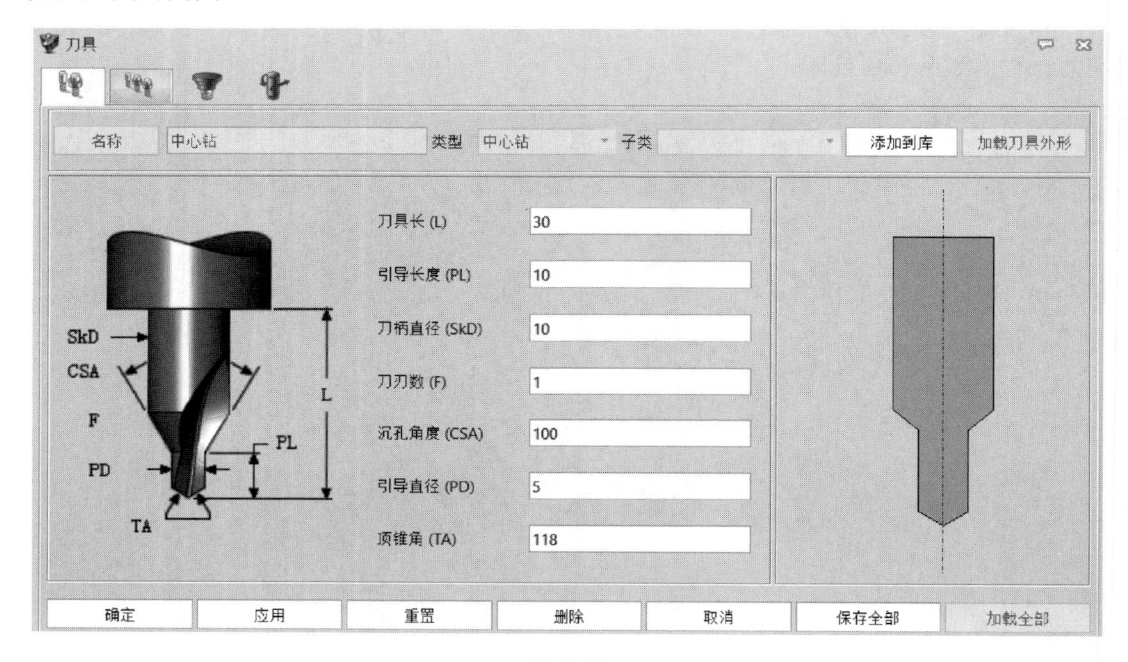

图 6.43

3）定义中心钻工序参数

单击【管理器】→【中心钻 1】，进入加工参数设置界面。

单击【深度和余量】，【最大切削深度】设置 2mm。

单击【刀轨设置】，【切削顺序】选择“最小距离”；【返回高度】选择“返回安全平面”；【最小安全平面】设置 10mm；其余参数默认。

单击【计算】按钮，进行中心钻刀路的计算。单击【确定】按钮，完成中心钻工序的设置，如图 6.44 所示。

图 6.44

9. 普通钻加工通孔

1）选择通孔特征

单击【钻孔】选项卡→【普通钻】命令，弹出【选择特征】对话框，单击【新建】，选择【孔】，单击【确定】，弹出【孔】对话框，【输入类型】选择“柱面”；【孔】选中模型中的四个通孔的柱面，如图 6.45 所示。单击【确定】，弹出【孔特征】对话框，保持默认选项。单击【确认】按钮，完成孔特征的定义。

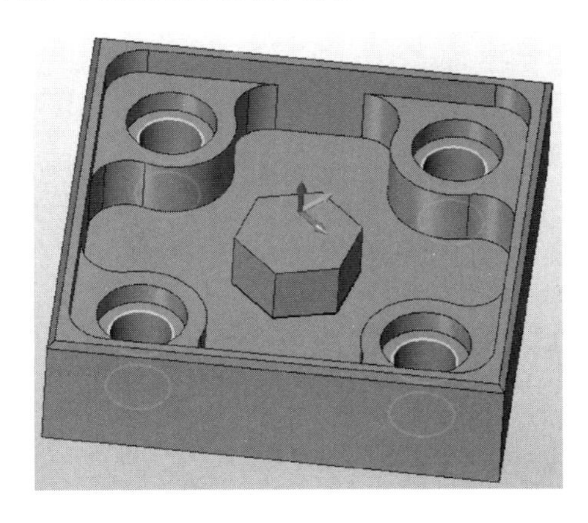

图 6.45

2）定义刀具

单击【管理器】→【刀具】，设置刀具相关参数，如图 6.46 所示，【名称】输入“钻头 D10”；【类型】选择“普通钻”；【切削直径】输入 10；【顶锥角】输入 118；其余参数默认。单击【确定】按钮，完成刀具的定义。

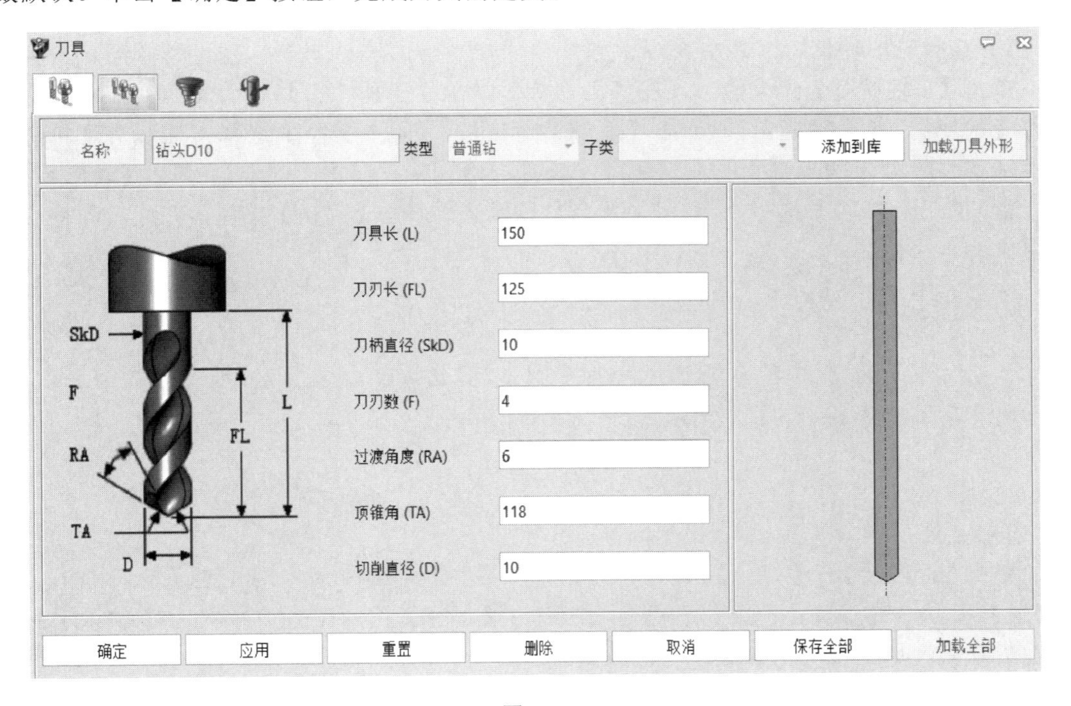

图 6.46

3）定义普通钻工序参数

单击【管理器】→【普通钻 1】按钮，进入加工参数设置界面。

单击【深度和余量】,【最大切削深度】设置为 12mm；【穿过深度】设置为 2mm；【钻孔参考深度】选择“刀肩”；其余参数默认。

单击【刀轨设置】,【切削顺序】选择“最小距离”;【返回高度】选择“返回安全平面”;【最小安全平面】设置为 10mm；其余参数默认。

单击【计算】按钮，进行普通钻刀路的计算。单击【确定】按钮，完成普通钻工序的设置，如图 6.47 所示。

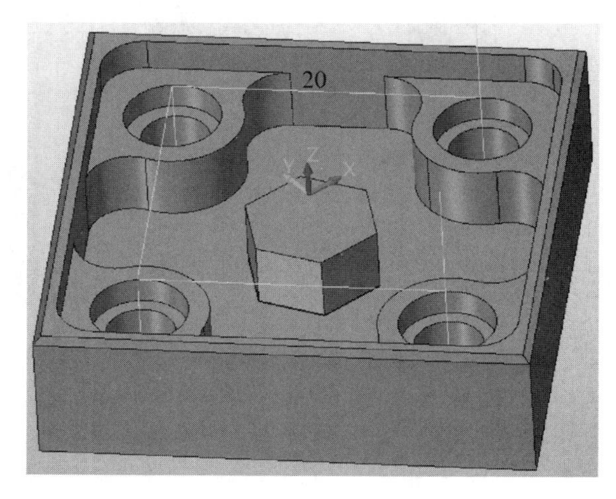

图 6.47

10. 沉孔的加工

1）选择轮廓特征

单击【2 轴铣削】选项卡→【轮廓】命令，弹出【选择特征】对话框，单击【新建】，选择【轮廓】，单击【确定】，弹出【轮廓】对话框，【输入类型】选择“曲线”;【轮廓】选择加工件模型上四个沉孔的上表面圆，如图 6.48 所示。单击【确定】，弹出【轮廓特征】对话框，【开放/闭合】选择“闭合”，其余参数默认。单击【确认】按钮，完成轮廓特征的定义。

技能提示

此处是为了练习【轮廓】命令，才选用其加工沉孔，也可选用其余命令加工沉孔。

2）定义刀具

单击【管理器】→【刀具】，设置刀具相关参数，如图 6.49 所示；【名称】输入“D6R0”;【类型】选择“铣刀”;【子类】选择“端铣刀”;【半径】输入 0;【刀体直径】输入 6；其余参数默认。单击【确定】按钮，完成刀具的定义。

图 6.48

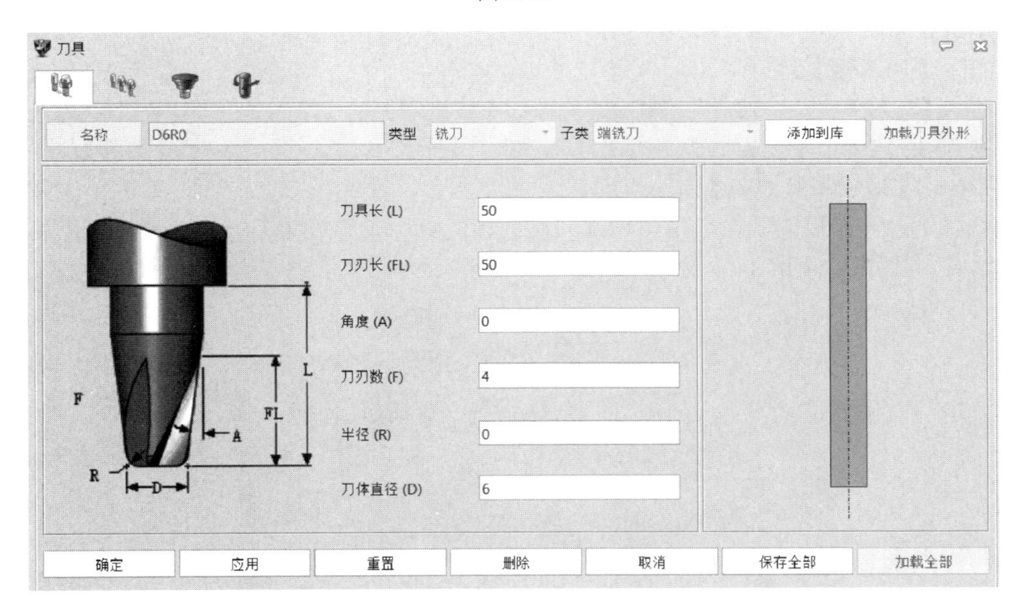

图 6.49

3）定义轮廓切削工序参数

单击【管理器】→【轮廓切削 1】，进入加工参数设置界面。

单击【刀具与速度进给】，【主轴速度】输入 1500r/min；【进给】输入 1000mm/min。

单击【限制参数】进行加工限制参数的设置，【刀具】位置选择“边界相切”；【类型】选择“绝对”；【顶部】选择模型中此次铣削沉孔的上表面中任意一点；【底部】选择模型中此次铣削沉孔的下表面中任意一点，如图 6.50 所示。

单击【公差和步距】，定义公差、余量和步距。【刀轨公差】输入 0.01mm；【侧面余量】和【底面余量】均输入 0mm；【步进】输入 60%；【下切类型】选择“均匀深度”；【下切步距】输入 1mm。

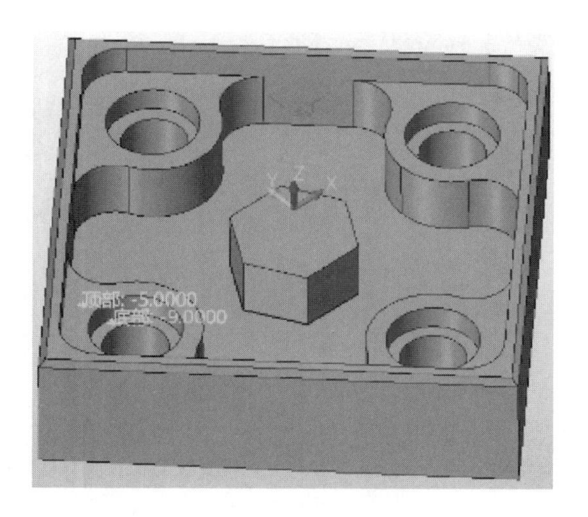

图 6.50

单击【刀轨设置】，定义切削过程。【切削方向】选择“顺铣”；【切削顺序】选择“区域优先”；【加工侧】选择“左，内侧”。

单击【连接和进退刀】，定义进退刀方式。【慢进刀】和【退刀】选择“圆形线性”；【进刀长度】输入 1mm；【进刀圆弧半径】输入 1mm；【退刀长度】输入 1mm；【退刀圆弧半径】输入 1mm；【退刀重叠距离】输入 1mm。

单击【计算】按钮，进行轮廓切削刀路的计算。单击【确定】按钮，完成轮廓切削工序的设置，如图 6.51 所示。

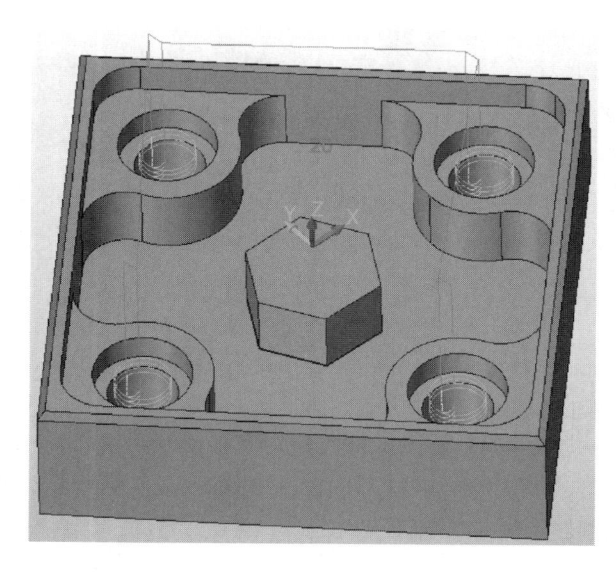

图 6.51

11. 倒角的加工

1）选择轮廓特征

单击【2 轴铣削】选项卡→【倒角】命令，弹出【选择特征】对话框，单击【新建】，选择【倒角】，单击【确定】按钮，单击选择加工模型中倒角下边缘四条线，单击鼠标中键，弹出【倒角特征】对话框，【加工侧】选择“右，外侧”。单击【确认】按钮，完成轮廓特征的定义，如图 6.52 所示。

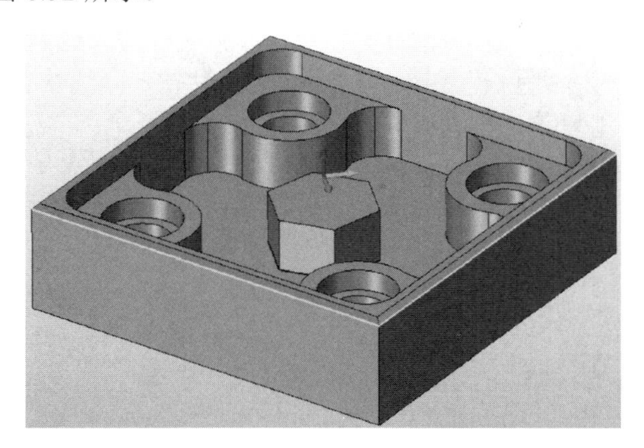

图 6.52

2）定义刀具

单击【管理器】→【刀具】，设置刀具相关参数，如图 6.53 所示，【名称】输入“倒角刀”;【类型】选择“倒角刀”;【角度】输入 45;【刀体直径】输入 3；其余参数默认。单击【确定】按钮，完成倒角刀的定义。

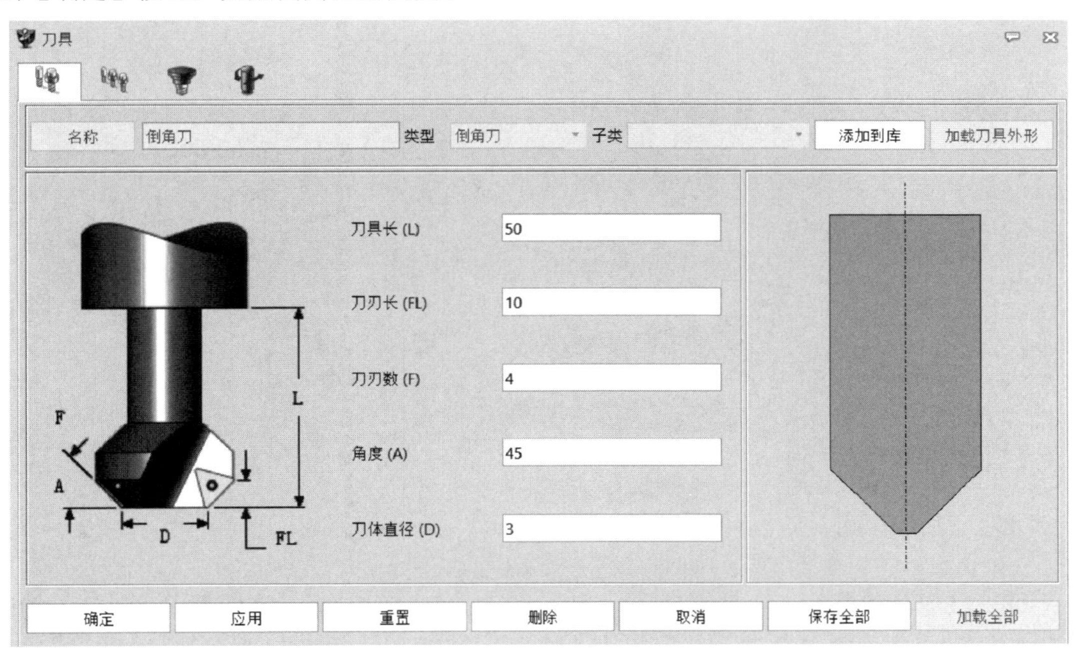

图 6.53

3）定义倒角切削工序参数：

单击【管理器】→【倒角切削 1】，进入加工参数设置界面。

单击【刀轨设置】→【点设置】→【入刀点】按钮，单击模型中任意一侧倒角下边缘线的中点，将入刀点设置为倒角边缘线中点位置。单击中键，完成入刀点的设置，如图 6.54。

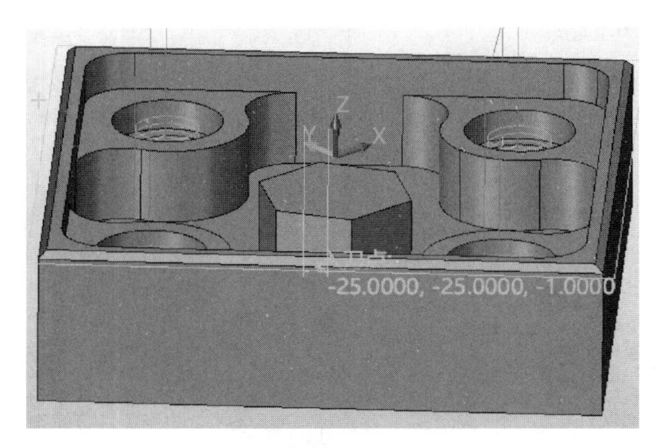

图 6.54

单击【连接和进退刀】，定义进退刀方式。【慢进刀】和【退刀】选择“圆形线性”；【进刀长度】输入 1mm；【进刀圆弧半径】输入 1mm；【退刀长度】输入 1mm；【退刀圆弧半径】输入 1mm；【退刀重叠距离】输入 1mm。

单击【计算】按钮，进行倒角刀刀路的计算。单击【确定】按钮，完成倒角切削工序的设置，如图 6.55 所示。

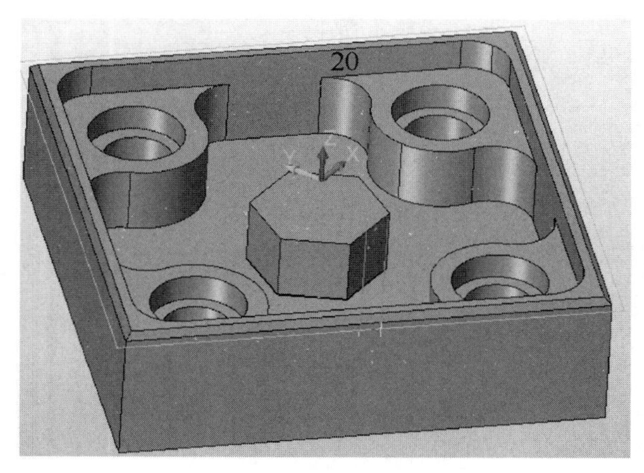

图 6.55

12. 刀轨仿真

1）仿真

单击【管理器】→【螺旋切削 1】，进入加工参数设置界面。单击【仿真工序】，弹出【刀轨仿真】对话框。单击【前进】按钮，进行刀轨仿真，如图 6.56 所示。

2）实体仿真

右键单击【管理器】→【工序】，选择【实体仿真】，弹出【实体仿真进程】对话框，勾选【碰撞停止】，单击【模拟运行】按钮，仿真程序将按照工序顺序对零件加工过程进行模拟仿真，如图 6.57 所示。

技能提示

也可在工序列表中右键单击螺旋切削 1 工序，选择“仿真”，实现此功能。

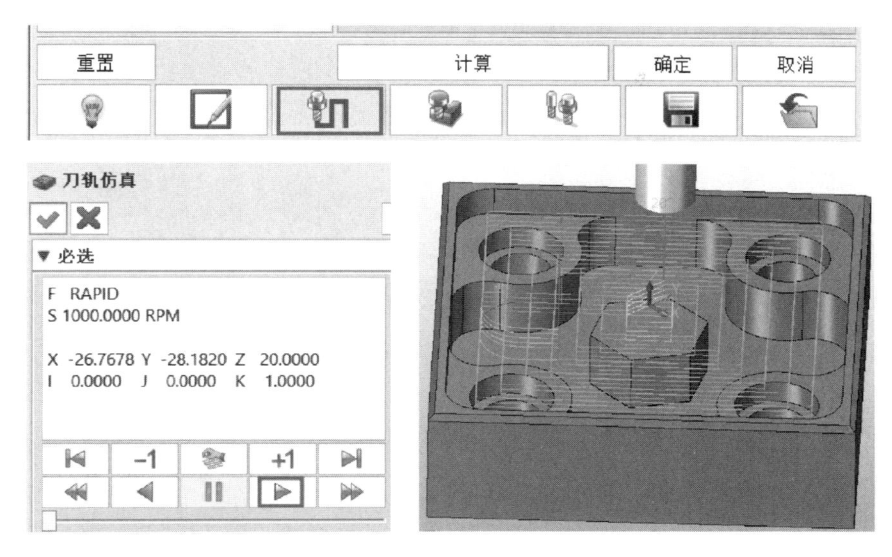

图 6.56

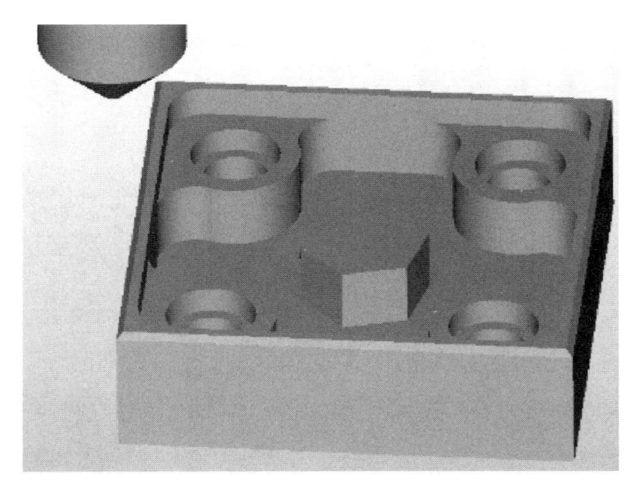

图 6.57

13. 定义设备和输出 NC 文件

1）定义设备

单击【管理器】→【设备】，弹出如图 6.58 所示对话框，进行设备参数的相关设置。单击【后置处理器配置】，选择【ZW_Fanuc_3X】，其余参数默认。单击【确定】按钮，完成对设备的定义。

2）创建输出程序

（1）创建全部的输出

图 6.58

右键单击【管理器】→【工序】，选择【创建全部的输出】，如图 6.59 所示。在【管理器】→【输出】中产生一个 P0001 输出程序，其中包含所设置的所有加工工序，如图 6.60 所示。

（2）创建单独的输出

右键单击【管理器】→【工序】，选择【创建单独的输出】，如图 6.61 所示。产生 6 个输出程序，每个程序按照工序名称自动命名，如图 6.62 所示。

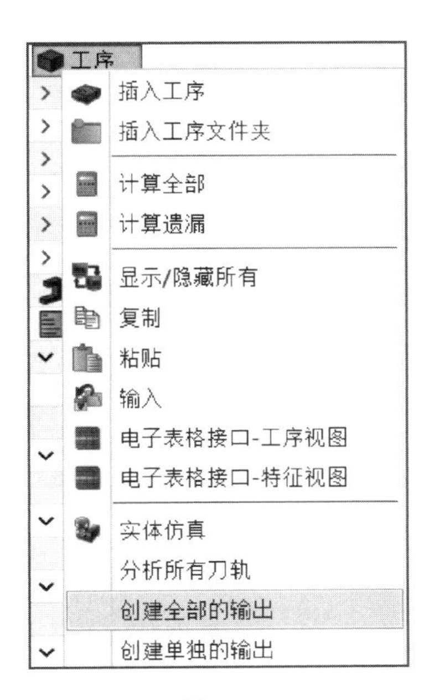

图 6.59

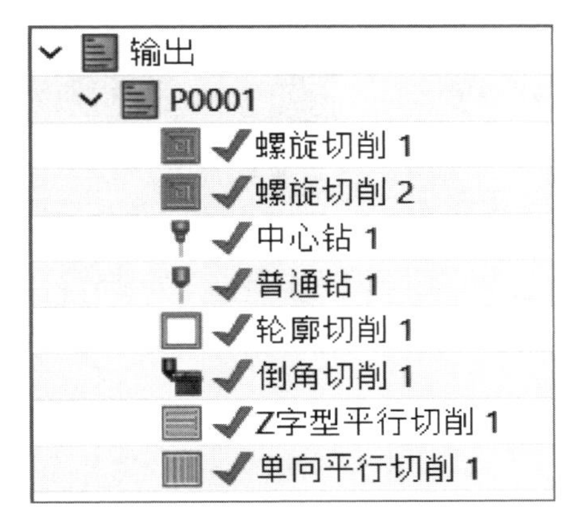

图 6.60

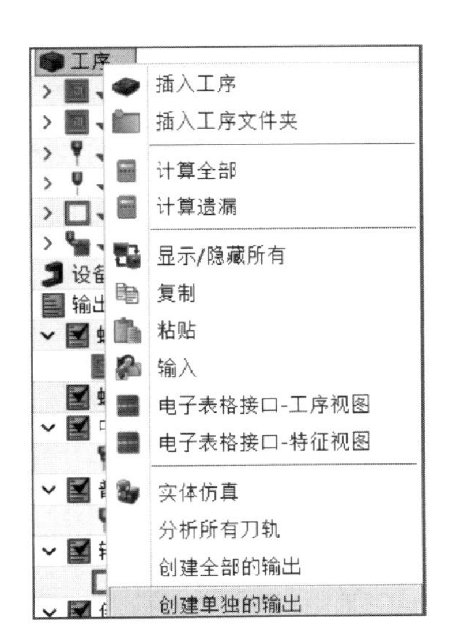

图 6.61

图 6.62

3）输出 NC 文件

右键单击【管理器】→【输出】，选择【输出 NC】，如图 6.63 所示，弹出数控程序窗口，完成全部程序的输出，如图 6.64 所示。

右键单击【管理器】→【输出】，选择【CL/NC 设置】，如图 6.65 所示，弹出【输出程序】对话框，在对话框中可定义输出程序的保存路径，如图 6.66 所示。

4）单独输出

可对每个程序进行单独输出，以螺旋切削 1 为例。右键单击【管理器】→【输出】→【螺旋切削 1】，选择【输出 NC】，即可输出螺旋切削 1 的程序，如图 6.67 所示。

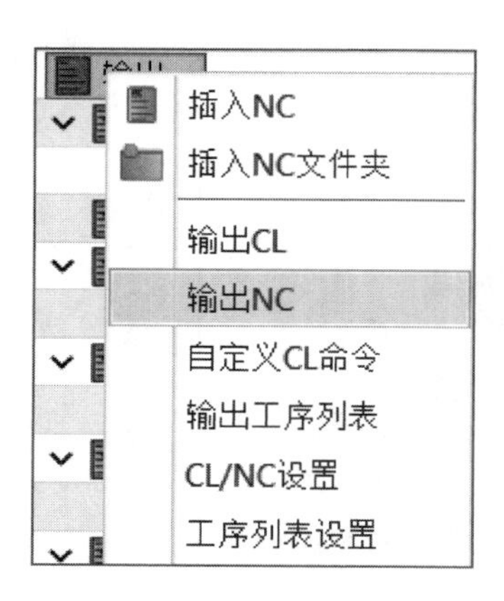

图 6.63

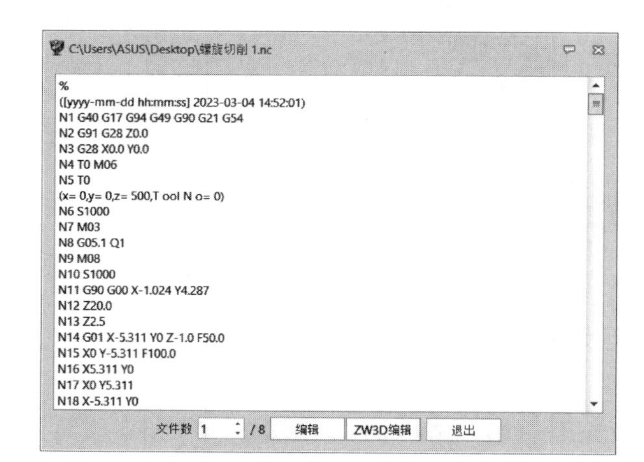

图 6.64

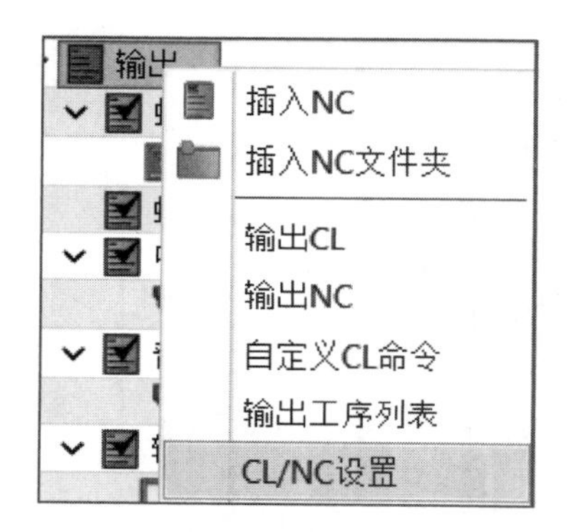

图 6.65

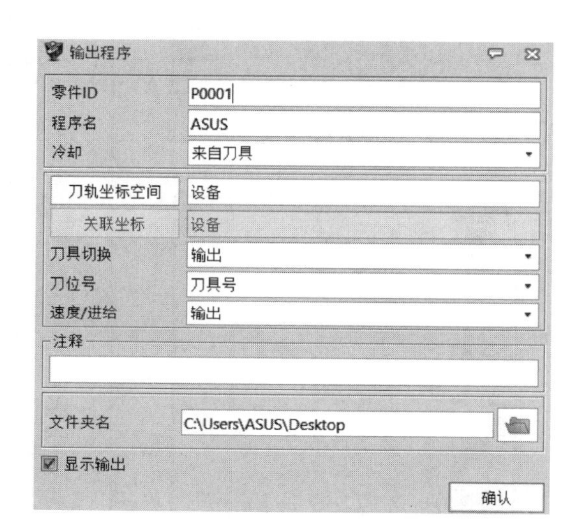

图 6.66

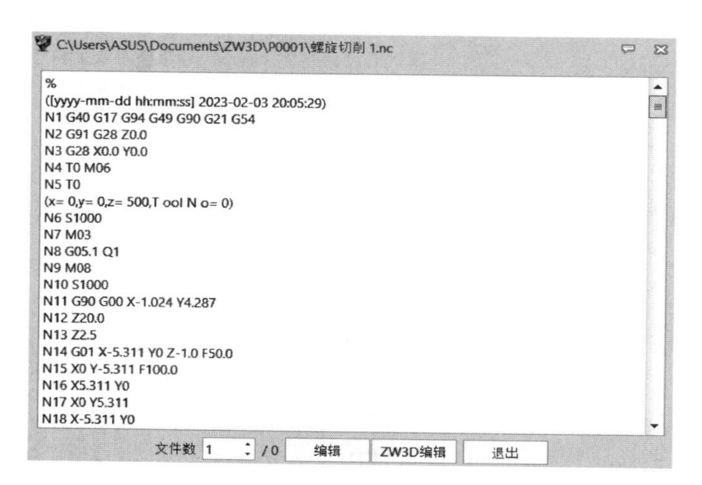

图 6.67

右键单击【管理器】→【输出】→【螺旋切削 1】，选择【设置】，弹出【输出设置】对话框，在对话框中定义输出程序的保存路径，如图 6.68 所示。

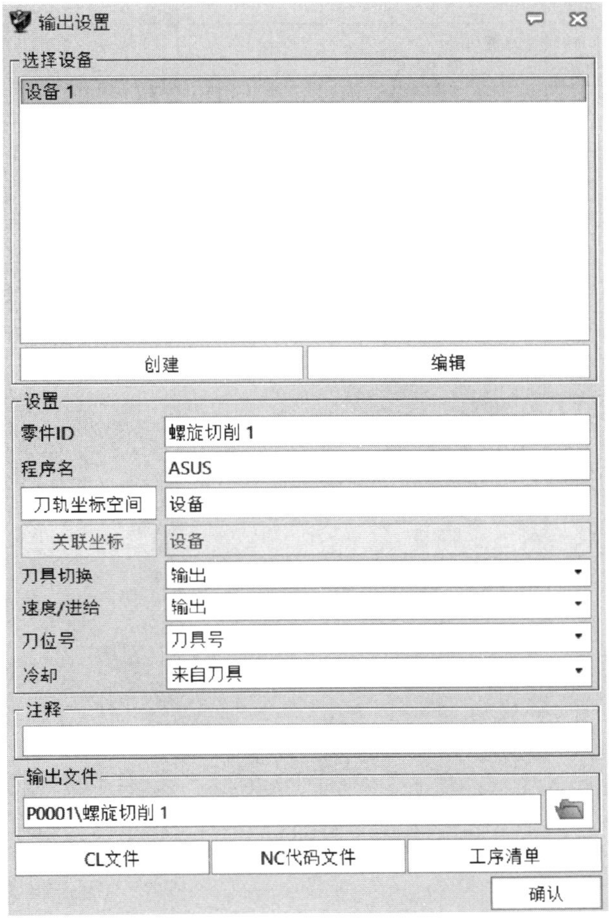

图 6.68

四、任务评价

模型加工评价见表 6.2。

表 6.2

评价内容	评价标准	分值	学生自评	教师评价
毛坯的创建	能够正确创建规定尺寸形状的毛坯	10		
内腔的加工	1.掌握 Z 字型铣削命令 2.掌握单向平行铣削命令	20		
孔的加工	1.掌握中心钻命令 2.掌握普通钻命令 3.掌握轮廓命令 4.能够正确定义各种刀具	40		

续表

评价内容	评价标准	分值	学生自评	教师评价
倒角的加工	掌握倒角命令	10		
仿真模拟	1.能够创建刀轨仿真 2.能够输出全部工序的 NC 文件	20		
学习体会：				

五、练一练

完成零件的加工，主要运用螺旋切削、轮廓切削、倒角切削等进行加工，如图 6.69 所示。

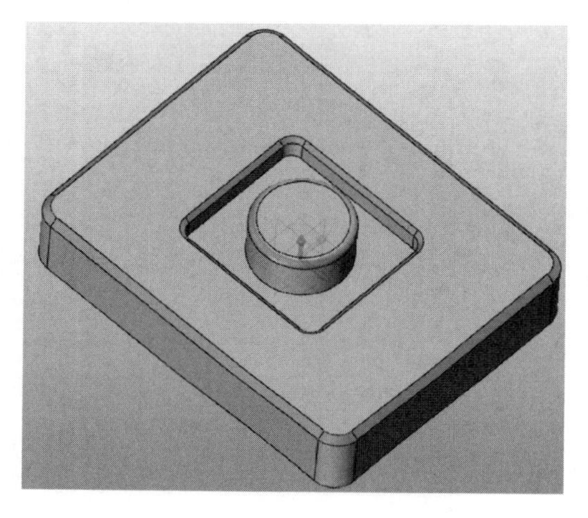

图 6.69

任务 6-3　3 轴铣削加工

三轴铣削加工实例

一、任务目标

在实际工程中型腔类零件非常多见。本任务利用 3 轴铣削进行型腔类零件加工，包括粗加工和精加工两部分，如图 6.70 所示。

该类零件件的加工思路如下：

① 利用【光滑流线切削】命令，完成工件的粗加工过程。

② 利用【平坦面加工】命令，完成工件平面的精加工。

③ 利用【平行铣削】、【等高线加工】命令，完成两曲面的精加工。

④ 利用【等高线切削】命令，完成工件内腔侧壁的精加工。

⑤ 利用【角度限制】命令，完成内腔凸起曲面的精加工。

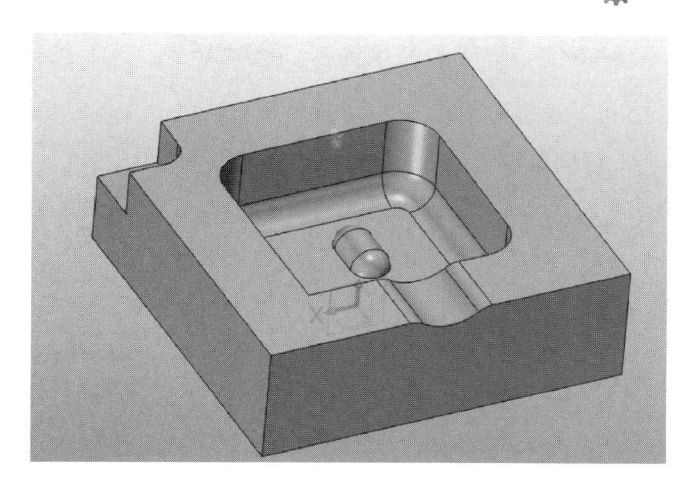

图 6.70

二、相关知识

1. 粗加工

粗加工一般用低速大走刀来快速去除工件上多余的金属材料，所达到的产品尺寸为半成品工艺尺寸，而不是成品的工艺尺寸。粗加工能达到的精度较低，加工表面较粗糙，而生产效率较高，通常为精加工的准备工序。粗加工的加工精度一般为 IT11～IT12，其表面粗糙度 *Ra* 值为 12.5～50μm。

在进行粗加工时，一般注重的是加工速度，因此吃刀量和进给量都比较大，而切削速度较低，但这样会使车床产生很大震动，同时也加重了车床各个零部件的磨损。

2. 精加工

精加工又称为精密加工，实现工件精加工的主要途径有两条：一是用高精度数控机床加工出精度高的工件，二是用误差补偿技术提高工件的加工精度。精加工的加工精度为 IT6～IT8，而表面粗糙度 *Ra* 值为 0.8～1.6μm。

三、任务实施

1. 打开文件

打开中望 3D 软件，选择“6-3 模型”文件，单击【打开】按钮，进入零件建模界面。

2. 进入加工模块

在绘图区空白区域，单击右键选择【加工方案】，进入加工模块。

3. 添加坯料

单击【加工系统】选项卡→【添加坯料】命令，弹出【添加坯料】对话框，【坯料类型】选择“长方体”；其余参数默认。单击【确定】按钮，弹出“是否隐藏坯料”对话框，单击【是】，完成坯料的隐藏。

4. 设置安全高度

单击【管理器】→【加工安全高度】，弹出如图 6.71 所示对话框，【安全高度】输入

30；勾选【自动防碰】，【自动防碰】高度输入 5。单击【确认】按钮，完成安全高度的设置。

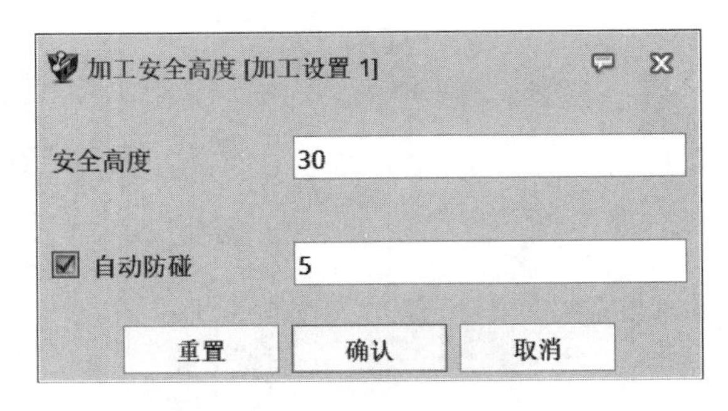

图 6.71

5. 建立新坐标系

单击【创建基准面】，弹出【基准面】对话框，选择“平面”方式，选择“XY 面”；【偏移】选择“目标点”方式，弹出【目标点】对话框；【点】采用“两者之间”方式，选择上表面的对角点。单击【确定】按钮，完成目标点和基准面的确定。单击【确认】按钮，完成坐标 1 的创建，如图 6.72 所示。

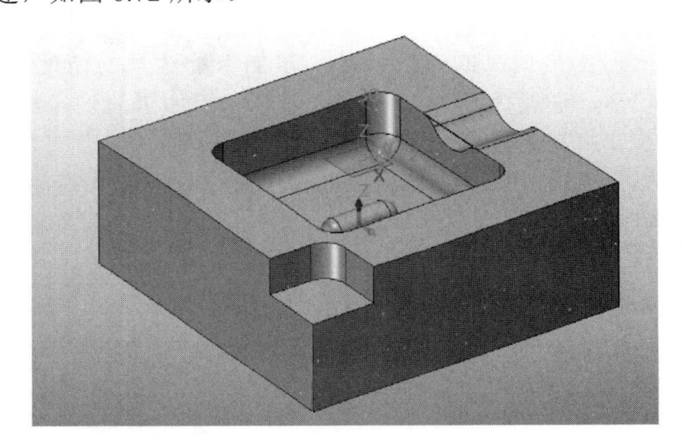

图 6.72

6. 粗加工阶段

1）添加粗加工工序

单击【3 轴快速铣削】选项卡→【光滑流线切削】命令，弹出【选择特征】对话框，选择“零件”与“坯料”。单击【确定】按钮，完成特征定义。

右键单击【工序】→【插入工序文件夹】，重命名为“粗加工”。

2）设置刀具

单击【管理器】→【刀具】，进入刀具管理器，如图 6.73 所示。单击【造型】，对刀具造型相关参数进行设置，【名称】输入“D20”；【半径】输入 0；【刀体直径】输入 20；其余参数默认。

单击【速度/进给】，【主轴转速】输入 2000r/min；【进给】输入 800mm/min。单击【确定】按钮，完成刀具的设置，如图 6.74 所示。

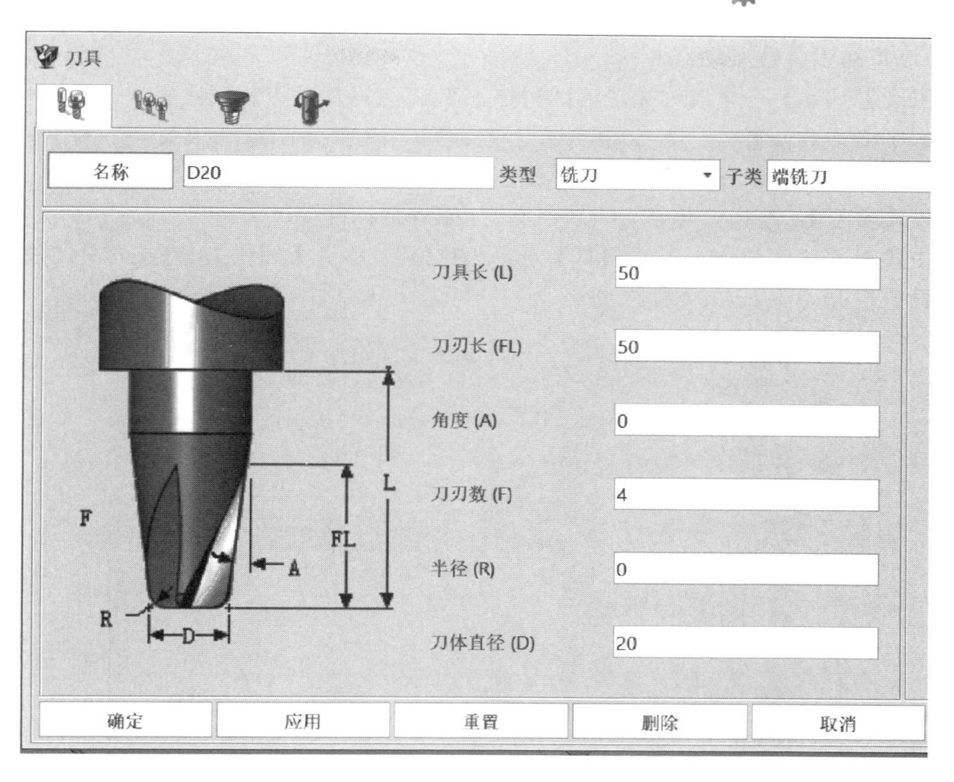

图 6.73

刀具

名称

主轴速度			进给速度		
单位	转/分钟		单位	毫米/分钟	
主轴速度	2000		进给	800	
快速	百分比	100.0	快速	Rapid	
步进	百分比	100.0	步进	百分比	100.0
插削	百分比	100.0	插削	百分比	20.0
慢进刀	百分比	100.0	慢进刀	百分比	60.0
退刀	百分比	100.0	退刀	百分比	300.0
穿越	百分比	100.0	穿越	百分比	100.0
槽切削	百分比	100.0	槽切削	百分比	40.0
减速	百分比	100.0	减速	百分比	60.0

确定　应用　重置　保存全部

图 6.74

3）设置加工参数

单击【管理器】→【二维光滑流线粗加工 1】，进入加工参数设置界面。

（1）主要参数设置

单击【主要参数】,【坐标】选择“坐标 1”，完成坐标设置。

单击【特征】，选择“零件”与“坯料”，完成特征设置。

单击【刀具速度与进给】,【刀具】选择“D20”。单击【确定】，完成刀具的设置。主要参数设置情况如图 6.75 所示。

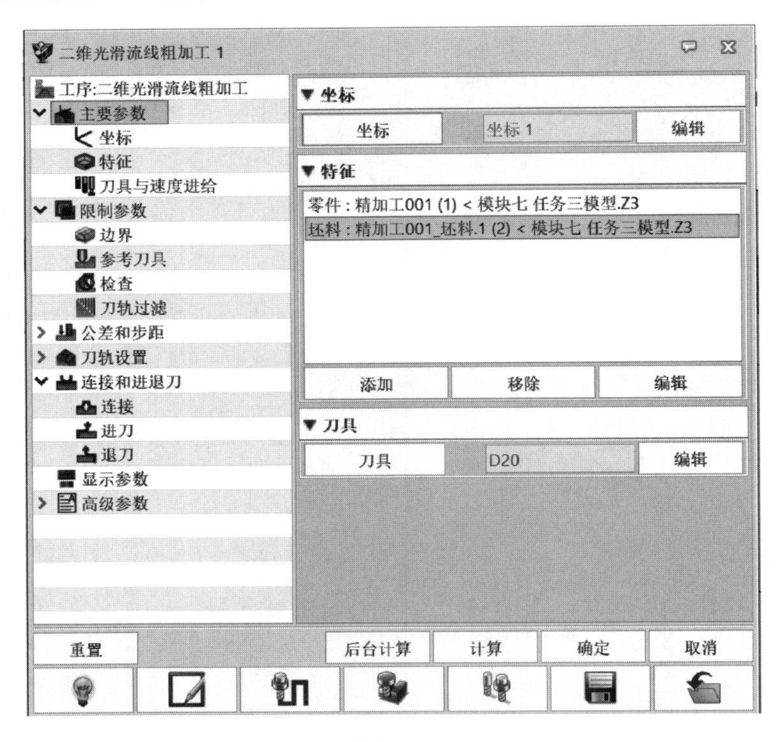

图 6.75

（2）限制参数设置

限制参数设置主要用来设置刀具加工的边界，如图 6.76 所示，XY 方向可以选择默认；Z 方向可对其顶部、底部进行限制，单击【顶部】，在零件上单击零件最高处，【底部】可选择默认；其余参数默认。

▼ XY	
限制类型	立方体
限制刀具中心在坯料边界内	否
限制进退刀	否
铸件偏移	0
▼ Z	
顶部	PNT#352370
底部	

图 6.76

（3）公差和步距

【刀轨公差】用以设置刀具控制点与理想刀轨的偏离量，公差值越小，控制点越密集，刀路的效果会越好，但相应的计算时间会越长，这里设置为 0.01；【曲面余量】一般指 X、Y 方向的余量，也称为侧壁余量；【Z 方向余量】指的是底面余量，输入 0.2；【步骤】选择“%刀具直径”，输入 45.0；【下切步距】指每刀下切的距离，输入 1。公差和步距的设置如图 6.77 所示。

▼ 公差和余量
刀轨公差
0.01
曲面余量
侧边
0.2
Z方向余量
0.2
▼ 切削步距
步进
%刀具直径
45.0
▼ 下切步距
下切步距
绝对值
1
切削数
0
非均匀深度
否

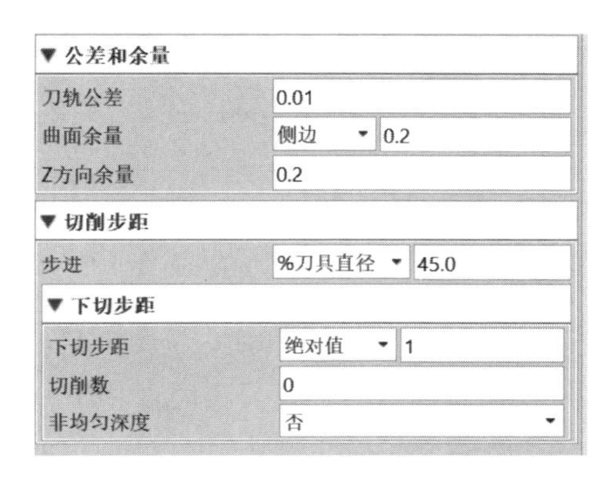

图 6.77

（4）刀轨设置

双击【同步加工层】，单击模型中的台阶面，然后在空白位置单击中键。刀轨设置如图 6.78 所示。通过设置同步加工层，防止出现刀具切削量过大而产生损坏刀具的情况。完成粗加工参数设置后结果如图 6.79 所示。

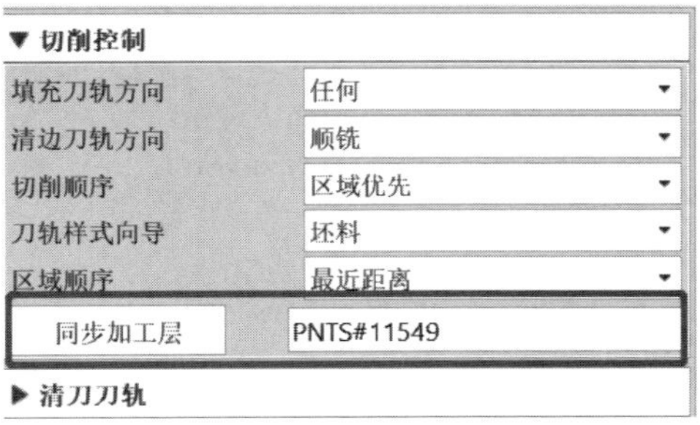

▼ 切削控制
填充刀轨方向
任何
清边刀轨方向
顺铣
切削顺序
区域优先
刀轨样式向导
坯料
区域顺序
最近距离
同步加工层
PNTS#11549
▶ 清刀刀轨

图 6.78

-59.1763, -18.0000

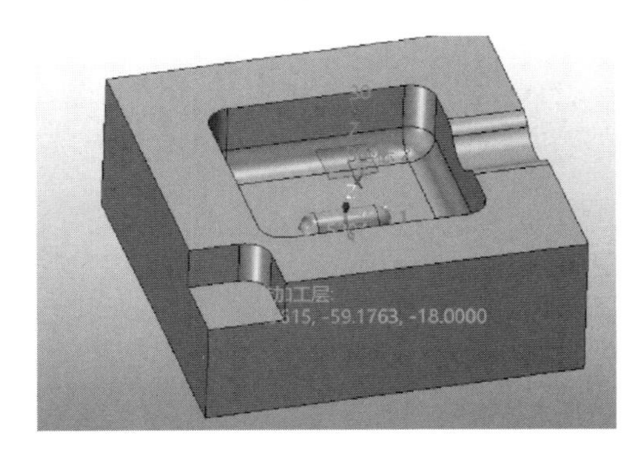

图 6.79

4）计算刀路

单击【计算】，完成“螺旋切削 1”工序的设置，刀具路径如图 6.80 所示。

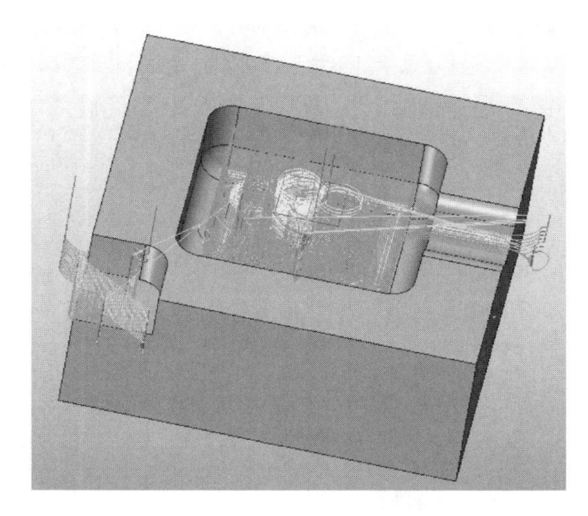

图 6.80

5）仿真

（1）刀轨仿真

右键单击【二维光滑流线切削粗加工 1】，选择【仿真】，进行刀轨仿真，仿真界面如图 6.81 所示。

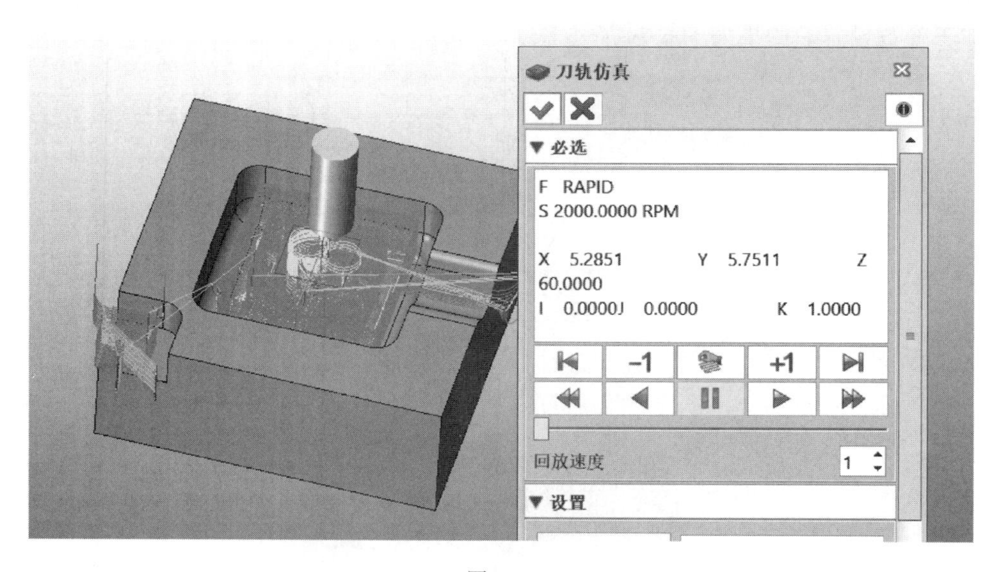

图 6.81

（2）实体仿真

右键单击【实体仿真】，进行粗加工阶段的实体仿真，如图 6.82 所示。

6）程序输出

（1）设置加工设备

单击【管理器】→【设备】，弹出设备列表，单击【设备 1】进入到设备管理器，【后置处理器配置】选择“ZW_Fanuc_3X”，实际选择时根据实际情况进行确定；其余参数默认。

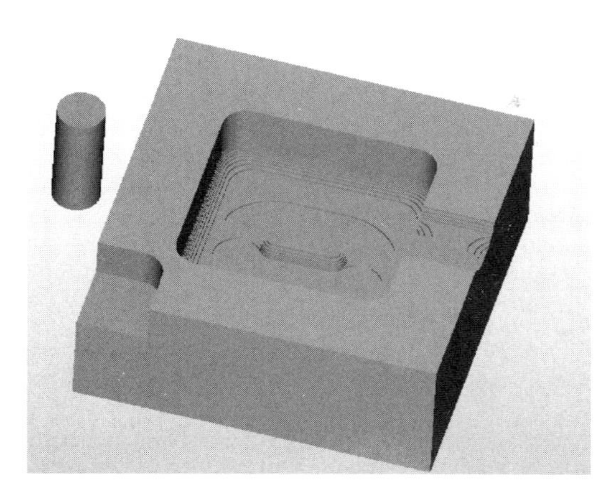

图 6.82

（2）更改输出路径

为方便寻找输出的程序代码，可以提前进行输出路径的设置，右键单击【管理器】→【输出】→【二维光滑流线粗加工 1】→【设置】，进行输出文件路径的设置。

（3）创建输出

右键单击【管理器】→【二维光滑流线粗加工 1】→【创建输出】，生成“二维光滑流线粗加工 1”。程序右键单击【输出】→【螺旋切削 1】→【输出 NC】，输出该加工程序，如图 6.83 所示。

技能提示

粗加工阶段，还可尝试采用二维偏移、平行铣削等方式进行，观察刀路的不同。

7. 精加工

1）平面加工

（1）添加工序

单击【3 轴快速铣削】选项卡→【平坦面加工】命令，右键单击【工序】→【插入工序文件夹】，重命名为“精加工”。并将新添加的“平坦面加工 1”工序放到“精加工”文件夹下。

（2）添加特征

右键单击【管理器】→【几何体】→【零件】，选择【添加特征】→【平坦区域】，单击选择模型。单击【确定】，在弹出的【平坦区域特征】对话框中自动识别模型中平面，此处上表面不加工，将上表面 p0 移除，完成平面加工的特征添加。

（3）设置刀具

单击【管理器】→【刀具】，进入刀具管理器，如图 6.84 所示。【名称】输入“D10”；【半径】输入 0；【刀体直径】输入 10；其余参数默认。

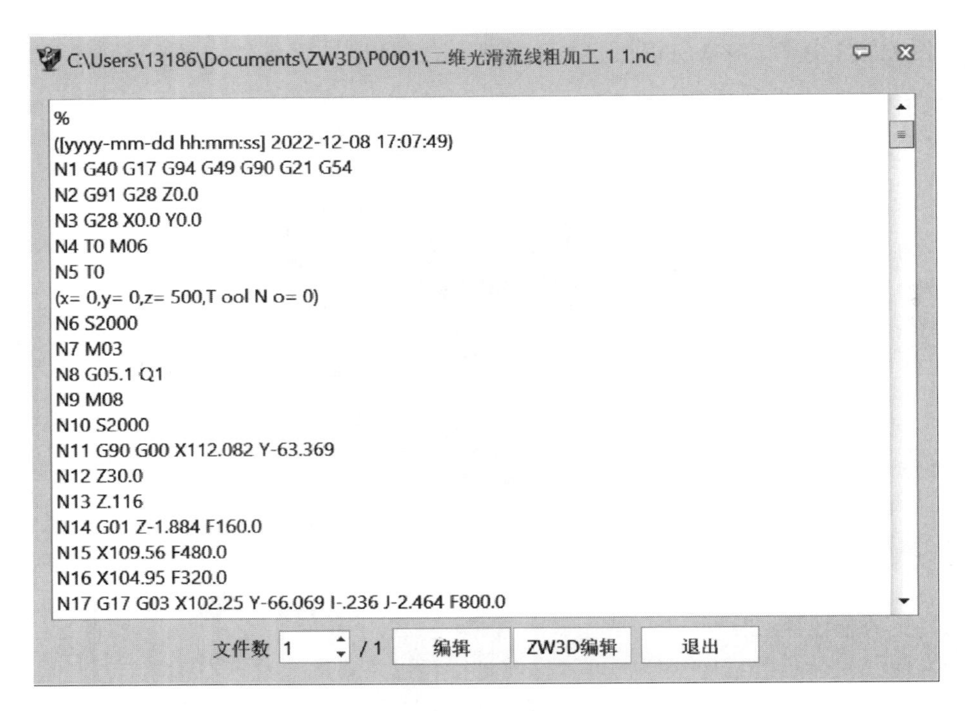
C:\Users\13186\Documents\ZW3D\P0001\二维光滑流线粗加工 1 1.nc
%
([yyyy-mm-dd hh:mm:ss] 2022-12-08 17:07:49)
N1 G40 G17 G94 G49 G90 G21 G54
N2 G91 G28 Z0.0
N3 G28 X0.0 Y0.0
N4 T0 M06
N5 T0
(x= 0,y= 0,z= 500,T ool N o= 0)
N6 S2000
N7 M03
N8 G05.1 Q1
N9 M08
N10 S2000
N11 G90 G00 X112.082 Y-63.369
N12 Z30.0
N13 Z.116
N14 G01 Z-1.884 F160.0
N15 X109.56 F480.0
N16 X104.95 F320.0
N17 G17 G03 X102.25 Y-66.069 I-.236 J-2.464 F800.0
文件数
1
/ 1
编辑
ZW3D编辑
退出

图 6.83

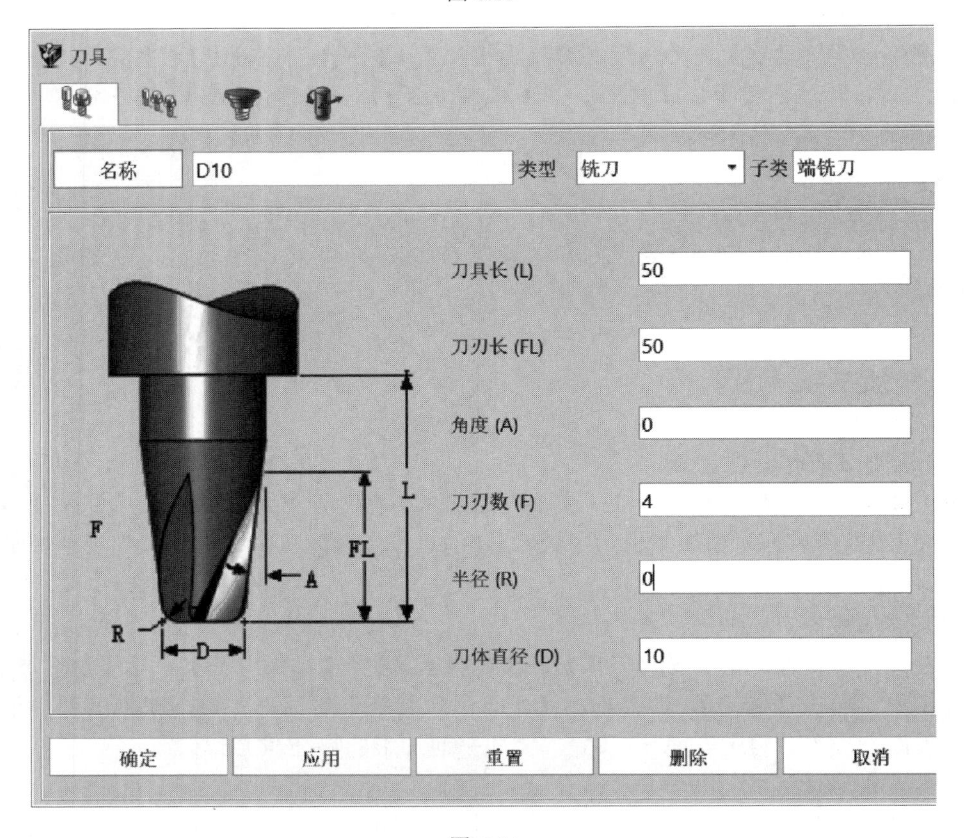
刀具
名称
D10
类型
铣刀
子类
端铣刀
刀具长 (L)
50
刀刃长 (FL)
50
角度 (A)
0
刀刃数 (F)
4
半径 (R)
0
刀体直径 (D)
10
F
R
D
A
FL
L
确定
应用
重置
删除
取消

图 6.84

单击【速度/进给】，对刀具速度/进给进行设置，如图 6.85 所示，【主轴速度】输入 2500r/min；【进给】输入 1500mm/min。单击【确定】，完成刀具的设置。

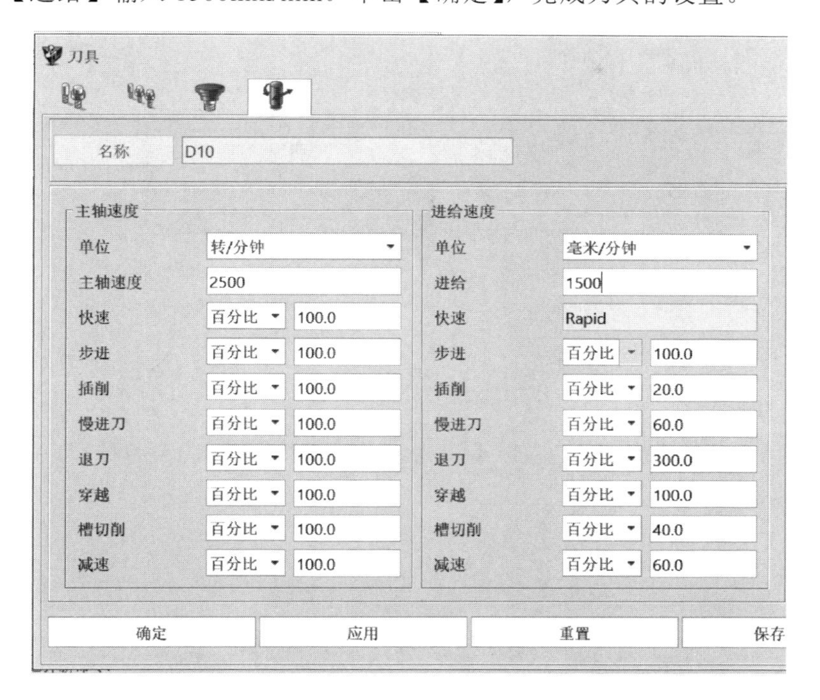

图 6.85

（4）参数设置

① 主要参数设置：双击【平坦面加工 1】，单击【主要参数】，【坐标】选择“坐标 1”，进行坐标参数的设置；单击【特征】→【平面区域 1】完成平面加工的特征选择；单击【刀具速度与进给】，【刀具】选择“D10”，单击【确定】，完成刀具的设置。主要参数的设置如图 6.86 所示。

▼ 坐标
坐标　坐标 1　编辑
▼ 特征
平面区域 1
添加　移除　编辑
▼ 刀具
刀具　D10　编辑

图 6.86

② 公差和步距设置：【刀轨公差】输入 0.01；【步进】选择绝对值形式，输入 0.5；其余参数默认。平面加工设置如图 6.87 所示。

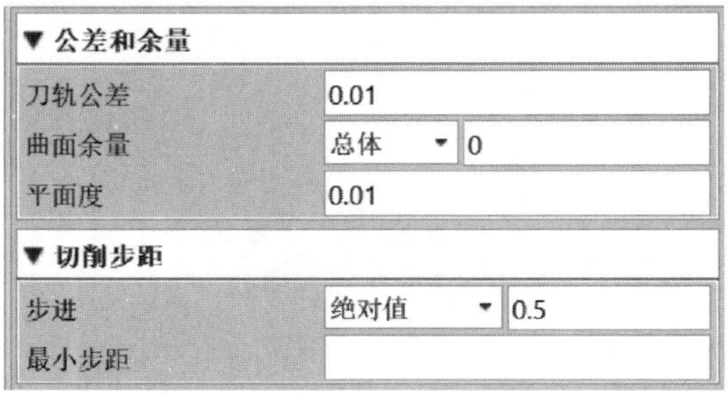

▼ 公差和余量		
刀轨公差	0.01	
曲面余量	总体	0
平面度	0.01	
▼ 切削步距		
步进	绝对值	0.5
最小步距		

图 6.87

（5）计算刀路

右键单击【平坦面加工 1】，选择【计算】，进行型腔平面的刀路计算，结果如图 6.88 所示。

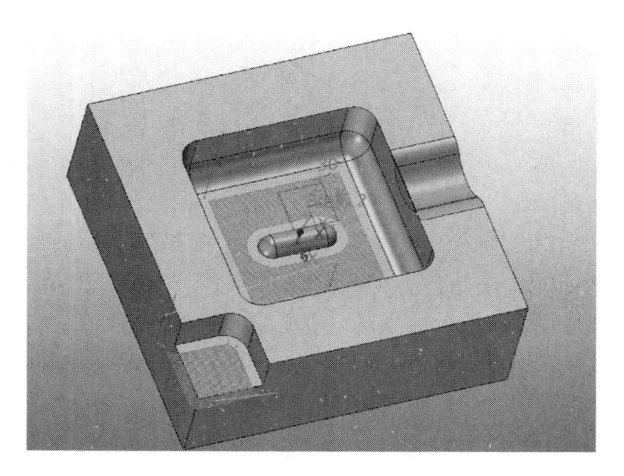

图 6.88

2）曲面 1 加工

采用【平行铣削】命令完成曲面 1 的加工，结果如图 6.89 所示。

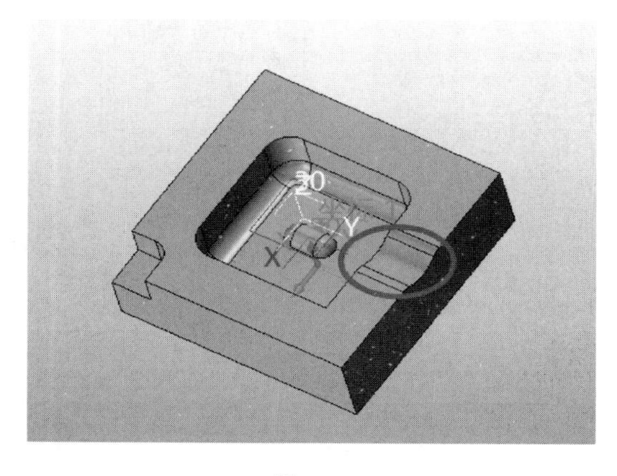

图 6.89

（1）添加工序

单击【3 轴快速铣削】选项卡→【平行铣削】命令，添加加工工序。

（2）添加曲面特征

右键单击【管理器】→【几何体】→【零件】→【添加特征】→【曲面】，选择要加工的曲面 1。单击【确定】按钮，完成加工曲面 1 的特征添加。

（3）设置刀具

单击【管理器】→【刀具】进入刀具管理器，【名称】输入“D6R3”；【半径】输入 3；【刀体直径】输入 6；其余参数默认。

单击【速度/进给】，对刀具速度/进给进行设置，【主轴速度】输入 2500r/min；【进给】输入 1500mm/min。单击【确定】按钮，完成刀具设置，如图 6.90。

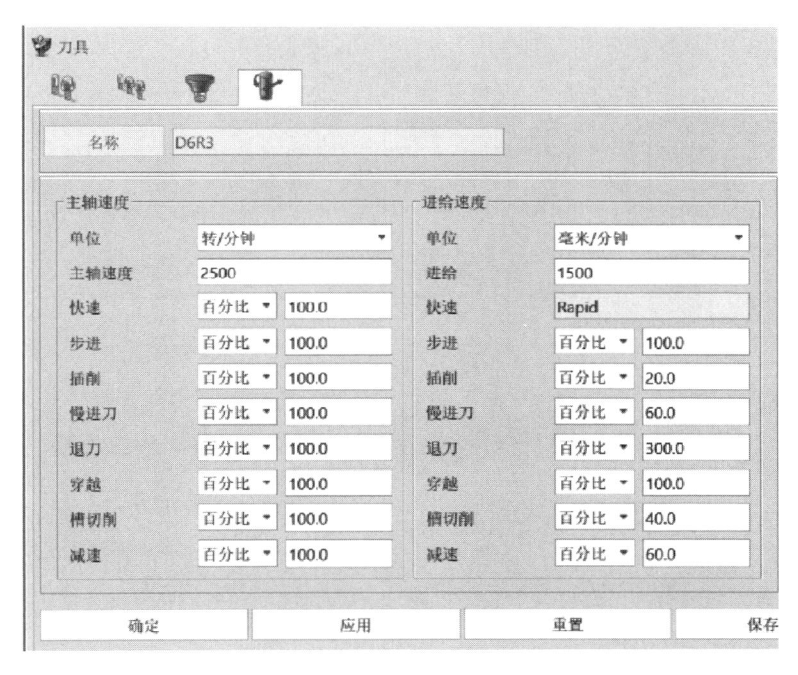

图 6.90

（4）参数设置

① 主要参数设置：双击【平行铣削 1】，单击【主要参数】，【坐标】选择“坐标 1”，进行坐标参数的设置；单击【特征】→【曲面 1】完成加工特征设置；单击【刀具速度与进给】，【刀具】选择“D6R3”。单击【确定】按钮，完成刀具设置，如图 6.91 所示。

② 公差和步距设置：单击【公差和步距】，【刀轨公差】输入 0.01；【步进】选择“绝对值”形式，数值输入 0.1；其余参数默认。完成曲面 1 的加工设置，如图 6.92 所示。

（5）计算刀路

右键单击【平行铣削 1】，选择【计算】，进行曲面 1 的刀路计算，如图 6.93 所示。

3）曲面 2 加工

加工如图 6.94 所示的曲面 2，选择采用【等高线加工】，等高线加工通常应用于倾斜度比较高的曲面。

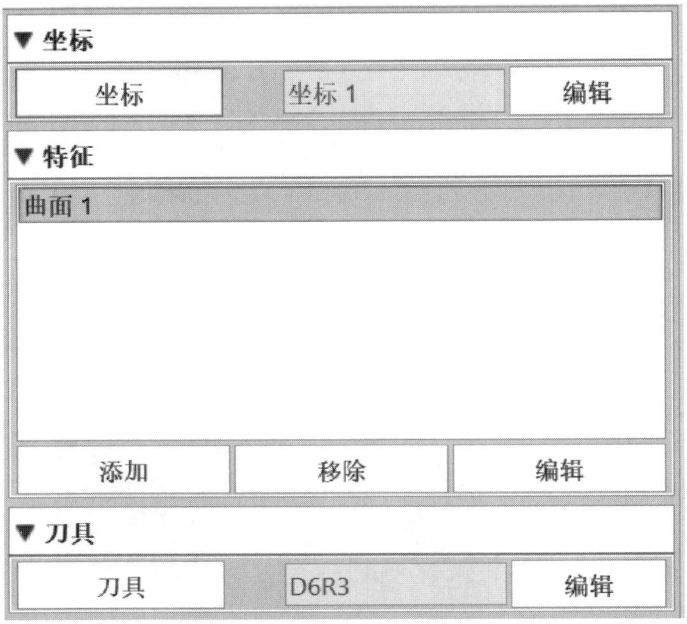

▼ 坐标

坐标	坐标 1	编辑

▼ 特征

曲面 1

添加	移除	编辑

▼ 刀具

刀具	D6R3	编辑

图 6.91

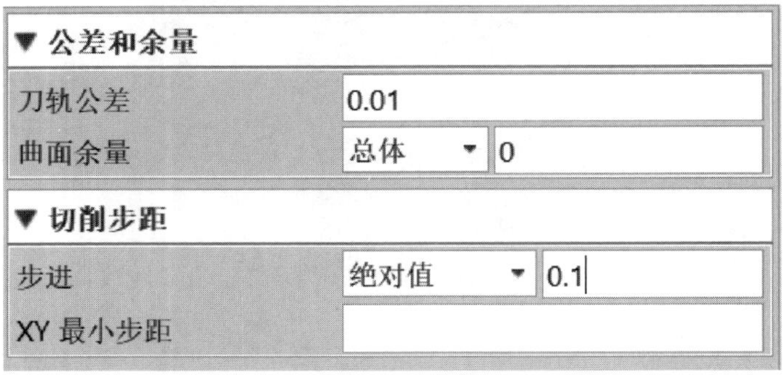

▼ 公差和余量

刀轨公差	0.01	
曲面余量	总体	0

▼ 切削步距

步进	绝对值	0.1
XY 最小步距		

图 6.92

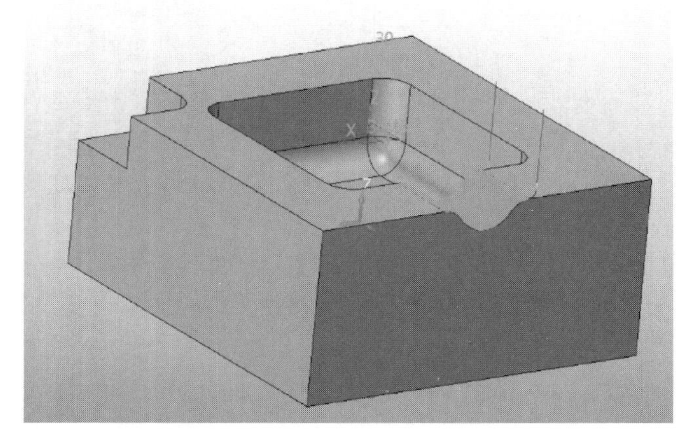

图 6.93

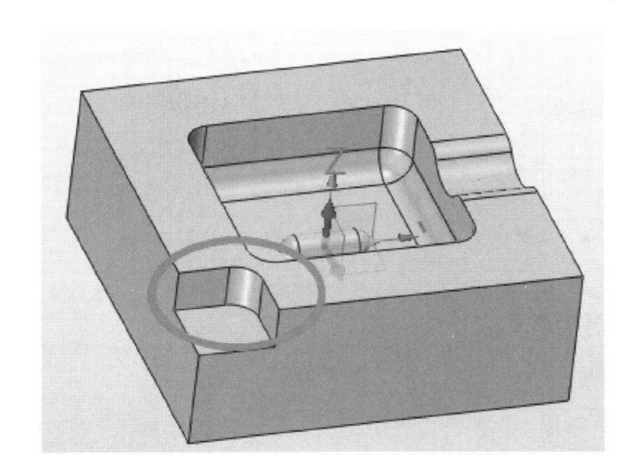

图 6.94

（1）添加工序

单击【3 轴快速铣削】选项卡→【等高线切削】命令，添加加工工序。

（2）添加曲面特征

右键单击【管理器】→【几何体】→【零件】→【添加特征】→【曲面】，选择要加工的曲面 2。单击【确定】按钮，完成加工曲面 2 的特征添加。

（3）设置刀具

右键单击【刀具】，选择 D10 的平底刀，其设置在平坦面 1 加工过程中已完成，此处直接选择即可。

（4）参数设置

① 主要参数设置：双击【等高线切削 1】，单击【坐标】，选择坐标 1，进行坐标参数的设置；单击【特征】→【曲面 2】完成曲面 2 的特征选择；单击【刀具速度与进给】，【刀具】选择“D10”。单击【确定】按钮，完成刀具的设置，如图 6.95 所示。

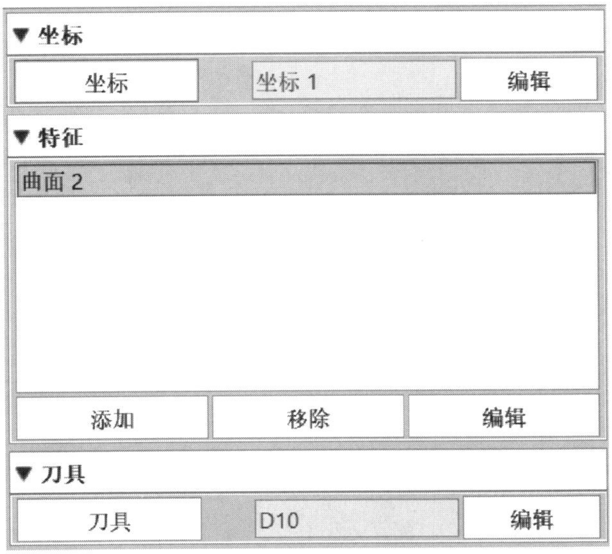

▼ 坐标

坐标　坐标 1　编辑

▼ 特征

曲面 2

添加　移除　编辑

▼ 刀具

刀具　D10　编辑

图 6.95

② 公差和步距设置：单击【公差和步距】,【刀轨公差】输入 0.01；【下切步距】选择绝对值形式，数值输入 0.1，完成公差和步距的设置，如图 6.96 所示。

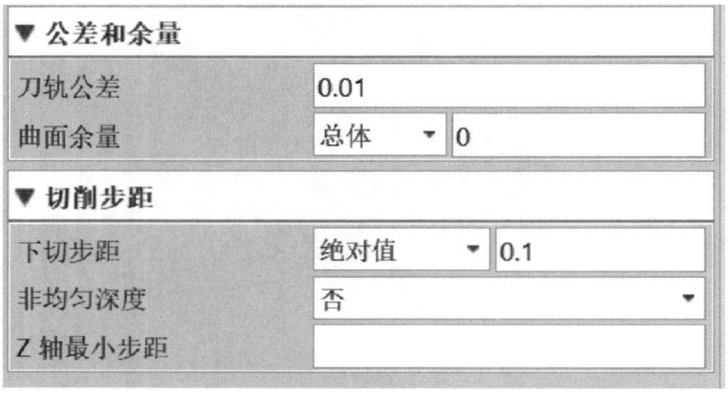

▼ 公差和余量		
刀轨公差	0.01	
曲面余量	总体	0
▼ 切削步距		
下切步距	绝对值	0.1
非均匀深度	否	
Z 轴最小步距		

图 6.96

③ 限制参数设置：单击【限制参数】,【%偏移】输入 0；【顶部】选择曲面 2 顶部；【底部】选择曲面 2 底部；其余参数默认。完成曲面 2 的加工设置，如图 6.97 所示。

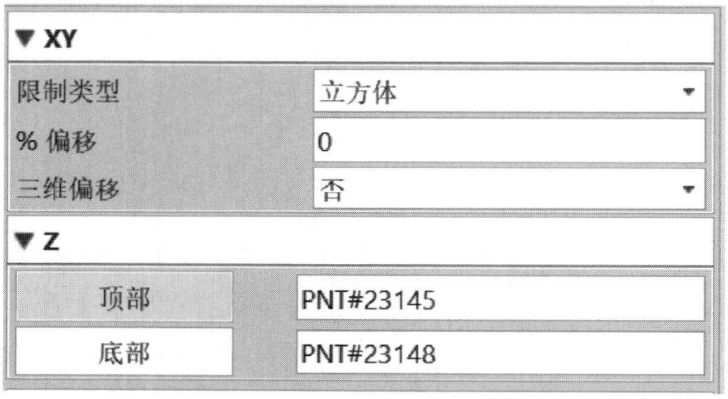

▼ XY	
限制类型	立方体
% 偏移	0
三维偏移	否
▼ Z	
顶部	PNT#23145
底部	PNT#23148

图 6.97

（5）计算刀路

右键单击【等高线切削 1】，选择【计算】，进行曲面的刀路计算，如图 6.98 所示。

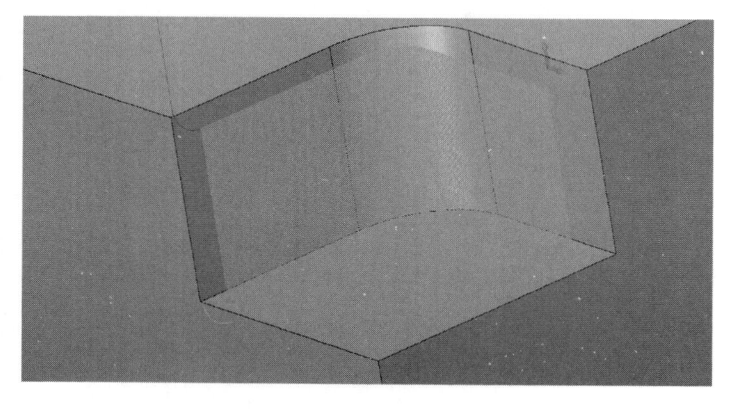

图 6.98

4）加工内腔侧壁

内腔侧壁加工仍然选择【等高线切削】命令进行加工。

（1）添加曲面修补

由于内腔侧壁有曲面 1 形成的缺口，在加工过程中为了使刀路更加平顺，先进行平面修补，如图 6.99 所示。

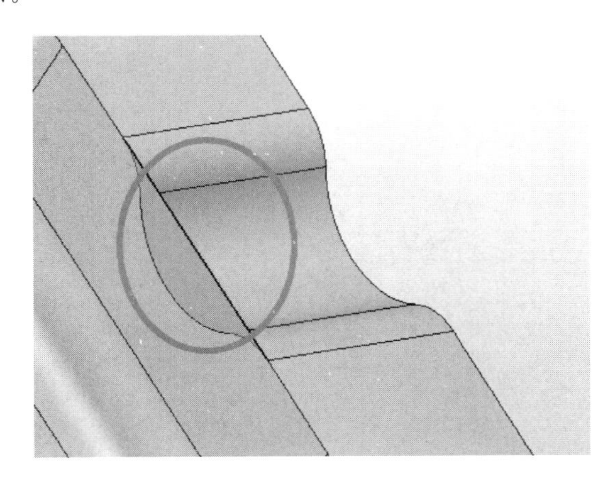

图 6.99

单击【退出】命令，退出加工界面，进入建模界面。单击【线框】选项卡→【直线】命令，选择缺口两端点，在缺口处补一条线，如图 6.100 所示。单击【曲面】选项卡→【N 边形面】，选择曲线，完成补面。

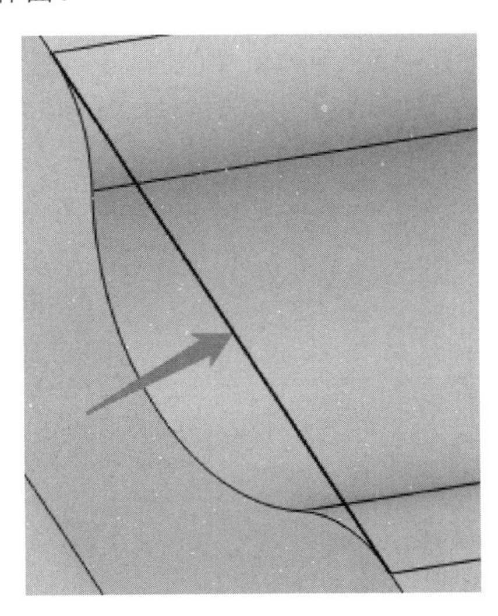

图 6.100

（2）添加工序

在绘图区空白区域，右键选择【加工方案】重新进入加工模块，单击【3 轴快速铣削】选项卡→【等高线切削】命令，添加加工工序。

（3）设置刀具

此处选择 D6R3 的球刀，前序已进行设置，此处无须再进行设置。

（4）添加特征

右键单击【管理器】→【几何体】→【零件】→【添加特征】→【曲面】，选择要加工的内腔侧壁各面；单击【确定】按钮。右键单击【管理器】下的【几何体】，选择【零件】→【添加特征】→【轮廓】，选择模型内腔上部限制轮廓，单击【确定】按钮，如图 6.101 所示，右键单击【管理器】下的【几何体】，选择【零件】→【添加特征】→【曲面】，选择补加的曲面 4。完成特征的添加。

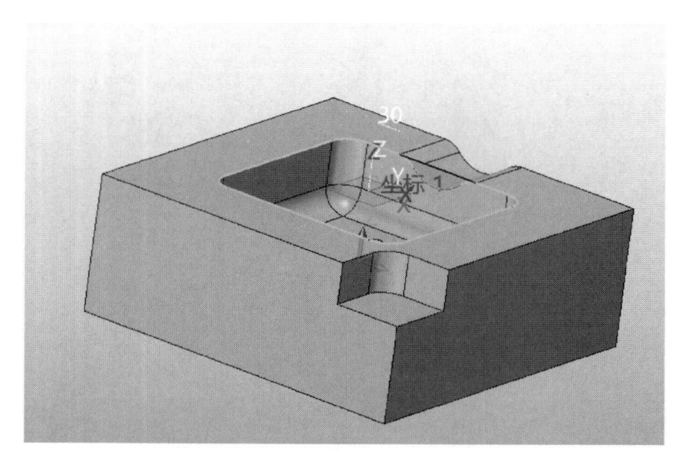

图 6.101

（5）参数设置

① 主要参数设置：双击【等高线切削 2】,【坐标】选择“坐标 1”，进行坐标参数的设置；单击【特征】→【添加】→【曲面 3】、【曲面 4】、【限制：轮廓 1】，完成内腔侧壁的特征选择；单击【刀具速度与进给】,【刀具】选择“D6R3”。单击【确定】按钮，完成刀具的设置。完成主要参数的设置，如图 6.102 所示。

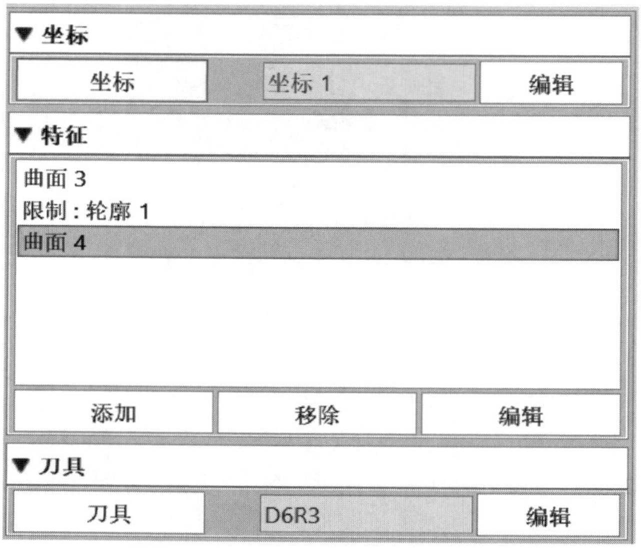

▼ 坐标

坐标 | 坐标 1 | 编辑

▼ 特征

曲面 3
限制：轮廓 1
曲面 4

添加 | 移除 | 编辑

▼ 刀具

刀具 | D6R3 | 编辑

图 6.102

② 公差和步距设置：单击【公差和步距】，【刀轨公差】输入 0.01；【下切步距】选择“绝对值”形式，数值输入 0.1，完成公差和步距的设置，如图 6.103 所示。由于侧壁上半部分曲面陡峭，下半部分比较平缓，为了得到更好的刀路，【非均匀深度】选择“边界点”，进行分区域步距设置。单击【边界点】选择曲面最高点 1，【区域步距类型】输入 0.5；单击【添加加工层】；单击【边界点】，选择陡峭曲面的底点 2，【步距】输入 0.1；单击【边界点】选择最低点 3，单击【添加加工层】。这样 1 点到 2 点间【下切步距】输入 0.5mm；2 点到 3 点间【下切步距】输入 0.1，完成公差和步距的设置。详见图 6.104。

▼ 公差和余量

刀轨公差	0.01	
曲面余量	总体	0

▼ 切削步距

下切步距	绝对值	0.1
非均匀深度	边界点	

图 6.103

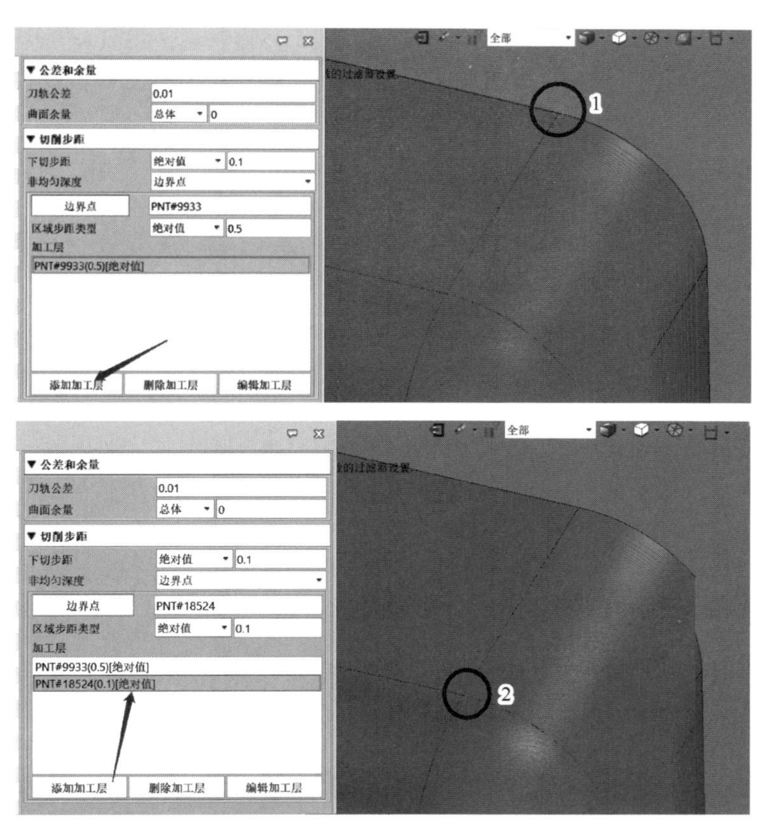

图 6.104

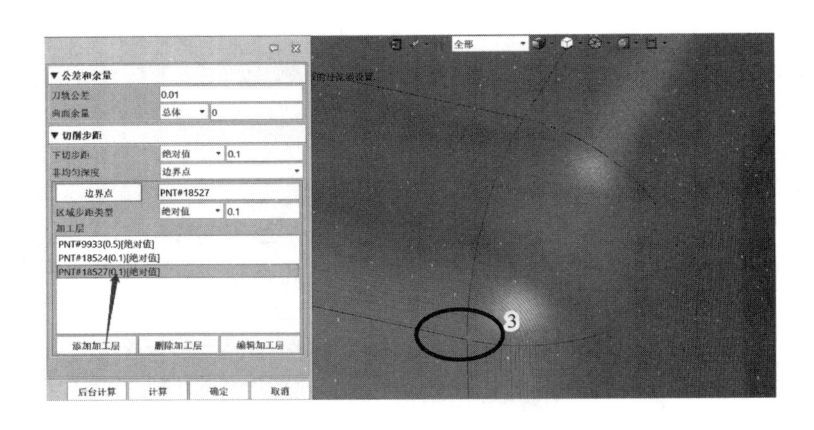

图 6.104

③ 限制参数设置：【%偏移】输入 0，防止刀具切削曲面一周产生过切；单击【顶部】选择内腔侧壁的最高点；单击【底部】选择内腔底部；其余参数默认。完成内腔侧壁的加工设置，如图 6.105 所示。

▼ XY	
限制类型	立方体
% 偏移	0
三维偏移	否
限制进退刀	否
限制在零件上	否
铸件偏移	0
▼ Z	
顶部	PNT#30536
底部	PNT#30539

图 6.105

（6）计算刀路

右键单击【等高线切削 2】，选择【计算】，进行内腔侧壁的刀路计算，如图 6.106 所示。

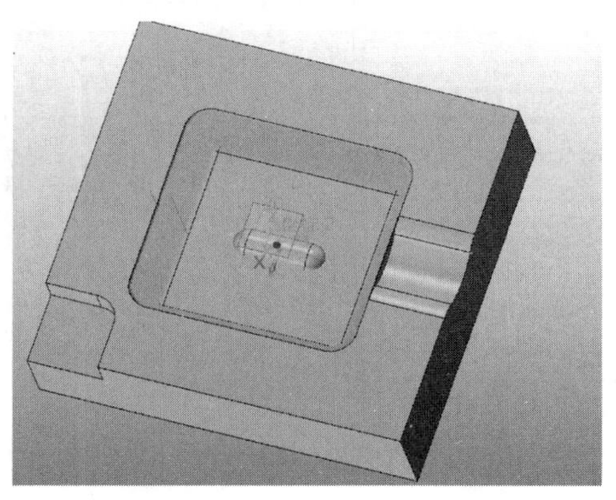

图 6.106

5）加工内腔底面凸起曲面

底面凸起曲面陡峭程度不一样，采用【角度限制】进行加工。

（1）添加工序及刀具

单击【3 轴快速铣削】选项卡→【角度限制】，添加加工工序。

（2）设置刀具

此处选择 D6R3 的球刀，前序已进行设置，此处无需再进行设置。

（3）添加曲面特征

单击【管理器】→【几何体】→【零件】→【添加特征】→【曲面】，选择要加工的内腔底面凸起曲面；单击【确定】按钮，完成曲面 5 的添加；单击【管理器】→【几何体】→【零件】→【添加特征】→【轮廓】，选择底面轮廓，完成限制轮廓的添加。

（4）参数设置

① 主要参数设置：双击【角度限制 1】，在弹出的对话框中单击【坐标】，选择【坐标 1】，进行坐标参数的设置；单击【特征】→【添加】，选择【曲面 6】、【限制：轮廓 2】完成特征选择；单击【刀具速度与进给】，【刀具】选择“D6R3”；单击【确定】，完成刀具的设置。主要参数设置情况如图 6.107 所示。

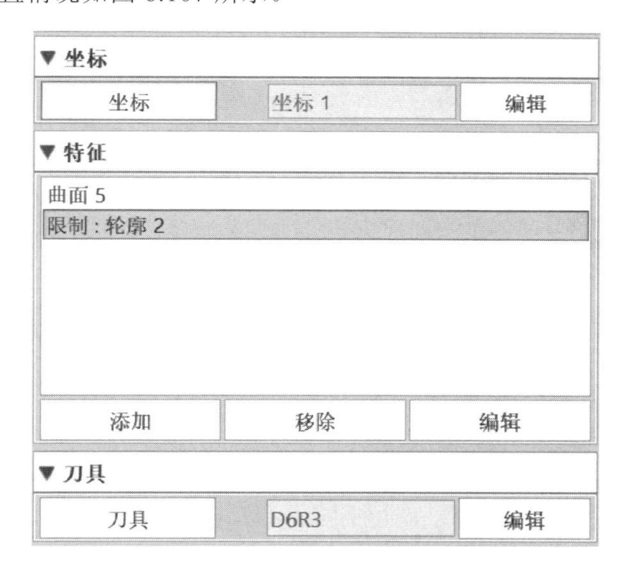

图 6.107

② 公差和步距设置：单击【公差和布距】，【刀轨公差】输入 0.01；【曲面余量】输入为 0；【平坦样式】选择“平行铣削”；【步进】选择“绝对值”，数值输入 0.1；【陡峭区域】选择“等高线切削”；【下切步距】输入 0.1，完成公差和步距的设置，如图 6.108。

③ 刀轨设置：单击【刀轨设置】，【重叠距离】输入 0.1，其余参数默认。完成内腔凸起曲面的加工设置，如图 6.109 所示。

（5）计算刀路

选择【管理器】，右键单击【角度限制 1】→【计算】，完成内腔凸起曲面的刀路计算，如图 6.110 所示。

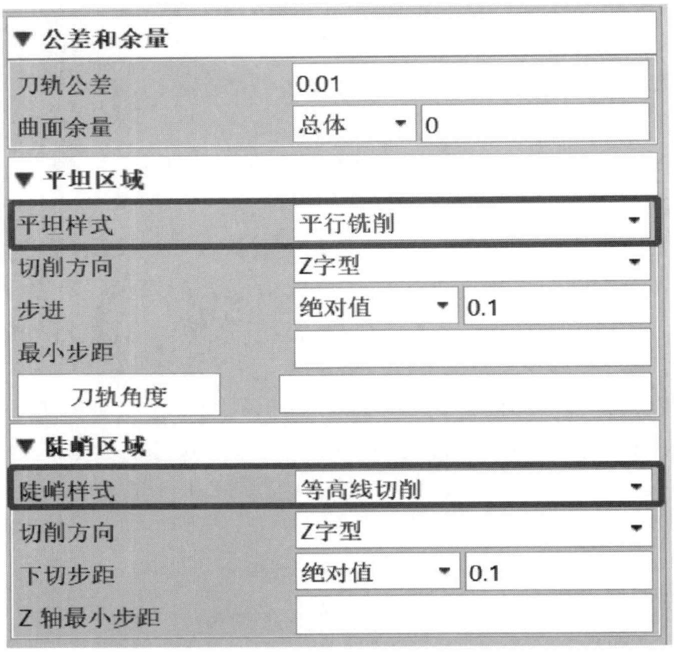

▼ 公差和余量

刀轨公差	0.01	
曲面余量	总体	0

▼ 平坦区域

平坦样式	平行铣削	
切削方向	Z字型	
步进	绝对值	0.1
最小步距		
刀轨角度		

▼ 陡峭区域

陡峭样式	等高线切削	
切削方向	Z字型	
下切步距	绝对值	0.1
Z 轴最小步距		

图 6.108

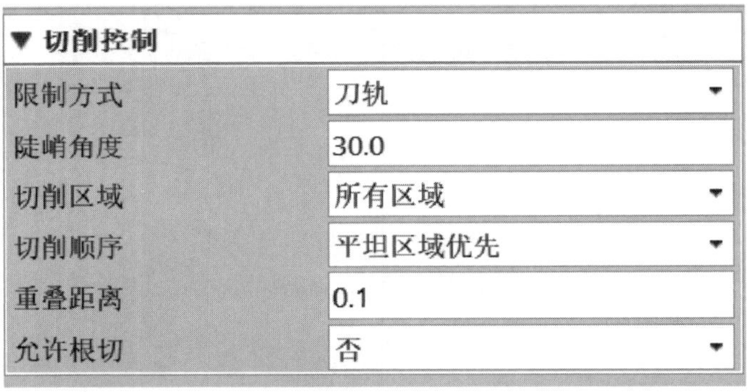

▼ 切削控制

限制方式	刀轨
陡峭角度	30.0
切削区域	所有区域
切削顺序	平坦区域优先
重叠距离	0.1
允许根切	否

图 6.109

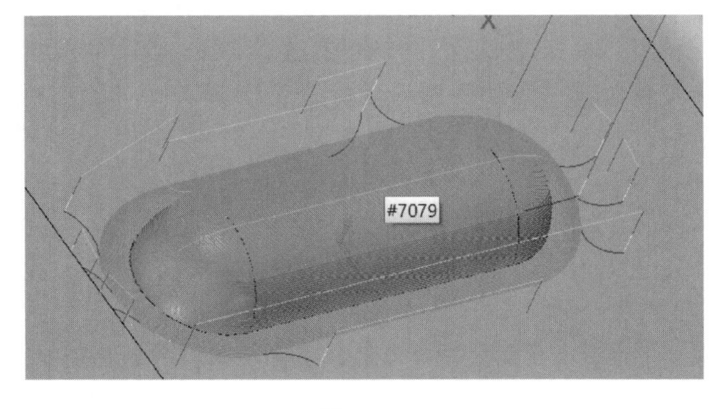

图 6.110

6）仿真

（1）刀轨仿真

右键单击【精加工】下任一工序下的【仿真】，可对任一工序进行刀轨仿真。

（2）实体仿真

右键单击【管理器】→【工序】→【实体仿真】，可进行整个加工阶段的实体仿真，如图 6.111 所示。

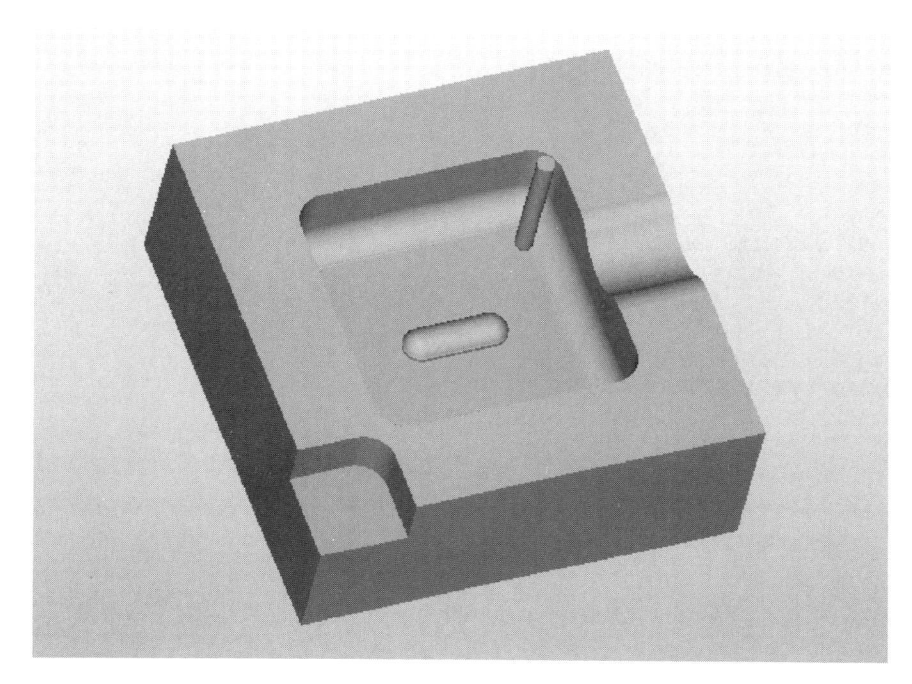

图 6.111

7）程序输出

（1）设置加工设备

单击【管理器】中的【设备】，弹出设备列表；单击【设备 1】进入设备管理器，【后置处理器配置】选择“ZW_Fanuc_3X”，实际选择时根据实际情况进行确定；其余参数默认。

（2）更改输出路径

为方便寻找输出的程序代码，可以提前进行输出路径的设置，右键单击【管理器】→【精加工】→【输出】→路径设置，进行输出文件路径的设置。

（3）创建并输出程序

右键单击【管理器】→【精加工】→【创建全部输出】，生成精加工的全部输出程序。右键单击【输出】→【精加工】→【输出 NC】，输出精加工程序，如图 6.112 所示。也可右键单击【管理器】→【精加工】→【创建单独输出】，输出精加工过程中的每一条单独工序程序；“平坦面加工 1”的加工程序如图 6.113 所示。

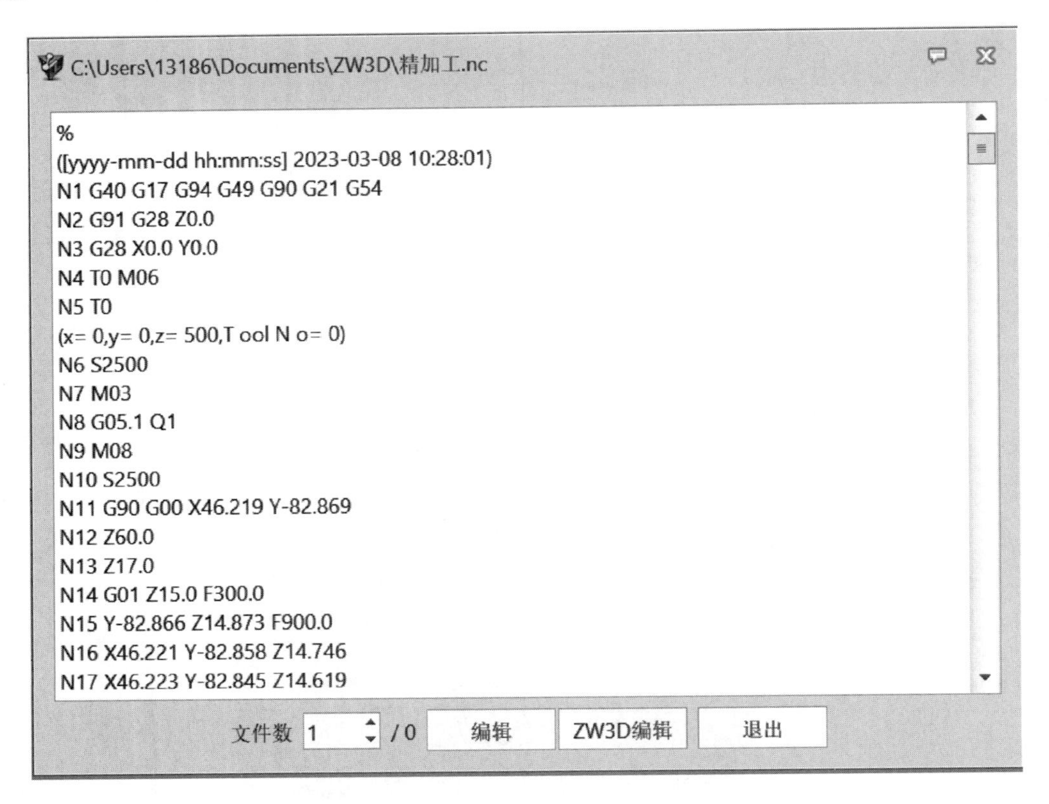
C:\Users\13186\Documents\ZW3D\精加工.nc
%
([yyyy-mm-dd hh:mm:ss] 2023-03-08 10:28:01)
N1 G40 G17 G94 G49 G90 G21 G54
N2 G91 G28 Z0.0
N3 G28 X0.0 Y0.0
N4 T0 M06
N5 T0
(x= 0,y= 0,z= 500,T ool N o= 0)
N6 S2500
N7 M03
N8 G05.1 Q1
N9 M08
N10 S2500
N11 G90 G00 X46.219 Y-82.869
N12 Z60.0
N13 Z17.0
N14 G01 Z15.0 F300.0
N15 Y-82.866 Z14.873 F900.0
N16 X46.221 Y-82.858 Z14.746
N17 X46.223 Y-82.845 Z14.619
文件数
1
/ 0
编辑
ZW3D编辑
退出

图 6.112

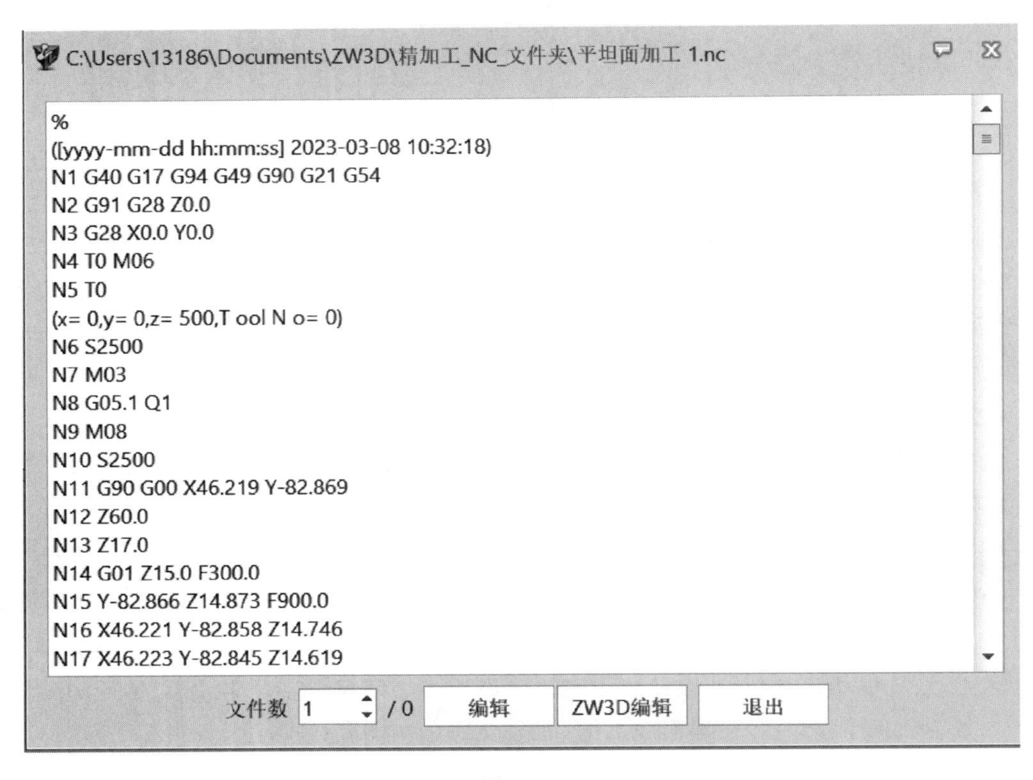
C:\Users\13186\Documents\ZW3D\精加工_NC_文件夹\平坦面加工 1.nc
%
([yyyy-mm-dd hh:mm:ss] 2023-03-08 10:32:18)
N1 G40 G17 G94 G49 G90 G21 G54
N2 G91 G28 Z0.0
N3 G28 X0.0 Y0.0
N4 T0 M06
N5 T0
(x= 0,y= 0,z= 500,T ool N o= 0)
N6 S2500
N7 M03
N8 G05.1 Q1
N9 M08
N10 S2500
N11 G90 G00 X46.219 Y-82.869
N12 Z60.0
N13 Z17.0
N14 G01 Z15.0 F300.0
N15 Y-82.866 Z14.873 F900.0
N16 X46.221 Y-82.858 Z14.746
N17 X46.223 Y-82.845 Z14.619
文件数
1
/ 0
编辑
ZW3D编辑
退出

图 6.113

四、任务评价

模型加工评价见表 6.3。

表 6.3

评价内容	评价标准	分值	学生自评	教师评价
毛坯的创建	能够正确创建规定尺寸形状的毛坯	10		
粗加工	1.掌握光滑流线切削粗加工命令 2.掌握二维偏移等粗加工命令	20		
精加工	1.掌握平行铣削三维加工命令 2.掌握等高线加工命令 3.掌握角度限制加工命令	50		
仿真模拟	1.能够进行正确的设备添加 2.能够正确创建刀轨仿真及实体仿真 3.能够观察刀轨路径的优劣	10		
输出程序	1.能够正确建立文件的输出路径 2.能够正确输出工序的 NC 文件	10		
学习体会：				

五、练一练

采用 3 轴快速铣削完成零件的加工，包括精加工、粗加工两个阶段，如图 6.114 所示。

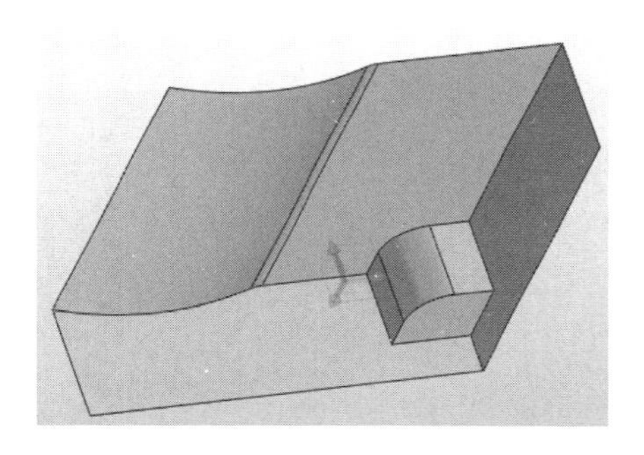

图 6.114

参考文献

[1] 徐家忠，刘明俊．机械产品三维模型设计（中级）[M]．北京：机械工业出版社，2022．

[2] 姜雪燕．机械基础 [M]．北京：化学工业出版社，2022．

[3] 周荃，张爱英．数控编程与加工技术 [M]．北京：清华大学出版社，2021．

[4] 李孝元，芦荣，王晓东．机械制造技术基础 [M]．哈尔滨：哈尔滨工业大学出版社，2020．

[5] 华红芳，陈平，单佳莹，等．AutoCAD 机械制图 [M]．北京：机械工业出版社，2022．

[6] 杜洪香，姜韶华．机械设计基础 [M]．天津：天津大学出版社，2019．

[7] 康瑜，高刚毅，蔡荣盛．UG 三维造型设计 [M]．哈尔滨：哈尔滨工程大学出版社，2021．

[8] 武友德，张跃平．金属切削原理与刀具 [M]．北京：北京理工大学出版社，2020．

[9] 陈俊．Solidworks [M]．哈尔滨：哈尔滨工业大学出版社，2021．